Hysteresis Models in Electromagnetic Calculation

Amália Iványi

역자소개

창연 **신흥교** (滄淵 辛興教)

- 한양대학교 학사, 석사, 공학박사(전기기기 해석)
- 한양대학교 조교, 강사
- 대한전기학회 전기기기 및 에너지변환시스템 부문회 회장
- 대한전기학회 부회장, 감사
- 현 경상대학교 공과대학 전기공학과 교수

전자기 계산에 있어서의 히스테리시스 모델

AMÁLIA IVÁNYI 저 I 신흥교 역

도서출판 홍릉

HYSTERESIS MODELS IN ELECTROMAGNETIC CALCULATION

전자기 계산에 있어서의
히스테리시스 모델

인 쇄 : 2023년 8월 25일 초판 1쇄
발 행 : 2023년 8월 30일 초판 1쇄

역 자 : 신흥교
발행인 : 송 준
발행처 : 도서출판 홍릉
주 소 : 01093 서울시 강북구 인수봉로 50길 10
등 록 : 1976년 10월 21일 제5-66호

전 화 : 02-999-2274~5
팩 스 : 02-905-6729
e-mail : hongpub@hongpub.co.kr
http://www.hongpub.co.kr
ISBN : 979-11-5600-125-6(93560)

정 가 : 15,000원

낙장 및 파본은 구입처나 본사에서 교환하여 드립니다.

TRANSLATOR'S PREFACE

70년대에 대학에 진학한 후, 거의 50년에 가까운 기간 동안 전기공학, 특히 전기기기를 전공하며 교육과 연구에 종사하다 이제 그 생활을 접는 정년 퇴임을 눈앞에 둔 본 역자는 전공과 관련된 내용을 정리하고 마무리하기 위하여 전자장 및 전기기기 특성의 수치해석을 위한 유한요소법 응용에 관한 교재로서 "공학 계산 입문", "전계와 자계의 수치 계산", "전기기기의 유한요소 해석", "유한요소를 사용한 전기기기 해석" 그리고 "전자기 장치의 컴퓨터 원용 해석 및 설계" 등 5권의 번역서로 이루어진 전기기기에서의 유한요소법 시리즈를 출간한 바 있다. 그런데, 전자장 또는 전기기기 특성의 해석 또는 설계의 경우 와류 현상, 자기 히스테리시스(magnetic hysteresis)를 고려하는 것이 필수적이며 역문제 해법에 관한 기초도 파악하고 있어야 한다. 또한 진동에 의한 응력과 변형도 또한 다루어야 한다. 하지만 위의 5권의 번역서에서는 이와 같은 문제에 관련된 이론과 해법의 소개가 다소 미흡하다는 생각이 들었다.

이에 본 역자는 전자기 장치 해석, 설계 및 제어를 다루는 학생, 연구자 및 산업체 종사자들에게 다소나마 도움이 될 수 있는 hysteresis modeling, 와류 modeling, 역문제 해법, 그리고 이와 같은 내용을 포함한 전자기학 및 전기기기에서의 유한요소 modeling을 다룬 해설서의 번역을 마음먹게 되었다. 출판 예정 해설(번역)서의 제목은 다음과 같다: 전자기에 있어서의 역문제와 최적 설계, 전자기에 있어서의 hysteresis modeling, 와류의 수치 modeling, 유한요소법에 의한 전자기 modeling.

이 번역서들은 특별한 출판 순서가 정해진 것이 아니고 본 역자의 번역과 편집 작업이 완료되는 데에 따라서 출판될 것이다. 이번에 출판하는 이 번역서는, 본 역자가 정년퇴임 전에 마무리 하고 싶었던 전자장 및 전기기기 특성의 수치해석에 관한 해설서 번역의 마지막 작업으로서, 현재 Hungary Pécs 대학교(University of Pécs, Pécsi Tudományegyetem) 정보기술공학부(Pollak Mihaly Faculty of Engineering and Information Technology, Műszaki és Informatikai Kar) 정보기술공학과(Dept. of Information Technology)의 명예교수(Professor Emeritus) 및 Budapest 기술경제대학(Budapest University of Technology and Economics, Budapesti Műszaki és Gazdaságtudományi Egyetem) 전기공학 및 정보과학부(Faculty of Electrical Engineering and Informatics) 전자기이론공학과(Dept. of Electromagnetic Theory)의 교수인 Amália

Iványi 교수가 Budapest 기술경제대학에 재직하던 1997년에 집필, 출판한 "Hysteresis Models in Electromagnetic Computation"을 번역한 것이다. 이 책은 hysteresis를 고려한 전자기 장치의 해석에 있어서 hysteresis 현상을 modeling하는 여러가지 model의 소개와 더불어 이에 의한 이방성 규소 강판의 철손 해석, 자기 차폐 문제, 그리고 회전자계 하에서의 자화의 분극과 hysteresis 특성에 관련된 내용을 다양하게 담고 있어서 전자장 수치 해석과 전기기기 특성 해석 및 설계와 관련된 분야를 전공하는 학생이나 연구자들에게 매우 유용한 자료가 될 수 있을 것으로 생각된다.

원서에 포함된 오류나 부정확한 표현은 적절하게 수정하여 번역하였다. 또한 원저자의 서술 의도를 그대로 살리고자 가능한 한 의역은 피하고 직역하려고 노력하였다. 문맥이 매끄럽지 못하거나 내용 속에 포함되었을지도 모를 잘못되었거나 부정확한 번역은 전적으로 본 역자의 부족한 능력 탓이다. 혹시 그런 부분이 있더라도 독자 여러분들의 너그러운 이해를 바라며, 아낌없는 지도를 부탁드린다.

이 역서가 전자기 장치 해석, 설계 및 제어를 다루는 학생, 연구자 및 산업체 종사자들에게 다소나마 도움이 되는 좋은 참고 자료가 되기를 바란다.

끝으로, 이 서적의 출판이 가능하도록 한국어판 번역과 출판을 흔쾌히 허락해 준 이 저서의 원저자인 Amália Iványi 교수께 충심으로 감사드리며, 출판을 결정해 주신 도서출판 홍릉에게도 깊은 감사를 드린다.

2023년 8월

역자 창연 신 흥 교

AUTHOR'S PREFACE

선형 매질에 대한 수치 장 해석에 있어서의 일반적인 진보는 성공적으로 진척되었으며 개개의 software tool이 있는 많은 세련된 방법이 개발되었다. 이에 반하여 비선형성 특히 hysteresis가 있는 비선형성의 modeling은 느리게 개발되었으며 비선형 장 해석에 대한 진보된 수준에서 computer 기술의 사용에 장애가 되었다. 이 책의 겨냥(목표, aim)은 자화 과정에 관한 필요한 정보를 주는 것과 계산 기법이 훈련된 공학자의 기술 수준에 관한 필요한 정보를 주는 것 사이의 차이(gap)를 넘도록 하는 것이다. 동시에 약간의 예제가 설명된 방법의 적용성을 입증하기 위하여 풀어진다.

이 책은 두 부분으로 나누어진다. 첫째 부분은, 자화 과정 동안의 현상학적 묘사(phenomenological description)와 자구 구조 거동(domain structure behavior)에 관하여, 간결한 형식으로 자성체의 물리의 기초를 주는 성공적인 편집(successful compilation)으로 특성지어진다. 그 후 따라오는 chapter는 hysteresis model에 지불되는 특별한 주의와 함께 자화 과정의 정적(static) 및 동적(dynamic) model에 충당한다. *Jiles-Langevin* 그리고 *Chua*-형 뿐만 아니라 *Preisach* 그리고 *Stoner-Wohlfarth* model 같은 모든 유명하며 잘 알려진 model이 논의된다. 첫째 부분은 독창적인 논문(original paper)에 대한 참고문헌 목록과 함께 자화 과정의 modeling에 대한 다양한 접근법의 개관(survey)을 나타낸다.

둘째 부분은 저자의 독창적인 논문(original contribution)을 나타낸다. 첫째 부분에서 설명된 방법의 예로서, 세 개의 실제 문제가 논의되며 저자에 의해 성취된 결과가 나타내어진다. 첫째로 이방성 변압기 강판(anisotropic transformer steel sheet)에서의 자계가 압연 방향과 절단 방향 사이의 여러가지 각도에 대하여 수치적으로 풀어진다. Hysteresis 손실과 함께 각도에 대한 정자기(magnetostatic) energy의 종속성이 상세하게 조사된다. 이어서 비자성(nonmagnetic) 및 자성 차폐판(magnetic shielding plate)에 의한 단상 및 3상 도체의 자기 차폐의 해석이 따라온다. 세 번째 문제는 회전 자계(rotating magnetic field)에 노출된 이방성 물질에 관련된다. 단일판 시험기(single sheet tester)에서의 자계가 수치 장 해석과 함께 상세하게 조사된다.

저자는 Hungary, Budapest 기술대학교(Technical University of Budapest), 전자기 이론공학과(Department of Electromagnetic Theory)에서의 자신의 교육 및 연구 경

험에 의해 이 책의 준비에 크게 영향을 받았다.

이 책은 Hungary 교육문화부(Hungarian Ministry of Education and Culture)의 과학 교육 사업(Science and Educational Project)의 체제 내에서 개발된 연구 작업의 결과이다.

저자는 그들의 지도와 격려에 대해 Oldrich Benda 교수, György Fodor 교수 그리고 György Teván 교수님께 감사를 표하고 싶다.

저자는 이 책의 그림을 끈기있게 그려준, 토목공학자, Péter Iványi 씨에게 감사한다.

Hungary 교육문화부, Hungary 국립연구재단(Hungarian National Research Foundation, OMFB) 그리고 Hungary 통신협회(Hungarian Telecommunication Association, MATAV)의 재정적인 지원에 기쁘게 감사드린다.

Budapest, November, 1996

Amália Iványi

ABOUT THE AUTHOR

Dr. Tech. Amália Iványi, Ph.D. 전기공학 부교수는 1963년에 Technical University of Budapest 전기공학부(Faculty of Electrical Engineering)를 졸업하였다. 그녀는 1981년에 Technical University of Budapest로부터 Dr. Tech. 학위를 취득하였으며, 1991년에 Hungarian Academy of Science로부터 기술 과학(Technical Science)의 Ph.D. 학위를 취득하였다.

그녀는 1963년부터 Technical University of Budapest, 전기공학 및 정보과학학부(Faculty of Electrical Engineering and Informatics), 전자기이론공학과(Department of Electromagnetic Theory)의 수석 강사(reading lecturer)로 근무하고 있다.

그녀는 전자장의 수치해석에 있어서의 R-함수법(R-function method)을 만들어내었다. 그녀는 80편 이상의 과학 논문과 학술대회 발표의 저자이다. 그녀는 세 가지의 학술대회 논문집(Conference Proceeding)의 편집자이며, 4권의 강의 교재의 저자 및 공저자이다.

DEDICATION

TO

MY HUSBAND, MIKLÓS

CONTENTS

INTRODUCTION

자성체의 현상은 고대에 발견되었다. 대략 기원전 4000년에 자성체의 놀랄만한 성질이 중국에서 항해에서의 나침반(compass)으로 응용되었다. 기원전 8세기에 천연 자성체의 성질을 그들의 시에 처음으로 기록한 것은 아마 Greek들이었다. 어쨌든, 철(iron) 및 강(steel)에 강력한 상호 작용을 가지는 광물 철 함유-아철산염(mineral ferro-ferrite)은 그것이 채굴된 Greece 지방 '**Magnesia**(*Magnesia*)'에 따라 명명되었다.

자성체의 성질과 거동에 관한 연구는 중세를 거쳐 최근까지 계속 되었지만, 이 연구는 아직 끝나지 않았다. 초기의 경험을 통하여 두 가지 형태의 자극(magnetic pole)의 존재가 증명되었다. 1981년의 *D. C. Mattis*의 책에서 요약된 바와 같이, 중세에는 여러 가지 실험적 연구가 자성체 사이의 상호 작용은 물론 자성체와 전류 사이의 효과에 대하여 이루어졌다.

근대의 과학적 방법을 기초로 한 실제적인 연구 작업은 18세기의 후반부에 속한다. 거기에서 자기 moment와 자화(magnetization)의 이론이 도입되었다:

$$B = \mu_0(H + M). \tag{1}$$

***Maxwell* 방정식**(*Maxwell equation*)이 정식화되었으며(*James Clerk Maxwell*, 1831-1879), 전기역학(electrodynamics)의 확립으로 자기 scalar potential ψ와 자기 vector potential A가

$$H = -\nabla\psi, \quad B = \nabla \times A \tag{2}$$

와 같이 도입되었다. 전자(electron)($e = 1.6021 \cdot 10^{-19}$ [C], $m = 9.1091 \cdot 10^{-31}$ [kg])가 전하(charge)의 자연 단위(natural unit)로서 발견되었으며 전계(전(기)장, electric field)의 기본적인 원천으로 도입되었다. 속도(velocity) v로 움직이는 Q로 대전된 입자에 대한 전계와 자계(자(기)장, magnetic field)의 효과는 ***Lorentz* 힘**(*Lorentz force*)으로 정식화되었다(*Hendrick Antoon Lorentz*, 1853-1928):

$$F = Q(E + v \times B). \tag{3}$$

자성체의 열적(thermal) 성질은 *Curie*에 의해 체계적으로 조사되었다(*Pierre Curie*,

1859-1906). 실험은 자성체에서는 온도 T가 증가함에 따라 자화가 감소된다는 것을 증명하였다. 온도가 임계(critical) T_c인 '***Curie* 온도**(*Curie temperature*)' 보다 높아지면, 자성체는 그의 강자성(ferromagnetic property)을 잃어버리고 상자성 물질(paramagnetic substance)로 거동한다. *Curie*는 그의 이론을 상호 작용하지 않는 자기 입자(magnetic particle)의 자화율(magnetic susceptibility)에 대하여 다음과 같이 정식화하였다:

$$\chi = \lim_{H \to 0} \frac{M}{H} = \frac{C}{T}. \tag{4}$$

여기서 '***Curie* 상수**(*Curie constant*)' C는 물질에 따라 다른 값을 갖는 것으로 가정되며, 온도는 절대 0도(absolute zero, 0 [K])로부터 측정된다.

자성체의 연구에 있어서의 다음 단계는 반자성(역자성, diamagnetism)을 설명하고, 자화 M, 인가 자계 H 그리고 온도 T 사이의 관계를 기함수(odd function)로 설명하는, 그의 유명한 이론을 도입한 *Paul Langevin*(1872-1946)에 의해 이루어졌다:

$$M = \mathcal{L}\left(a\frac{H}{kT}\right). \tag{5}$$

여기서 $k = 1.3805 \cdot 10^{-23}$ [J/K]는 *Boltzmann* 상수인 한편(*Ludwig Eduard Boltzmann*, 1844-1906), a는 단위가 [1/Vsm]인 상수이다.

자성체의 근대 이론에 있어서 가장 큰 단계는 자기 입자 사이의 상호 작용의 가정으로 귀결된다. *Pierre Weiss*(1865-1940)는 자기 쌍극자(magnetic dipole)와 궤환(feedback)을 가진 자기 moment 사이의 이 상호 작용을

$$M = \mathcal{L}\left(a\frac{H + \alpha M}{kT}\right) \tag{6}$$

과 같이 ***Langevin* 공식**(*Langevin formula*)을 수정하여 simulation하였다. 여기서 αM은 상호 작용 자계(interaction field)이며, α는, 물질에 따라 다른 상수인, 궤환 매개변수(feedback parameter)이다. *Curie* 점(point) 보다 높은 고온에서는, 앞에서의 관계가 강자성체의 거동을 설명하며 실험과 일치하는 유명한 *Curie-Weiss* 법칙

$$\chi = \frac{C}{T - T_c}, \quad T > T_c, \tag{7}$$

을 주장한다. 여기서 T_c는 임계 온도(critical temperature)이다.

자성 입자의 상호 작용을 기초로 한 자성체의 자기 이력(hysteresis) 특성에 대

한 model은 *James Alfred Ewing*(1855-1935)에 의해 개발되었다. 그는 자기 moment로 나타내어진 자기 쌍극자가 자기 moment와 외부 자계 사이의 상호 작용은 물론 이웃하는 moment 사이의 상호 작용에 따라 자유롭게 회전될 수 있다고 가정하였다. 실험 결과를 기초로 하여 *Ewing*은 자성체의 hysteresis에 관한 정성적 및 정량적 정보를 얻기를 기대하였다.

새로운 개발이 물질 성질의 통계적 표현에 의해 대체되었다. 양자화 원자(quantized atom)에 관한 *Niels Bohr*(1885-1962)의 논문은, 특히 고체 물리학에서, 양자론(quantum theory)을 기초로 하여 자성체와 자기 moment의 simulation을 위한 길(방법, way)을 열었다. 물질의 미세 구조(microstructure)의 해석, 자계의 관점에서 결정 구조의 물리적 해석은 회전 역학(spin dynamics), 입자처럼 작용하는 고립파 이론(soliton theory)과 자성체의 광학적 성질의 발견을 산출한다. 자구(domain) 구조의 실험적 및 이론적 조사는 포자구(magnetic bubble)와 자기 박막(thin film)의 개발로 귀결하며 정보 기술(information technique)에서의 그들의 응용을 산출한다. 자성체의 미세 구조의 조사는 약자성체(weak magnetic material)와 특별한 매개변수의 자기 합금(magnetic alloy)의 실현을 제공한다.

자기 연구의 마지막 단계(period)는 수학적 또는 물리적 접근법을 기초로 한 서로 다른 model의 개발로 특성지어진다. Hysteresis 현상에서의 동적 과정(dynamic process)의 미분방정식 표현에 대하여 1897-1903년 사이에 출판된 *P. Duhem*의 첫 번째 연구는 1970년과 1972년의 *L. O. Chua*의 유명한 논문으로 이어졌다. 자성체에 대한 동적 hysteresis model의 첫 번째 실현은 1982-1990년에 *Y. Saito*와 1988년에 *M. L. Hodgdon*에 의해 소개되었다. *Boltzmann* 통계학을 기초로 한 상자성체의 *Langevin* model은 *Weiss* 이론을 통하여 긴 발전을 가져 자구벽 운동(magnetic wall motion) 동안의 energy 손실의 표현을 위한 1983-1995년의 *Jiles-Atherton* hysteresis model로 귀결하였다. *Ewing*의 연구는 몇몇 연구 종사자들에 의해 이어졌으며 *Preisach* model로 집적되었다(*F. Preisach*, 1905-1943). 1952-1955년의 *Preisach*와 *Everett*의 연구에서의 물질 성질의 통계적 접근법을 기초로 한 수학적 model은 1983년에 *M. A. Krasnoselskii*와 *A. V. Pokrovskii*에 의해 인정되었다. 이 때부터 *Preisach* model의 강력한 발전이 1987년의 *E. Della Torre*, 1991년의 *I. D. Mayergoyz*, 1991년의 *A. Visintin*, 1992년의 *O. Benda* 그리고 1994년의 *G. Bertotti*의 유명한 책과 논문을 통하여 시작되었다. Hysteresis의 vector model은 입자 자화의 vector적인 성질을 나타내기 위한 1947년의 *Stoner-Wohlfarth* model에 대한 부흥기(renascence period)를 연다.

오늘날에는, 자기 연구가 생물학 계통(biological system)과 초전도체(superconducting material)로 더욱 확장되었다. 국제적인 과제가 영구자석(permanent magnet)과 넓은 hysteresis의 자기 합금에 대한 새로운 기술의 개발을 위해 수행되고 있다. 자성체의 미시적인 조사를 기초로 하여 이루어진 결과는 거시적인 설명과 비선형(nonlinear), hysteresis 특성의 simulation은 물론 연자성체(soft magnetic material)를 생산하는 새로운 기술의 개발과 자성체와 전자장(전자계, electromagnetic field) 사이의 상호 작용의 조사를 위한 길을 연다.

동시에 장 해석에서의 computer와 computer 기술의 거대한 발전과 광범위한 보급이 서로 다른 수치법(numerical method), 즉 유한요소법(finite element method)과 경계요소법(boundary element method)은 물론 유한차분법(finite difference method)에서 실현되었다. 한편에서는 자성체 simulation에 대한 왕성한 활동과, 다른 편에서는 발전된 주(master) program과 program package가 공학 문제와 응용에서 비선형 자계의 수치 해석에 자기 hysteresis 특성의 이행을 위한 길을 열었다. 해석적인 자화 특성의 적용에 대한 몇 가지 경험이 이방성 박판 철심(anisotropic laminated core)에 저장된 hysteresis energy의 조사에 도입된다. 자기 차폐(magnetic shielding)에 관한 초보적인(introductory) 연구가 장 해석의 수치 simulation에 있어서 자기 특성과 hysteresis model의 성공적인 결합을 입증한다. 회전 자속(rotating flux) 인가 아래에서의 이방성 자성체의 거동이 단일판 시험 장치(single sheet tester)에서 조사되고 simulation된다. 결과는 회전 및 교번(alternating) 자속 인가 아래에서의 이방성 물질의 자기적 성질에서의 차이를 유의미하게 증명한다.

PART I

HYSTERESIS MODELS OF MAGNETIC MATERIALS

1 FERROMAGNETIC MATERIALS

Bozorth[41], *Vonsovskii*[308], *Polivanov*[241], *Hadfield*[122], *Rado, Suhl*[246], *Chikazumi, Charap*[50], *White*[309], *Smit*[282], *Cullity*[56], *Simonyi*[280], *Mattis*[193], *Vago*[296], *Jiles* [158], *Craik*[54] 등에서 찾아질 수 있는 바와 같이, 자기(magnetism)에 관한 많은 책이, 물질 내에서의 자기 구조의 순수하게 이론적인 취급에서 자성체의 명백한 설명까지의 범위에서, 서로 다른 작업에서 다양한 접근법으로 출판되었다. 다음에서는 자구(domain) 구조를 포함하여 자기에서의 기본 관계식의 짧은 요약이 소개된다.

1.1 MAGNETIC MATERIALS

자기의 가능한 기원은 물질의 원자 구조 내에서의 서로 다른 energy 준위(level)에서의 전자(electron)의 운동이다(그림 1.1 (a)). 원자 구조의 기본 지식을 토대로, 세 가지 형태의 운동이 물질의 자기적 거동에 관련될 수 있다: 그것들은 전자의 궤도 운동 그리고 전자 spin과 핵 spin에 관련된다고 생각된다.

현상의 거시적인 설명을 위하여, 단일 원자 model이 물질의 원자 격자 구조를 나타내는데 도입된다. 원자 model에서는 전자의 궤도 운동(orbiting)과 spin 운동 둘 다가 기본 전류 loop 그리고 그 loop 전류의 **자기 moment**(*magnetic moment*)로 참조되는 관련된 **자기 쌍극자**(*magnetic dipole*)로 simulation될 수 있다(그림 1.1 (b)). 면적 ds_i를 둘러싸는 기본 loop 전류 I_i에 의해 생성되는 자계는 자기 moment $\boldsymbol{m}_i$로 나타내어질 수 있다:

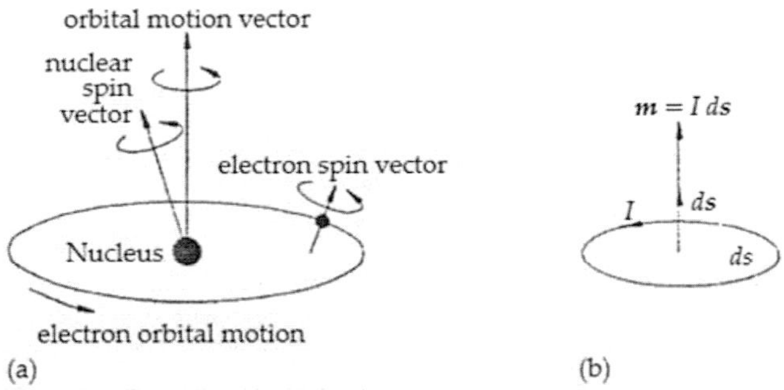

Figure 1.1 The atomic structure
(a) motion in the atoms, (b) magnetic moment of elementary current loop.

$$m_i = I_i \, ds_i. \tag{1.1}$$

전자의 spin과 궤도 운동에 의해 생성된 보상되지 않는 자기 moment를 가진 원자는 **자기 원자**(*magnetic atom*)라 불린다. 이런 원자의 총(total) 자기 moment는 전자의 궤도 또는 spin 운동으로부터 기원된 모든 개별 자기 moment의 vector 합과 같다.

체적 ΔV가 각각의 자기 moment가 m_i, $i = 1, 2, \cdots, n$으로 나타내어지는 n개의 자기 원자를 내포한다. 이 moment의 vector 합은 자기 moment m으로 귀결한다:

$$m = \sum_{i=1}^{n} m_i . \tag{1.2}$$

물질의 자화를 특성짓는 자기 moment의 체적 밀도는 **자화 vector**(*magnetization vector*) M으로 나타내어진다:

$$M = \lim_{\Delta V \to 0} \left(\frac{1}{\Delta V} \sum_{i=1}^{n} m_i \right). \tag{1.3}$$

자기 유도(magnetic induction) B와 함께 자계가 있는 곳에서는 torque가 moment m의 자기 쌍극자에 작용한다:

$$\tau = m \times B. \tag{1.4}$$

이것은 자기 유도 B가, moment m이 유도에 평행하게 놓이도록, 쌍극자를 정렬하려고 한다는 것을 의미한다. 자기 쌍극자의 energy는

$$w = - m \cdot B \tag{1.5}$$

이다. 자유 공간(free space)에서는 이 energy가 $w = - \mu_0 \, m \cdot H$로 정식화될 수 있다. 여기서 $\mu_0 = 4\pi \cdot 10^{-7}$ [Vs/Am]는 진공(vacuum)의 투자율(permeability)이다.

자기 유도 B는, 하나는 자유 공간의 자기 유도 $\mu_0 H$와 다른 성분은 물질의 자화 $\mu_0 M$으로부터 기여되는, 두 개의 기여로 이루어진다. 자기 유도는 이 두 성분의 합

$$B = \mu_0 (H + M) \tag{1.6}$$

이다. 여기서 $H = B/\mu_0 - M$은 **자계의 세기**(*magnetic field intensity*)로 나타내어질 수 있다.

자성체 내에서는 자계의 세기 H와 자화 vector M 사이의 관계 $\mathcal{H}\{M, H\}$ 또는

자기 유도 B와 자화 M 사이의 관계 $\mathcal{B}\{M, B\}$가 비선형(nonlinear) hysteresis 연산자(hysteresis operator)에 의해 나타내어질 수 있다. 하지만, 물질의 선형 영역 내에서는 자화 M과 자계의 세기 H 사이의 관계가 **자화율**(*magnetic susceptibility*) χ에 의해

$$M = \chi H \tag{1.7}$$

과 같이 표현될 수 있다. 여기서 이 자화율은 반드시 상수는 아니다. 그것은 인가자계의 함수 $\chi(H)$로서 변할 수 있다. 자화율은, 임계 온도 T_c의 영역 내에서는, 높은 온도에서 변칙적인(anomalous) 거동을 나타낸다. 더욱이, 자화율은 scalar로 되는 것이 필요하지 않아, 이방성 물질의 경우에는 인가 자계 방향으로의 자기적 성질의 변화를 나타내는

$$\begin{bmatrix} M_x \\ M_y \\ M_z \end{bmatrix} = \begin{bmatrix} \chi_{xx} & \chi_{xy} & \chi_{xz} \\ \chi_{yx} & \chi_{yy} & \chi_{yz} \\ \chi_{zx} & \chi_{zy} & \chi_{zz} \end{bmatrix} \begin{bmatrix} H_x \\ H_y \\ H_z \end{bmatrix} \tag{1.8}$$

과 같은 tensor 형 $M = [\chi]H$를 가진다. 이 경우에는 자계의 세기 H와 자화 vector M이 일반적으로 서로 다른 방향을 가진다. 자화율의 측정치는 연자성체(soft magnetic material)에 대한 10^{-5}에서 경자석(hard magnet)에 대한 10^{6}의 범위이다. 어떤 경우에는 그것이 또한 부(음, negative)의 값을 취한다. 식 (1.7)을 (1.6)에 대입하면

$$B = \mu_0(1 + \chi)H = \mu_0\mu_r H \tag{1.9}$$

의 형태로 귀결한다. 여기서 자기 유도 B와 인가 자계 H 사이의 관계는 **비투자율**(*relative permeability*)

$$\mu_r = 1 + \chi \tag{1.10}$$

에 의해 표현될 수 있다.

1.2 CLASSIFICATION OF MAGNETIC MATERIALS

자화율을 기초로 하여, 자성체는 반자성(역자성, diamagnetic), 상자성(paramagnetic), 반강자성(antiferromagnetic), 강자성(ferromagnetic) 그리고 ferri 자성(ferrimagnetic) 물질로 분류될 수 있다.

(i) **반자성체**(*diamagnetic material*)에서는, ***Pauli* 원리**(*Pauli principle*)에 따라, 서로 반대 방향의 spin을 가진 두 개의 전자가 같은 energy 준위에서 찾아질 수 있다(*Wolf-*

gang Pauli, 1900-1958). 반자성체의 미세 구조는 같은 값이지만 서로 반대 방향인 자기 moment의 두 개의 loop 전류에 의해 simulation될 수 있다. 외부 자계가 없는 곳에서는 서로 반대 방향인 쌍극자의 자기 moment가 서로를 보상한다. 외부 자계가 인가되면, 한 개가 전자의 궤도 운동과 결합하여, 회전 자기 효과(gyromagnetic effect)인 ***Larmor* 과정**(*Larmor procession*)으로 귀결하는 torque를 생성한다(*Josef Larmor*, 1857-1942). 궤도 운동에서의 이 변화는, 전자의 spin 운동에 관계없이, 외부 자계와 반대 방향을 가지는 자기 moment를 생성한다(그림 1.2).

반자성체는 약한 자기적 성질을 나타낸다. 자화율 χ는 음(부, negative)이고, 온도와 무관하며 크기의 차수(order)가 물질에 따라 거의 상수로서, 그 값이 일반적으로 대략 $|\chi| = 10^{-5}$~10^{-7}이다.

"**고전적인 반자성체**(*classical diamagnetic material*)"는 희(rare) gas, 구리(Cu), 은(Ag), 아연(Zn), 금(Au), 수은(Hg) 같은 몇 가지 금속과 규소(Si), 인(P) 그리고 황(S) 같은 비금속 원소, 그리고 여러가지 유기 화합물의 집단이다.

"**변칙 반자성체**(*anomalous diamagnetic material*)"는 예를 들면 bismuth(Bi), gallium(Ga), antimony(Sb), iodine(I)이다. 변칙 반자성체의 자화율은 고전 반자성체 보다 10~100배 높으며 온도에 따라 변화한다.

초전도체(*superconductor*)는 매우 낮은 온도에서 변칙적인 전기 및 자기적 성질을 나타내는 어떤 원소와 화합물의 집단이다. 어떤 분류는 초전도체의 겉보기(apparent) 반자성이 초전도체의 표면층에서의 전류의 차폐 효과(shielding effect)로 설명될 수 있기 때문에 반자성체의 특별한 집단으로 분류한다.

(ii) **상자성체**(*paramagnetic material*)에서는, 원자 구조에 spin이 다른 spin에 의해 보상되지 않는 전자를 내포한다. 전자 spin과 궤도 각운동량(angular momentum) 둘 다가 자화에 대한 기여를 가진다. ***Curie* 온도**(*Curie temperature*) 아래에서는 자기 moment의 무작위적인 배향(random orientation)이 0의 자화로 귀결한다. 외부 자계의 존재 하에서는 자기 moment의 배향이 약간 변화되어 인가 자계에 평행한 약

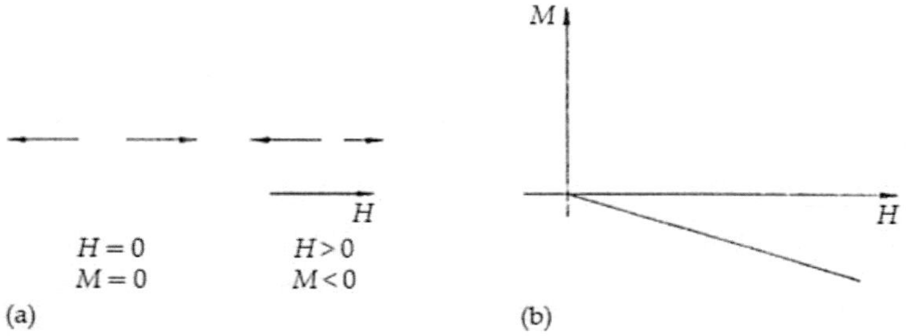

Figure 1.2 Diamagnetic material
(a) magnetic moments, (b) magnetic characteristic.

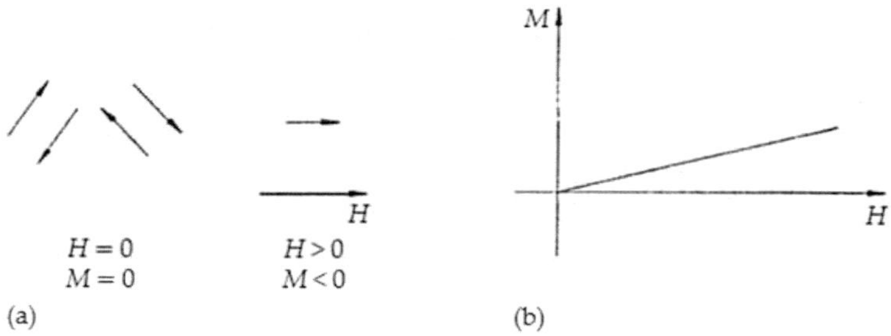

Figure 1.3 Paramagnetic material
(a) magnetic moments, (b) magnetic characteristic.

한 자화를 나타낸다. 상자성체의 자화 M은 인가 자계 H에 따라 증가한다(그림 1.3).

상자성체의 자화는 물론 약하다. 자화율은 양(정, positive)이며, 크기가 $\chi = 10^{-5}$~10^{-3}의 차수로 거의 일정한 값이다. 하지만, 물질의 자기적 성질은 온도에 따라 변화하여, ***Curie* 법칙**(*Curie law*)에 따라 상자성체의 자화율은 온도에 역비례한다(그림 1.4).

상자성은 산소(O_2), 산화 질소(NO), palladium(Pd), 백금(Pt), aluminum(Al), manganese(Mn), 원자 번호 57의 lanthanum(La)으로부터 원자 번호 70의 ytterbium (Yb) 까지의 희토류 원소(rare earth element)의 합금, 철(iron)(Fe), cobalt(Co) 그리고 nickel(Ni)의 ion등에서 나타난다.

상자성 금속(*paramagnetic metal*)은 자화율이 온도에 무관한 집단을 이룬다. 이 집단에는 lithium(Li), potassium(kalium)(K), sodium(natrium)(Na), rubidium(Rb)등이 속한다.

(iii) **반강자성체**(*antiferromagnetic material*)는 물론 약한 자석(weak magnet)이며, 작은 양의 자화율을 갖는다는 점에서는 상자성체와 비슷하다. 자기 moment 사이의 상호 작용에 따라 역평행(antiparallel) spin 배열이 확립된다. 그것을 이해하기 위하여, 물질이 두 개의 아격자(sublattice) A와 B로 나누어진다고 가정된다. 한 아격자의 moment가 부(음, negative)의 결합 계수(coupling coefficient)로 다른 아격자와

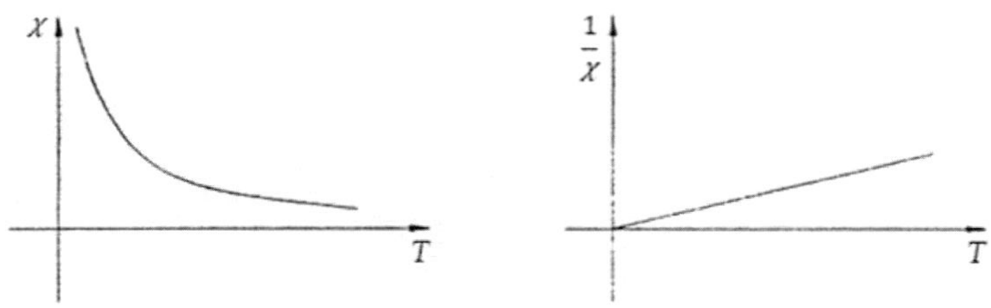

Figure 1.4
Temperature dependence of the susceptibility in paramagnetic material.

상호 작용하지만, 그 자신의 아격자 사이의 상호 작용은 정(양, positive)의 결합 계수를 가진다. 이것은 두 아격자의 자기 moment가 서로 다른 방향을 가리키는 것을 보장한다. 외부 자계가 없다면 반대로 향하는 moment가 서로를 완전히 보상한다. 외부 자계가 인가되면 반강자성체는 약한 자기적 성질이지만, 양의 자화율을 나타낸다.

자화율의 온도 의존성은 *Curie-Weiss* 법칙에 따른다. 0 [K] 보다 높은 임계 온도 $T_N = -T_c$는 ***Néel* 온도**(*Néel temperature*)로 알려져 있다(*Luis Néel*, 1904-):

$$\chi = \frac{C}{T + T_c}. \tag{1.11}$$

반강자성 *Néel* 온도 T_N의 위에서는 자화율이 온도의 증가에 따라 감소한다. 임계 *Neel* 온도 아래에서는 반강자성체의 자화율이 그림 1.5에서 그려진 바와 같이 감소한다. 이에 대한 이유는 임계 온도 아래에서의 반대 방향인 자기 moment의 보상이다. 외부 자계가 있을 때에는, 물질의 다른 격자에 속하는 moment 사이의 강한 부(음, negative) 상호 작용의 결과로서 자화율이 온도의 감소에 따라 감소한다. Manganese 화합물(MnO, MnS), chromium 화합물($NiCr$, Cr_2O_3), vanadium 화합물(VO_2) 그리고 철 화합물(FeS_2) 등이 반강자성체에 속한다.

(iv) **강자성체**(*ferromagnetic material*)에서는, 보상되지 않는 moment와 그들 사이의 정(양, positive)의 교환력(exchange force)이 상자성체에서 보다 훨씬 더 높은 자화로 이끈다. 자기 moment 사이의 정(양)의 상호 작용에 따라, 강자성체에서는, 전체(overall) 자화 상태에 걸쳐, 소위 **자구**(*domain*)라 불리는, 같은 방향의 자화를 가진 많은 작은 영역이 만들어진다. 자구의 크기는 많은 강자성체의 경우 수 micron

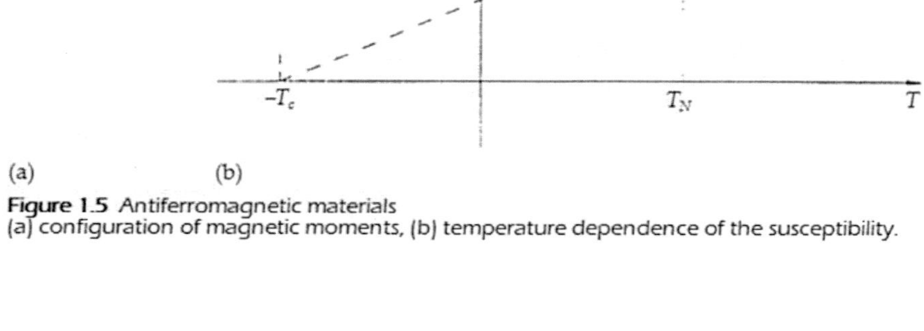

Figure 1.5 Antiferromagnetic materials
(a) configuration of magnetic moments, (b) temperature dependence of the susceptibility.

으로부터 어쩌면 millimeter의 범위인 것으로 찾아졌다. 자구 내에서는 전형적으로 10^{12}에서 10^{18}개의 많은 수의 원자 moment가 평행으로 정렬하여 자구 내의 자화는 거의 포화된다. 이 현상은 **자발 자화**(*spontaneous magnetization*)이다. 강자성체 내에서는 자구 자화의 방향만이 자구에서 자구로 바뀌기 때문에, 합성 자화는 0으로부터 자발 자화의 값까지 바뀔 수 있다.

강자성체의 자기적 성질은 여러가지 자계의 세기 H에서의 자기 유도 B의 그림으로써 나타내어진다. 그 대신으로 H에 대한 자화 M의 그림이 사용되지만, 이것은 $B=\mu_0(H+M)$이기 때문에 같은 정보를 준다.

외부 자계가 인가되면 물질의 자화는 그림 1.6에서 그려진 바와 같이 M–H 특성에 따라 변화한다. 강자성체 내에서는 자구의 배향(orientation)이 무작위로 분포된다. 인가 자계가 없어 감자된(demagnetized) 상태에서는 결과적인 자화가 0이다(그림 1.6의 점 O). 외부 자계가 인가되면 처음에 인가 자계에 정렬된 자기 moment를 가진 자구의 성장(growth)이 나타나도록 움직인다(그림 1.6의 영역 A). 가역 조건(reversible condition)이 자계의 제거에 대해 성립한다. 더 높은 인가 자계의 경우 가역이 아닌 자구벽(domain wall) 운동이 일어난다(그림 1.6의 영역 B). 충분히 큰 인가 자계의 경우 자구의 자기 moment가 본래 전체 정렬이 인가 자계에 도달될 때까지 회전한다(그림 1.6의 영역 C). 이 상태는 M_s의 자화를 가진 **포화**(*saturation*)이다. 철의 경우의 포화 자화는 1.71 [MA/m]이며, cobalt의 경우 1.42 [MA/m]의 값을 가진다.

자계가 줄어들면 자화가 감소되지만, 그림 1.7에서 볼 수 있는 바와 같이 원래의 값으로 되돌아가지 않는다. 인가 자계가 0으로 감소하면 특성은 잔류 자기(remanence)에 도달한다. 물질 내에서 남은 자화, 자계 그리고 유도는, 각각, 잔류 자화(remanent magnetization) M_r, $H=0$ 그리고 잔류 유도 $B_r=\mu_0 M_r$이다. 잔류 자화의

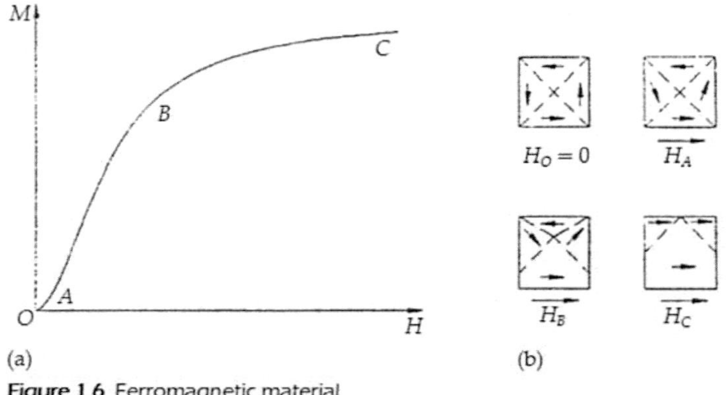

Figure 1.6 Ferromagnetic material
(a) first magnetization curve, (b) vibration of the domain structures with the applied field.

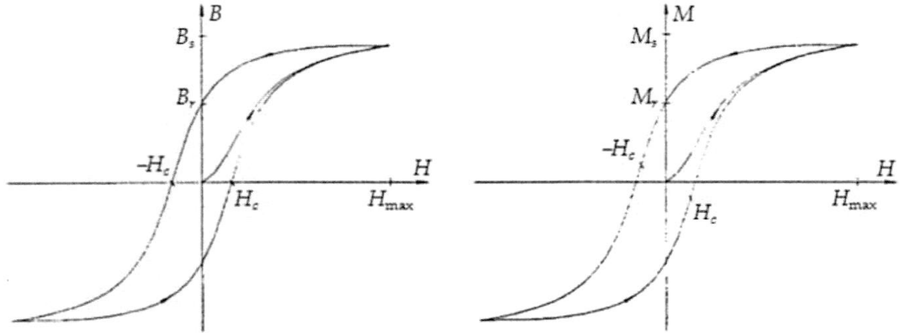

(a) (b)

Figure 1.7 Ferromagnetic hysteresis
(a) the B–H characteristic, (b) the M–H characteristic.

전형적인 값은 경자성체(hard magnetic material)의 경우 대략 $M_r = 1.0$ [MA/m]이다.

자성체 내에서 0의 유도 $B = 0$, $\mu_0(H_c + M_c) = 0$를 갖게 하기 위해서는 인가 자계가 **항자계**(*coercive field*) $-H_c$로 더욱 감소되어야 한다. 전통적으로, 1000 [A/m] 보다 작은 항자계를 갖는 물질은 연자성체(magnetically soft material)로 고려되는 한편, 10000 [A/m]보다 더 큰 항자계를 갖는 물질은 경자성체(magnetically hard material)로 고려된다. *B–H*와 *M–H* 특성 사이에서 만들어질 수 있는 차이는 항자계 H_c의 점에서 $B = 0$에 도달하는 것이다. 이 점에서 자기 유도는 0의 값을 가지며, 따라서 자화는 그림 1.7에서 표시된 바와 같이 유한한 값이다.

위에서 설명된 자화의 비가역 과정으로 보여진 특성은 **자기 이력**(*hysteresis*)으로 불린다. 포화 현상과 hysteresis 특성은 강자성체의 중요한 성질이어서, 아래에서 더 상세히 논의한다.

강자성체에서는, 자구 구조의 진전이 온도의 변화에 강하게 영향을 받는다. 자성체에 높은 일정 자계가 인가된다면, 온도의 증가는 자화에서의 연속적인 감소를 산출하며, ***Curie* 점**(*Curie point*)에서 거의 0으로 갑자기 떨어진다(그림 1.8 (a)). 임계 온도인 *Curie* 점 위에서는, 격자 원자의 열적 여기(thermal excitation)에 따라, 자구 구조에서 자발 자화가 감소한다. 물질은 그의 강자성을 잃어버리고 상자성체로 거동한다. *Curie* 점보다 높은 온도에서부터 강자성체는 상자성의 성질을 나타낸다. 높은 온도에서는 열적 여기에 따라 자기 쌍극자의 moment가 무작위로 되어, 자구가 붕괴되며 자발 자화가 없어진다.

$T > T_c$에 대한 강자성체의 자화율은 *Curie-Weiss* 법칙에 따르며, 그것은 $1/\chi$이 *Curie* 점에서의 0으로부터 커지며 온도에 따라 선형적으로 증가함을 의미한다. *Curie* 점 아래에서는 물질의 조성(texture)에 의존하여 자발 자화가 나타나며, 자구가 인가 자계의 방향으로 회전하여, 물질의 자화율이 갑자기 증가한다. 자발 자화

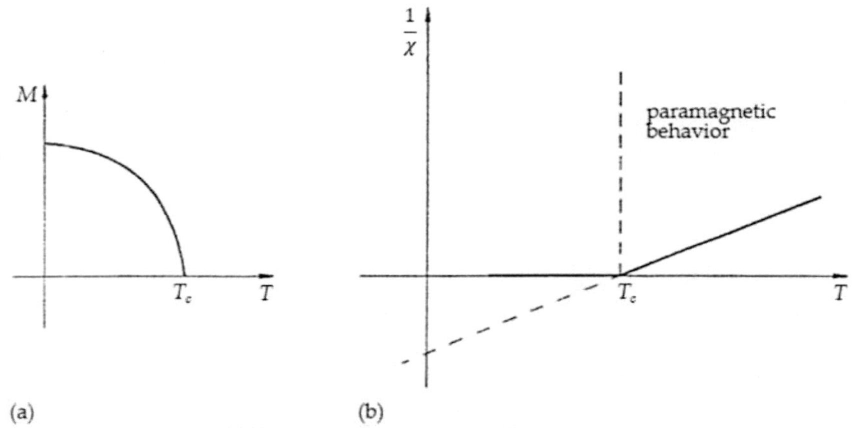

Figure 1.8 Variation of (a) the magnetization and (b) the susceptibility with the temperature in ferromagnetic materials.

와 자화율의 온도 의존성이 그림 1.8에 보여진다.

강자성체에서는 ***Curie* 점**(*Curie point*)이 원소와 화합물의 기술, 강자성체의 열자기 처리(thermomagnetic treatment)는 물론 남아있는 불순물에 의존한다. 철의 경우에는 결정 구조의 변화가 없으며 온도의 변화에 따른 자기적 거동이 실온(room temperature)과 *Curie* 점 사이에서 일어나지만, 강자성에서 상자성 상태로의 변화가 완전히 명확하지는(sharp) 않다. *Curie* 점 부근에서의 철의 hysteresis loop의 형상은 그림 1.9에 그려진 것과 같이 변화한다. 순철(pure iron)의 경우 *Curie* 점은 대략 $T_c = 770$ [°C]인 한편, 온도가 $T = 788$ [°C]의 값에 도달하면 그림 1.9에서 볼 수 있는 바와 같이 상자성의 성질이 나타난다.

(v) **Ferri-자성체**(*ferrite*)는 2가 화합물(divalent alloy)인, 철 산화물(iron oxide)이다. 이론적인 관점에서 ferrite는 반강자성체와 강자성체 사이에 있다. 이 물질에서는 자

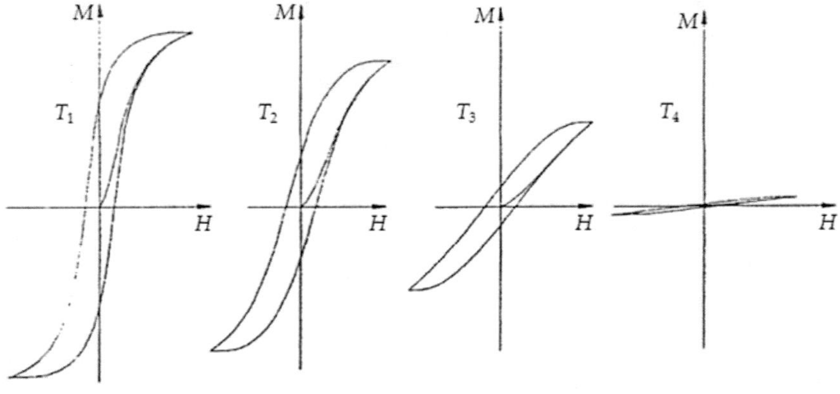

Figure 1.9 Hysteresis loops of iron at temperatures near to the Curie point, $T_1 < T_2 < T_3 < T_4$, $T_4 \approx T_c$.

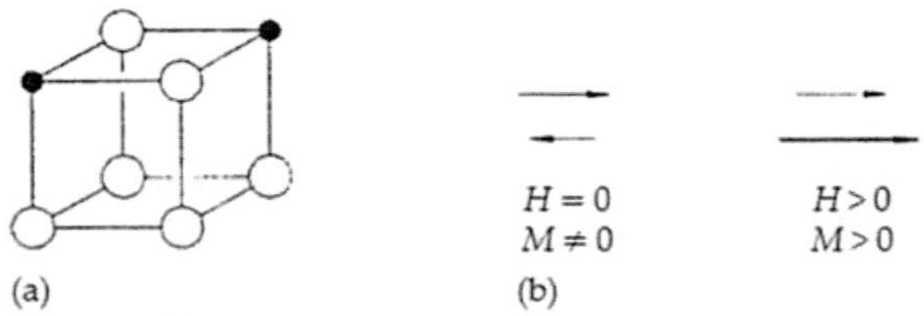

Figure 1.10 In ferrimagnetic materials
(a) two kinds of lattice and (b) the magnetic moments.

기 ion(magnetic ion)이 다른 크기의 자기 moment를 가진 반대 방향의 자기 쌍극자가 있는 두 가지 종류의 격자를 점유한다. 강한 부(음, negative)의 상호 작용이 두 종류의 자기 ion 사이에 작용하기 때문에, 어떠한 외부 자계도 없이 물질은 자발 자화를 나타낸다(그림 1.10).

Ferrite에서는 서로 다른 격자 위치(lattice site) 사이의 상호 작용의 서로 다른 세기에 따라, 자기 moment에 대한 온도 여기(temperature excitation)가 서로 다른 자화로 귀결한다. 온도가 ***Curie* 점**(*Curie point*)으로 증가하면 먼저 자발 자화가 감소하고, 뒤에 그것이 없어진다. *Curie* 점 위에서는 물질이 상자성체로 거동하며 자화율은 온도의 증가에 따라 감소한다(그림 1.11).

자기 산화물(magnetic oxide)과 화합물이 ferrite의 집단에 속한다. 이런 물질에서는 magnaese(Mn), cobalt(Co), nickel(Ni), 아연(Zn) 같은 2가 금속 ion이 찾아질 수 있다. Ferri-자성 석류석(garnet)은, 2가 원소가 희토류, 예를 들면, cadmium(Cd), terbium(Tb), ytterbium(Yb), Yttrium(Y)인, 광물의 집단이다.

서로 다른 집단에 속하는 자성체의 역 자화율(inverse susceptibility)의 높은 온도에서의 거동을 비교한 것이 그림 1.12에 그려져 있다.

1.3 FERROMAGNETIC HYSTERESIS

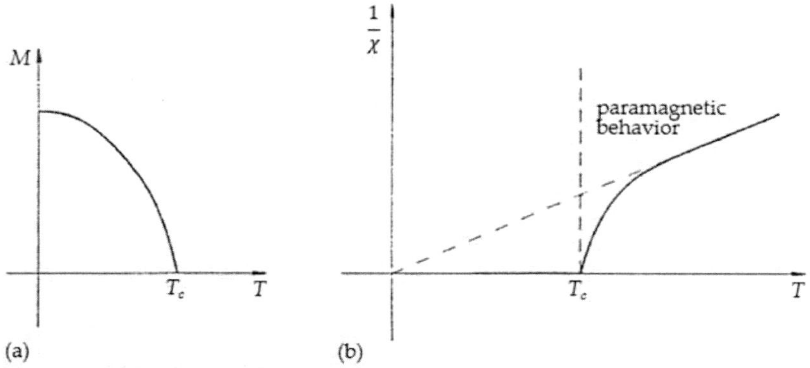

Figure 1.11 Variation of (a) the spontaneous magnetization and
(b) the susceptibility with the temperature in ferrimagnetic materials.

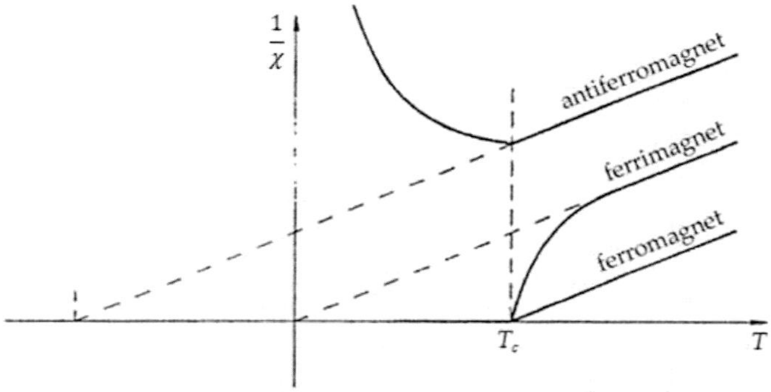

Figure 1.12 Variation of inverse susceptibilities at high temperature.

(i) **초기 자화 곡선**(*initial magnetization curve*). 강자성체에 단조 증가하는(monotonously increasing) 외부 자계를 인가하면, 자기 특성인 자화의 변화가 결정될 수 있다. 이 특성의 한 가지가 그림 1.13에 그려져 있다.

감자된 상태 $H=0$, $M=0$에서 출발하여 자화는 인가 자계의 증가에 따라 곡선 $OABC$를 따라 증가한다. 마지막으로 그것은 자계의 최대 값 H_{max}에서 포화 자화 M_s에 도달한다. 이 곡선은 **초기 자화 곡선**(*initial magnetization curve*) 또는 **처녀 곡선**(*virgin curve*)으로 알려져 있다.

자화 곡선의 초기 부분(OA 영역)에서 자화는 인가 자계에 따라 증가하고 감소하며, 더욱이 자계가 제거되면 자화는 0으로 되돌아간다. 영역 OA에서는 자화 과정이 거의 가역적인 한편, 이 영역 너머에서는 더 이상 가역적이라고 언급될 수 없다. 영역 OA에서는 자화 특성 $M=M(H)$가 점 O에서의 최초(first) 자화 곡선의 기울기로써

$$M=\chi_{in}H \tag{1.12}$$

와 같이 근사화될 수 있다. 여기서 인자(factor) χ_{in}은 그림 1.13에 그려진 **초기 자화**

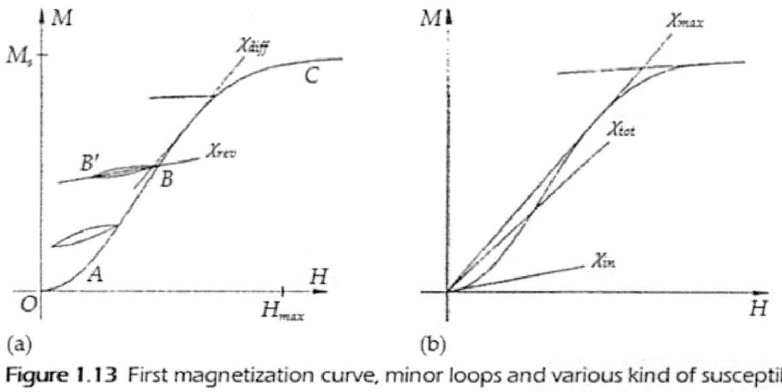

Figure 1.13 First magnetization curve, minor loops and various kind of susceptibilities.

율(*initial susceptibility*)이다. 초기 자화율은 다음과 같이 정의될 수 있다:

$$\chi_{in} = \lim_{\Delta H \to 0} \left(\frac{\Delta M}{\Delta H} \right) \Bigg|_{H=0,\, M=0}. \tag{1.13}$$

자계의 세기가 점 B로부터 점 B'에서의 값으로 감소하고 자화가 $B'B$를 따라 되돌아간다면, 특성은 **소 loop**(*minor loop*)이다. $B'B$의 기울기는 **가역**(*reversible*) 또는 **증분 자화율**(*incremental susceptibility*) χ_{rev}이다:

$$\chi_{rev} = \frac{M(B) - M(B')}{H(B) - H(B')}. \tag{1.14}$$

초기 자화 곡선 $OABC$의 각 부분의 기울기는 **미분 자화율**(*differential susceptibility*) χ_{diff}이다:

$$\chi_{diff} = \lim_{\Delta H \to 0} \left(\frac{\Delta M}{\Delta H} \right) = \frac{dM}{dH}. \tag{1.15}$$

자계의 매우 작은 값의 경우 미분 자화율은 초기 자화율로 접근한다:

$$\lim_{\Delta H \to 0} \chi_{diff} \Big|_{H=0,\, M=0} = \chi_{in}. \tag{1.16}$$

자화 과정 동안에 미분 자화율은 자기 특성에 따라 점 마다(차례차례, from point to point) 변한다.

원점(origin) O와 초기 자화 곡선 $OABC$의 임의의 점을 연결한 선의 기울기는 **총 자화율**(*total susceptibility*) χ_{tot}이다. 원점 O로부터 초기 자화 곡선에 그은 접선(tangent line)의 기울기인, 총 자화율의 최대 값은 최대 자화율 χ_{max}이다. 포화에 접근함에 따라 자화율은 단조 감소한다(monotonously decreasing).

초기 자화 동안의 서로 다른 종류의 자화율의 변화가 그림 1.14에 그려져 있다.

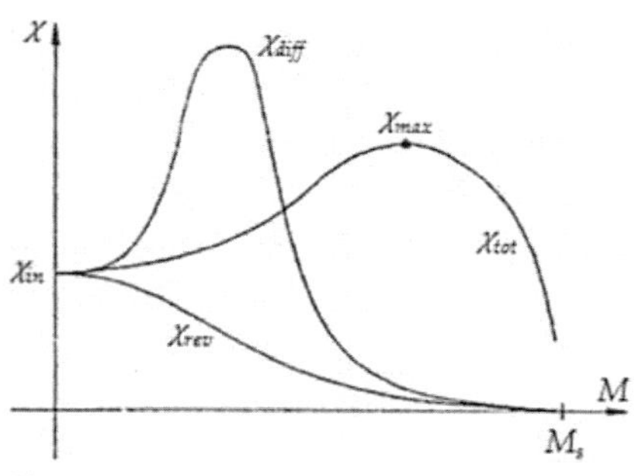

Figure 1.14 Variation of the susceptibilities during the initial magnetization.

자화율의 곡선은 초기 값 χ_{in}에서 출발한다. 가역 자화율 χ_{rev}는 자화의 증가에 따라 단조 감소한다. 미분 자화율 χ_{diff}는 뾰족한 최대 값을 가지는 한편, 총 자화율 χ_{tot}는 그것의 최대 값에 도달한 후 포화 자화 M_s에서 떨어진다.

미분과 가역 자화율 사이의 차이는 비가역 자화(irreversible magnetization)에 기인하는 자화율을 나타내는 **비가역 자화율**(*irreversible susceptibility*) χ_{irr}이다:

$$\chi_{diff} = \chi_{rev} + \chi_{irr}. \tag{1.17}$$

일정한 자계 H 그리고 $\pm H_\Delta$사이에서 단조 변화하고 포화에 도달하도록 충분히 크며 그 다음 H_Δ의 크기가 0으로 천천히 감소하는 중첩된 성분으로 자화한 후 물질 내에 남아있는 자화는 **이상**(*ideal*) 또는 **hysteresis가 없는 자화**(*anhysteretic magnetization*)이다. Hysteresis가 없는 특성인 결과적인 anhysteretic 자화 M이 서로 다른 일정한 자계 H에서 그림 1.15에 그려져 있다. Hysteresis가 없는 특성에 따르면 미분 자화율은 원점에서 매우 높은 유한한 값을 가지며 자계의 증가에 따라 단조 감소한다. Hysteresis가 없는 곡선은 완전히 가역적이다.

(ii) **Hysteresis loop**(*hysteresis loop*). 자화 과정은 부분적으로 비가역적이다. 먼저 단조 증가하는 자계로 강자성체를 자화한 후 단조 감소 자계로 포화 상태를 떠나면, 자화는 원래의 곡선을 따라 돌아오지 않고, 같은 자계가 다른 값의 자화와 자기 유도에 속한다. 그림 1.16에 그려진 바와 같이, 자계가 점 C의 포화 상태로부터 감소되면, 자속밀도와 자화는 CD를 따라 서서히 감소된다.

인가 자계가 $H=0$으로 감소되면, 특성은 점 D에서 보자성(최대 잔류 자속밀도, retentivity)을 나타낸다. 과정의 비가역성에 따라 자화와 자기 유도는, 각각, 유한한 값인 잔류(residual) 또는 **잔류 자화**(*remanent magnetization*)와 **잔류 유도**(*remanent in-*

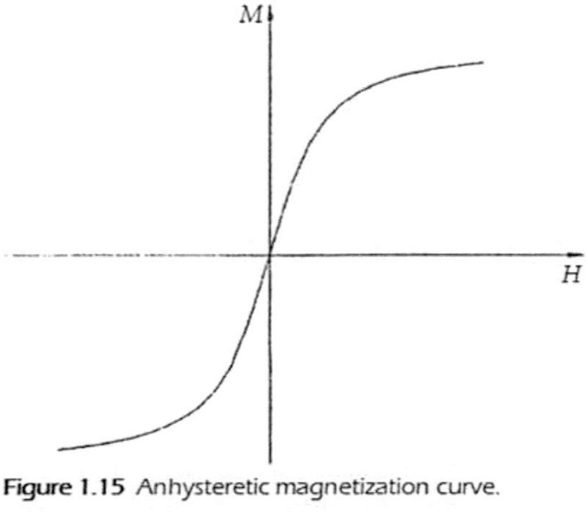

Figure 1.15 Anhysteretic magnetization curve.

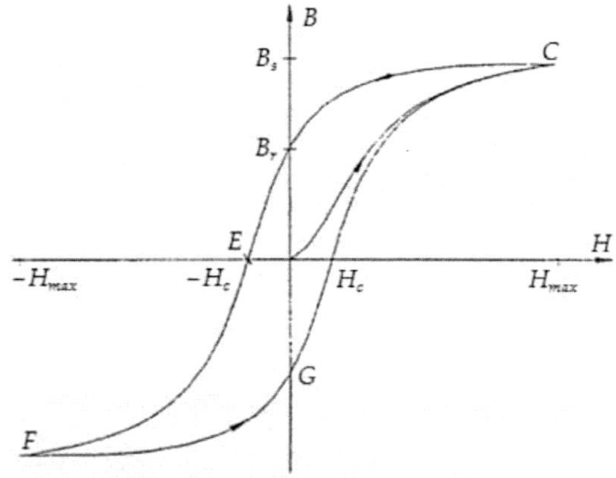

Figure 1.16 Stationary hysteresis loop.

duction)를 가진다. 자계를 음(부)의 값이 되도록 더욱 감소시키면 결과로 자화의 연속적인 감소가 나타난다. $B=0$인 점 E에서의 자계의 세기의 값은 **항자계**(**항자력**, **보자력**, *coercive field*) H_c이다. 곡선의 DE 부분은 **감자 곡선**(*demagnetization curve*)이라 불리며, 여기서 자기 유도를 0으로 감소시키기 위해서는 반대 방향 자계가 인가되어야 한다. 점 E에서는, 그림 1.7에 그려진 바와 같이, 자화가 관계식 $\mu_0(H+M)=0$에 따른 유한한 값을 가진다. 자계 H를, 점 F까지, 부(음, negative)로 더 증가시키면, 자속밀도와 자화의 증가가 일어나고, 마지막으로 부(음)의 포화로 이끈다. 자계가 정(양)으로 역전되면, 자화가 바뀔 것이며, 마지막으로 FGC를 따라 닫힌다. H–B 곡선 또는 등가 H–M 곡선의 폐 loop(closed loop) $CDEFGC$는 **hysteresis loop**(*hysteresis loop*)이다.

자화 과정의 비가역성에 따라 자기적인 상태는 강자성체의 자기적인 경위(전력, prehistory)에 강하게 종속된다. 자화 과정이 감자 상태 $H=0$, $M=0$으로부터 출발하면, 처음의 몇 자화 주기 동안에는 hysteresis loop가 그림 1.17에서 보여진 바와

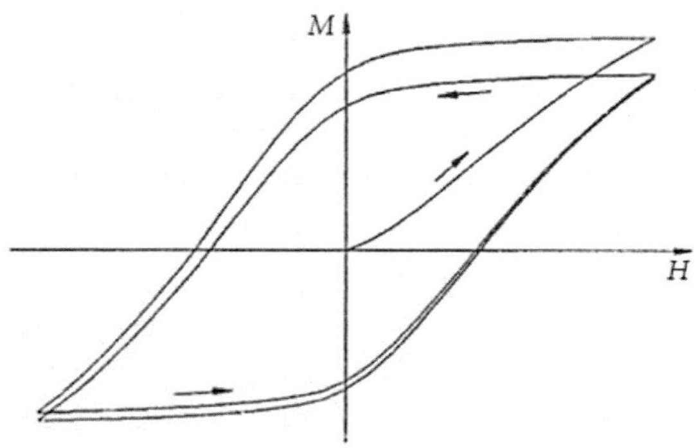

Figure 1.17 Stabilization of the hysteresis loop.

같이 닫히지 않을 것이다.

천천히 변화하는 주기적 자화 과정 동안에 같은 크기 사이의 자계의 교번(alternation)은 자화의 안정화된 정상(steady) hysteresis loop로 귀결한다. 실험적 data는 자화 과정의 안정화 전에 8~10 주기를 나타낸다. Hysteresis loop의 안정화는 자화 주기 동안에 잔류 자화에서의 단조 감소하는 증분(monotonous decreasing increment)에 의해 특성지어진다. Hysteresis의 안정화는 자화 과정 동안의 더 높은 자계의 적용에 의해 가속될 수 있다.

여자 자계의 더 높은 크기는 그림 1.18에서 볼 수 있는 바와 같이 다른 형상을 가진 더 넓은 hysteresis로 귀결한다.

여자의 서로 다른 최대 값에 따라 무수히 많은 hysteresis loop가 있다. 초기의 정(양)의 자계가 증가함으로써, 대응하는 hysteresis loop의 면적은 증가하며 마지막으로, loop가 최대 자계에 도달하기 전에 일치되며 닫히는 최대 값에 근사적으로 접근한다. 가장 큰 면적에 따르는 hysteresis loop는 **주 hysteresis loop**(*major hysteresis loop*) 또는 **hysteresis 끌개**(*hysteresis attractor*)이다.

자화 특성 위의 점 P로부터 자화 과정을 계속하면, H_o의 값을 둘러싸는 $\pm\Delta H$를 가진 외부 자계의 변화는 그림 1.19에 그려진 바와 같이 서서히 안정화되는 비대칭 minor loop(gradually stabilized nonsymmetric minor loop)로 귀결한다. 이 현상은 **순응**(*accommodation*)이라 불린다.

(iii) **Hysteresis loop의 자화율**(*susceptibility of hysteresis loop*). 안정화된 hysteresis loop를 위한 자화 과정은 물론 자화율에 의해 특성지어질 수 있다. 미분 자화율은 상승과 하강 가지에 대하여 서로 다르다. 인가 자계에 대하여 hysteresis loop를 따른 서로 다른 미분 자화율의 변화가 그림 1.20에 그려져 있다.

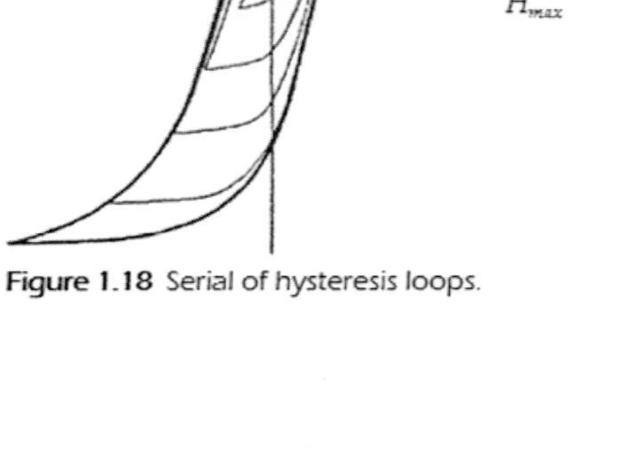

Figure 1.18 Serial of hysteresis loops.

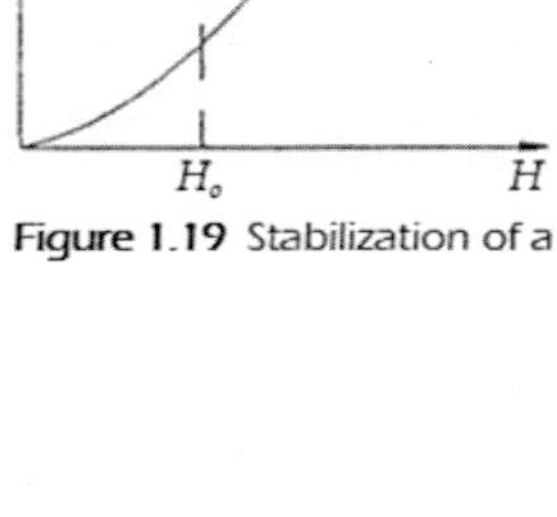

Figure 1.19 Stabilization of a minor loop.

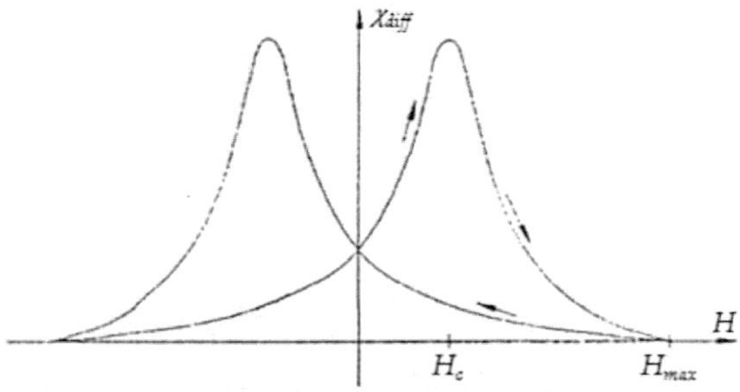

Figure 1.20 Variation of the differential susceptibility along the hysteresis characteristic.

미분 자화율(*differential susceptibility*)은 다음과 같이 자계 H에서의 부호 변화에 관해서 결정될 수 있다:

$$\chi_{diff} = \frac{dM}{dH}. \tag{1.18}$$

포화 영역에서는 미분 자화율이 상승 또는 하강 가지로부터 떠날 때 같은 값으로 가정한다:

$$\left(\frac{dM}{dH}\right)\bigg|_{H_{max},\, dH>0} \approx \left(\frac{dM}{dH}\right)\bigg|_{H_{max},\, dH<0}. \tag{1.19}$$

Hysteresis loop를 따라 hysteresis 특성 위의 위치에 종속하는 소 loop(minor loop)의 폭과 기울기는, 그림 1.21에서 볼 수 있는 바와 같이, 자계 H와 그것의 변화 $\pm\Delta H$에 의해 결정된다.

그림 1.22에서는 **가역 자화율**(*reversible susceptibility*)의 변화가 초기 자화 특성과 hysteresis attractor의 상승과 하강 가지에 대하여 그려졌다. 가역 자화율은 교번 자계가 일정한 자계 H_o에 의해 결정되는 동작점(operating point)에서 작용하는 경우

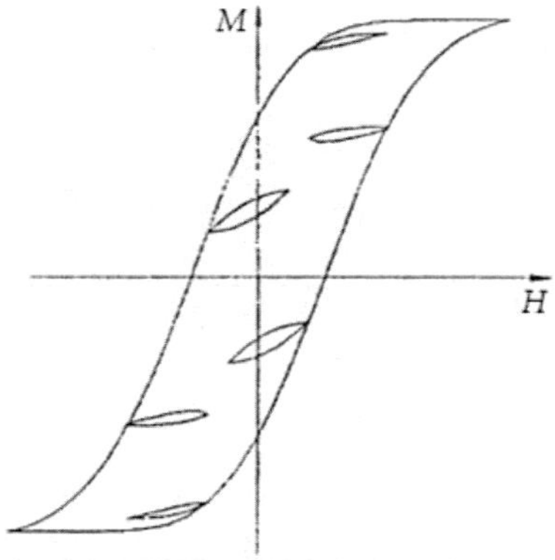

Figure 1.21 Minor loops along the hysteresis loop.

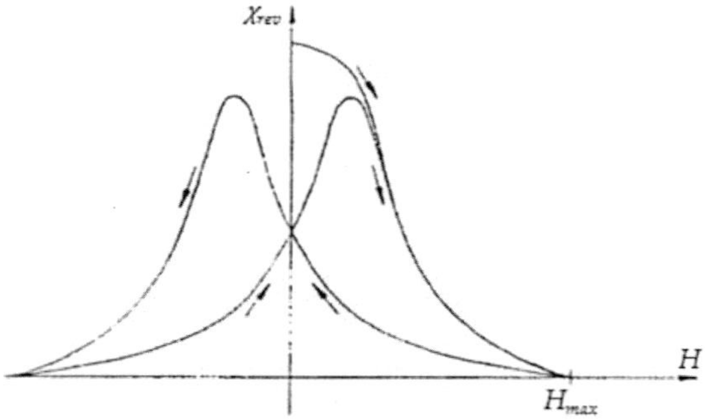

Figure 1.22 Variation of the reversible susceptibility.

에 중요한 역할을 한다.

안정화된 minor loop의 경우 **가역 자화율**(*reversible susceptibility*)은 자계의 세기와 자화의 변화로부터 결정될 수 있다:

$$\chi_{rev} = \frac{\Delta M}{\Delta H}\bigg|_{H=H_o}. \tag{1.20}$$

Minor loop를 특성짓는 가역 자화율로부터 hysteresis 특성의 미분 자화율이 다음과 같이 결정될 수 있다:

$$\chi_{diff} = \frac{dM}{dH}\bigg|_{H=H_o}. \tag{1.21}$$

서로 다른 물질의 자기적 성질은 서로 다른 크기의 교번 자계에서 안정화된 hysteresis loop에 의해 정의된 꼭지점의 곡선으로 특성지어질 수 있다. 이 곡선은 **기본 자화 곡선**(*fundamental magnetization curve*) 또는 **전환 곡선**(*commutation curve*)이다. 전환 곡선으로 대칭 hysteresis loop의 상반부가 그림 1.23에 그려져 있다.

몇몇 경우에는 자화율 대신 투자율(magnetic permeability)이 인가 자계의 세기 *H*와 자기 유도 *B* 사이의 관계를 설명하기 위해 도입된다.

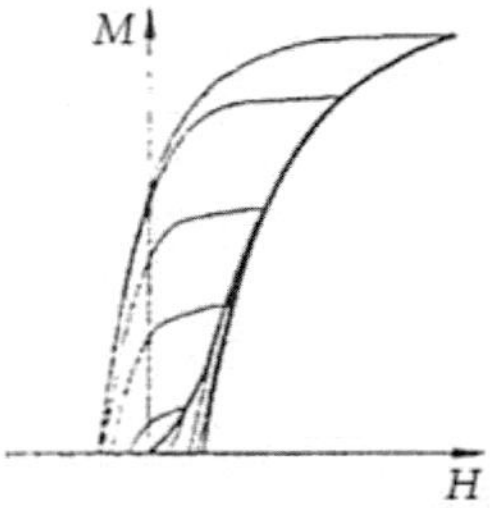

Figure 1.23 Hysteresis loops and the fundamental magnetization curve.

(iv) 강자성 물질은 **자화의 energy**(*energy of magnetization*)로 특성지어질 수 있다. 자화에 평행한 자계 H의 작용 아래에서 상태 B_1, M_1, H_1로부터 B_2, M_2, H_2로 증가된다면, 단위 체적을 자화하기 위해 요구되는 일(work)은 다음의 관계식에 의해 표현될 수 있다:

$$\Delta w = \int_{B_1}^{B_2} H \, dB \,. \tag{1.22}$$

그래서, 이 energy는 그림 1.24에서 그려진 바와 같이, 세로 좌표 축(ordinate axis) M_1, M_2에 의해 둘러싸이는 면적에 의해 나타내어질 수 있다.

Hysteresis loop의 한 주기 동안에, 이 일에 의해 공급되는 energy는 일부는 potential 또는 장(field) energy로서 저장되며, 또한 일부는 물질 내에서 열(heat)로 소산된다. Hysteresis loop의 한 주기를 통하여, potential은 그것의 원래의 값으로 돌아가야 할 것이어서, 합성 일(resultant work)은 열로 소비되어야 한다. 이 열은 **hysteresis 손실**(*hysteresis loss*)이다. 자화 값 H_m, M_m에 의해 특성지어지는 점으로 hysteresis loop 위에서 움직이면, 공급되는 energy는 hysteresis 곡선과 축 M에 의해 둘러싸인 면적과 같다. $H=0$, $M=M_r$의 점까지 hysteresis loop의 감자 부분을 따라가면, 공급된 energy의 일부는 되돌아간다. $-H_m$, $-M_m$의 값으로 반대 방향으로 물질의 자화를 계속하면, 더 많은 energy가 요구된다. Hysteresis loop의 전체 주기에 대하여 과정을 계속하면, 공급되는 부분과 되돌아가는 energy가 그림 1.25와 같이 그려진다.

공학적 응용을 위하여 강자성체는 항자계(coercive field)를 기초로 하여 연자성체(soft magnet)와 경자성체(hard magnet)로 분류될 수 있다. 연자성체(soft magnetic material)는 보통 변압기(transformer), 전동기(motor) 그리고 발전기(generator)의 철심(iron core)으로 사용되며, 이 목적을 위하여 높은 투자율, 낮은 항자계 그리고

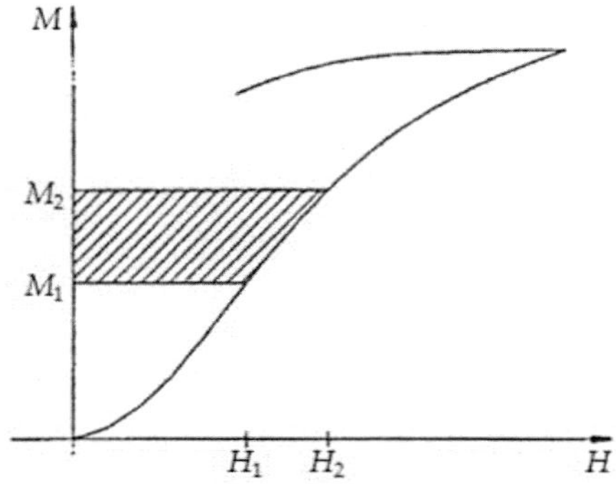

Figure 1.24 The energy required to magnetize a unit volume of the ferromagnetic material.

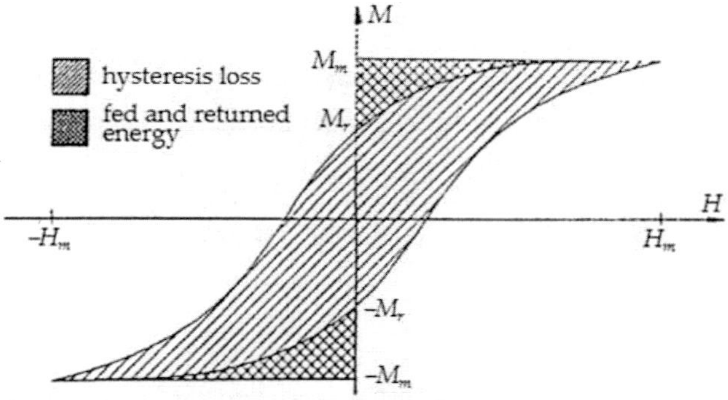

Figure 1.25 Energy state of the hysteresis loop.

작은 hysteresis 손실이 요구된다. 다른 한편으로, 경자성체(hard magnetic material)는, 높은 잔류 자기(remanence)와 넓은 hysteresis loop가 원해지는, 높은 항자계를 위한 장치에서 영구자석(permanent magnet)으로 사용된다. 자기 기록(magnetic recording) 물질은 영구자석과 비슷한 특성을 가진다. 그들은 예상하지 못한 감자에 의한 정보의 손실을 예방하기 위하여 비교적 높은 잔류 유도와 충분히 높은 최대 항자력(coercivity)을 가지는 것이 필요하다. 강자성체의 주된 응용이 거의 반대인 성질이 요구되는 두 분야로 나누어지는 것이 흥미롭다.

1.4 MAGNETIZATION PROCESS

자성체는 많은 수의 자기 쌍극자와 따라서 많은 자기 moment에 의해 나타내어진다. 강자성체는, 자기 moment 사이의 강한 상호 작용에 따라, 인가 자계가 없더라도 많은 작은 체적인 **자구**(*domain*)로 이루어진다. 그림 1.26에서는 강자성 물질의 자구 구조가 그려져 있다.

자구 구조의 존재는, 원래 1907년에 *P. Weiss*에 의해, 각각이 어떤 방향으로 포화 자화된 많은 영역인, 자구로 구성된다는 가설(hypothesis)에 의해 가정되었다. 강자성 자구의 존재에 관한 첫 번째 실험적 입증은 1919년에 *Barkhausen*에 의해 지적되었다(*George Heinrich Barkhausen*, 1881-1956).

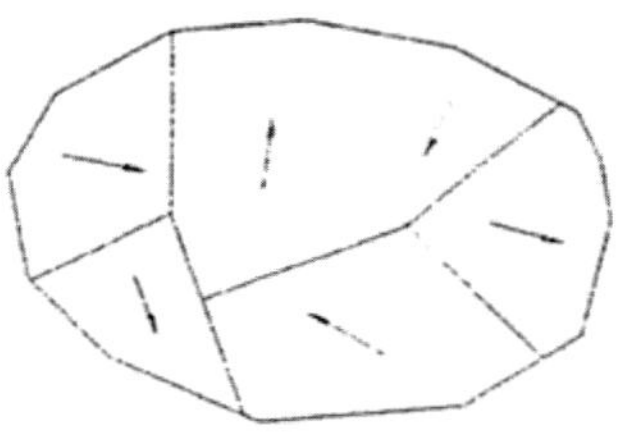

Figure 1.26 Domain structure in a ferromagnetic substance.

*Barkhausen*은 강자성 표본(specimen)에 감긴 2차 coil에서 유도된 전압 pulse를 증폭하였다. 자계가 매끈하게 증가됨에 따라, 짤까닥하는 소리의 열(series of click)이 들렸다. 특유의 잡음의 존재가 자화 과정이 많은 작은 불연속적인 자속의 변화로 이루어진다는 것을 증명하였다. 이 유도(induction)에서의 불연속성은 자구 내에서의 자화의 방향의 갑작스러운 불연속 회전과 자구 경계의 불연속 운동으로 간주될 수 있다. 이 작동 기구(mechanism) 둘 다가 자화 과정 동안에 생기며 그것들은 ***Barkhausen* 잡음**(*Barkhausen noise*)이라 불린다.

오늘날에는, 자구 구조의 관찰을 위하여 여러가지 기법이 개발되었다. 그 중 두 가지는, *Faraday*와 *Kerr* 효과가 선형 편광 광선(linearly polarized light beam)에서 편광(분극) 축(axis of polarization)이 자계의 작용에 의해 회전하는 자기 광학법(magneto-optical method)에 관련된다. 자성체의 표면에서 반사된 편광 광선에서, 편광의 방향이 회전하는 현상은 ***Kerr* 효과**(*Kerr effect*)로 알려져 있는 한편(*John Kerr*, 1824-1907), 편광 축의 회전이 강자성체를 통한 편광의 전송(transmission)으로부터 기원되는 것은 ***Faraday* 효과**(*Faraday effect*)로 알려져 있다(*Michael Faraday*, 1791-1867).

자계가 자성 물질에 인가될 때, 자구 내에서의 **자기 moment**(*magnetic moment*)의 **가역**(*reversible*) 및 **비가역 회전**(*irreversible rotation*)과 **자구벽**(*domain wall*)의 **가역**(*reversible*) 및 **비가역 운동**(*irreversible motion*)은 자화 특성에 대응한다. 하지만, 자화 과정 동안에 가역과 비가역 변화 둘 다가 함께 일어나며, 본질적으로 자구 자화의 방향과 자발 자화의 세기에서 이루어지는 변화에 따라 자화 특성에서의 네 가지 다른 영역(범위, range)이 구별될 수 있다(그림 1.27).

감자된 상태로부터 출발하여 자화가 가역적으로 변화하는 자화 특성의 첫 번째 부분은 **가역**(*reversible*) 또는 **초기 영역**(*initial range*)이다. 낮은 크기의 자계에서 자화는 안정 상태(stable state)에서 인가 자계 방향으로의 **자구의 가역 회전**(*reversible rotation of domain*)으로 특성지어진다. 이 범위에서는 가역 자화가 **자구벽의 가역 변**

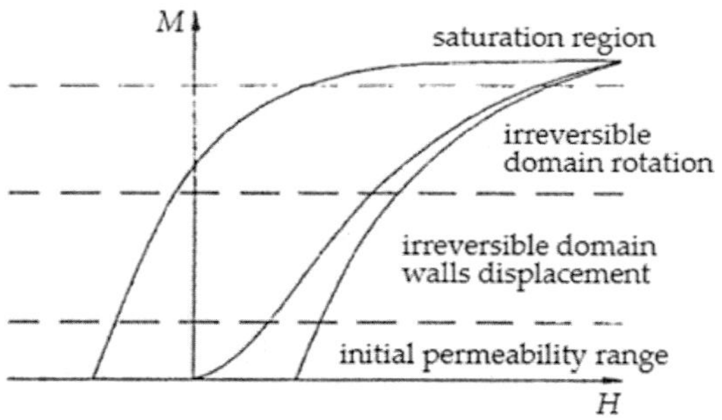

Figure 1.27 Magnetization mechanism and the magnetization characteristic.

위(*reversible displacement of domain wall*)에 의해 이루어진다. 자화 특성의 이 부분을 따라서는 결정 물질(crystalline substance)의 경우 $\chi_{in} \approx 29$와 같은 작은 값을 가지는 한편, 연자성체의 경우에는 이 자화율이 $\chi_{in} \approx 100\sim200$에서부터 수 천까지의 넓은 범위 사이에서 찾아질 수 있다. 실험적인 data는 결정 구조가 덜 변형되면 덜한 이방성(anisotropy)과 더 높은 초기 자화율을 나타냄을 보인다.

자계가 특성의 초기 부분 위로 증가되면, 자화가 격렬하게 증가한다. 초기 영역을 넘어선 자화 과정은 비가역적이다.

두 번째 범위는 주로 하나의 안정 위치(stable position)로부터 다른 안정 위치로의 **자구벽의 비가역 변위**(*irreversible displacement of domain wall*)에 의해 이루어진다. 작은 입자(fine particle)로 구성된 물질에서는 자구의 비가역 회전도 또한 기대된다. 자화 과정의 이 범위에서는, 자구벽의 비가역 변위에 의해 그리고 국부(local) 자구 자화의 비가역 회전에 의해 유도되는 자화에서의 많은 작은 불연속 변화 때문에, *Barkhausen* 잡음이 관찰된다(그림 1.28). 자화의 이 범위에서는, 자화 energy의 일부가 열 손실로 소산되는, 자구벽의 변위에 수반하는 자기열 효과(magnetothermal effect)가 관찰될 수 있다.

자계가 더욱 증가하면, 자화 과정의 세 번째 부분이 덜 가파르게 나타난다. 이 범위에서는 자구벽의 변위가 이미 완료되었으며 자화는 **자구의 회전 자화**(*rotation magnetization of domain*)에 의해 계속된다. 이 범위는 회전 자화의 부분이다.

마지막으로, 자화 특성의 네 번째 부분은 **포화 영역**(*saturation region*)이다. 이 범위에서는 자구 내부에서의 포화 자화가 이루어진다. 자화가 포화에 도달하면 인가 자계의 세기에 따른 더 이상의 증가는 없다. 자계와 자화 vector는 거의 평행이다.

Hysteresis loop를 따른 자화 기구(magnetization mechanism)는 위에서 논의된 것과 비슷하다. 그림 1.29에서 그려진 바와 같이, 포화로부터 잔류 자기까지 자화는 주로 회전 자화로 간주될 수 있으며, 잔류 자기로부터 감소하는 hysteresis 곡선의 중간까지는 비가역 자화로 불려질 수 있는 한편, 반대 방향 포화까지는 회전

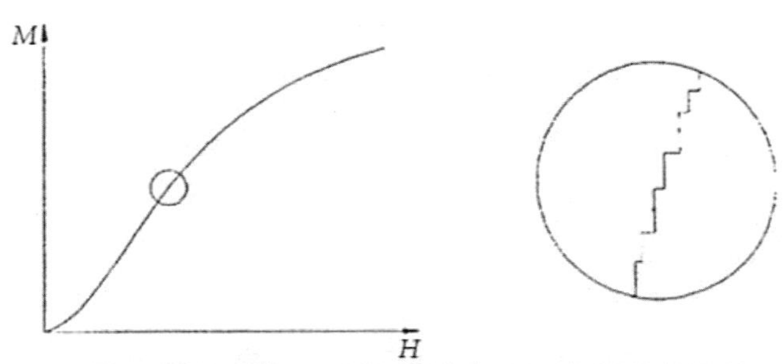

Figure 1.28 The Barkhausen effect in the magnetization process.

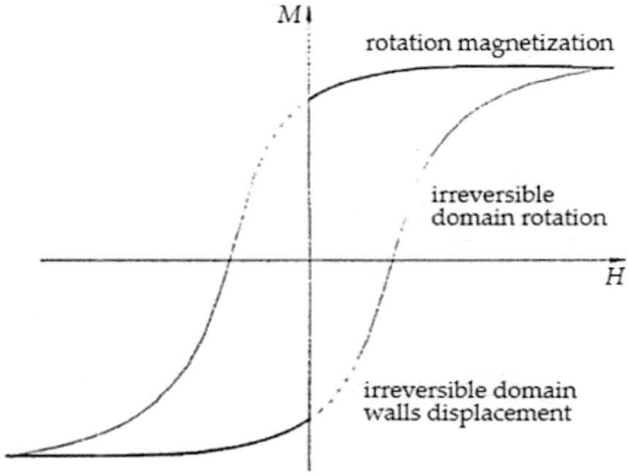

Figure 1.29 Reversible and irreversible sections along the hysteresis loop.

자화로 다시 돌아간다. Hysteresis loop의 한 주기 동안에 불연속 자화 과정에 의해 소산되는 총 열 손실(total thermal loss)은 hysteresis loop에 의해 둘러싸이는 면적과 등가이다.

1.5 DOMAIN STRUCTURES

자화 과정의 많은 현상이 자구 이론(domain theory)을 기초로 하여 설명될 수 있다. 자구 이론의 개념이 *Weiss*에 의해 도입되었지만, *Landau*와 *Lifshitz*(*Lev Davidovich Landau, Evgenii Mikhailovich Lifshitz*)가 1935년에, 자구의 존재가 energy 최소화의 결과라는 것을, 이론적으로 증명하였다. 자계 H 내에서 자기 moment $\boldsymbol{m}$을 가진 단일 자구(single domain)의 강자성 물질은 정자기(magnetostatic) energy $w_m = -\mu_0 \boldsymbol{m} \cdot \boldsymbol{H}$를 나타낸다. 자속선(flux line)의 폐경로(closed path)에 관련된 국부화된 영역(localized domain)으로의 물질의 분해(decomposition)는 정자기 energy를 줄인다. 자구 내부가 포화 조건 아래에 있을지라도 자속선의 폐경로를 가진 자구 구조는 물질의 감자 상태를 나타낸다. 약하고 강한 자계의 작용 아래에서의 자화 과정에 따라, 자기 입자의 거동인 자구의 회전과 자구벽의 운동을 검토해야 한다.

(i) **자구의 회전**(*rotation of domain*). Hysteresis loop의 형상은 이방성에 강하게 영향을 받는다. 그것은 자성체의 관찰된 성질이 그것이 측정된 방향에 종속된다는 것을 의미한다. 결정(crystal) 또는 자기 결정(magnetocrystalline) 이방성, 형상(shape), 응력(stress), 유도(induced) 그리고 교환(exchange) 이방성과 같은 여러가지 형태의 이방성이 있다. 물질의 고유 성질에 관련되는 결정 이방성만이 자구의 가역 및 비가역 회전에 영향을 가지는 한편, 다른 형태의 이방성은 부대적(extrinsic) 또는 유도 현상에 대한 기초가 된다.

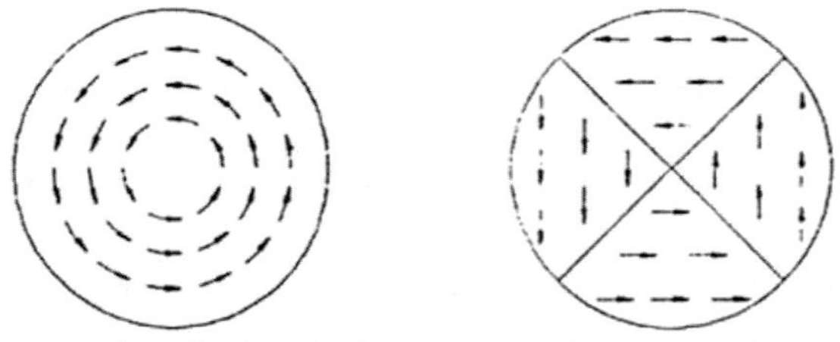

Figure 1.30 Domain structure in a uniformly magnetized substance.

물질이 결정 구조 내에서 우선 방향(preferred direction)을 가진다면, 자화된 단일 결정 내의 폐쇄 자구 구조(closure domain structure)가, 정자기 energy에 대한 최소를 제공하는, 회전 내부 자화를 가진 표본(specimen with rotating inner magnetization)에 의해 simulation될 수 있다(그림 1.30).

자구 내에서의 자화의 방향은 표본의 결정 구조에 의해 영향을 받는다. 입방 결정(cubic crystal)에서 결정 축(crystal axis)은, 그림 1.31에 그려진 바와 같이, (1, 0, 0), (0, 1, 0) 그리고 (0, 0, 1)로 정의된다.

단일 입방 결정에서는, 자화가 세 개의 주요 결정학적 방향(principal crystallographic direction)으로 구별될 수 있어서, 그들은, 각각, 용이(easy), 중간(medium) 그리고 곤란 축(hard axis)으로 불리며, 그림 1.32는 철의 경우에 대하여 그려진 것

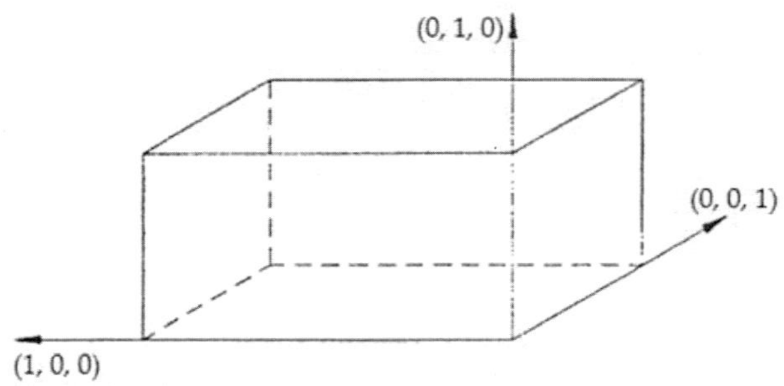

Figure 1.31 The crystal axes in a cubic crystal.

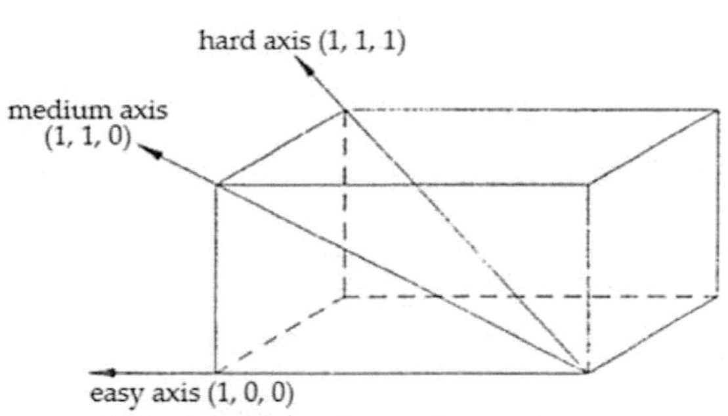

Figure 1.32 Magnetic axes in a cubic crystal.

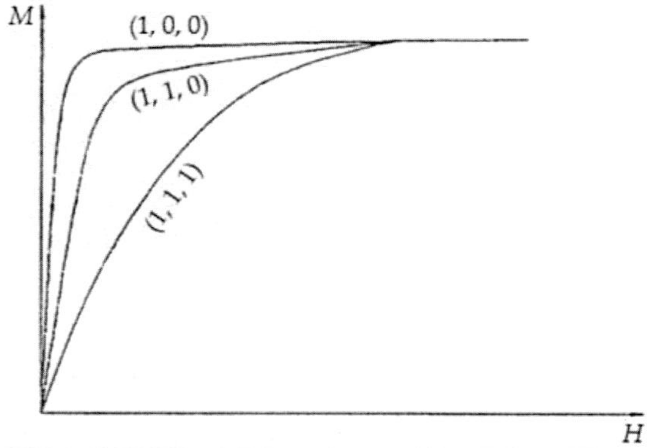

Figure 1.33 Magnetization characteristics toward the magnetic axes.

이다. 그림 1.32에서 축 (1, 0, 0), (1, 1, 0) 그리고 (1, 1, 1)은, 각각, 자화의 용이, 중간 그리고 곤란 축인 자기 축(magnetic axis)이다.

이 축을 따른 자화의 측정은 결정의 자기적 성질에 관한 정보를 준다. 철 결정에서의 자기 축에 관한 서로 다른 특성이 그림 1.33에서와 같이 보일 수 있다. 이것은 **자기 결정 이방성**(*magnetocrystalline anisotropy*)으로 알려져 있다.

자기 이방성은 자발 자화의 방향에 대한 내부 energy(internal energy)의 의존성을 의미한다. 입방 결정에서는 내부 자화의 안정한 방향은 용이 축이다. 외부 자계가 인가되면, 내부의 결정 이방성에 의해, 자발 자화가 자화의 용이 방향에 평행하게 향하도록 강제되는 한편, 정자기 energy는 그것을 인가 자계와 평행하게 정렬하도록 강제한다. Torque의 평형은 세 개의 결정 축에 대한 각도가, 각각, $\theta_1, \theta_2, \theta_3$인 자화의 편위(declination)를 이끈다(그림 1.34). 입방 결정에서는 이방성 energy가 M의 방향 여현(direction cosine)의 급수에 의해 근사화될 수 있다:

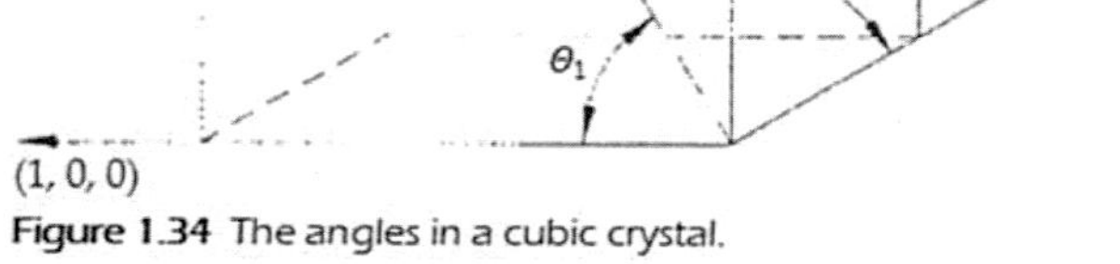

Figure 1.34 The angles in a cubic crystal.

$$w_a = K_0 + K_1(\cos^2\Theta_1\cos^2\Theta_2 + \cos^2\Theta_2\cos^2\Theta_3 + \cos^2\Theta_3\cos^2\Theta_1) \\ +K_2(\cos^2\Theta_1\cos^2\Theta_2\cos^2\Theta_3). \tag{1.23}$$

여기서 K_0, K_1, K_2는 이방성 상수(anisotropy constant)이다. 대부분의 경우 결정 이방성 energy는 식 (1.23)의 앞의 두 개의 항으로 접근될 수 있다:

$$w_a \approx K_0 + K_1(\cos^2\Theta_1\cos^2\Theta_2 + \cos^2\Theta_2\cos^2\Theta_3 + \cos^2\Theta_3\cos^2\Theta_1). \tag{1.24}$$

이방성 자계는 용이 축을 따라 인가하는 자계가 같은 torque를 주는 이방성에 대응하는 자계로 간주될 수 있으며 따라서 그것이 이방성을 나타내는 것으로 취급될 수 있다.

그림 1.35에 그려진 것과 같은, $(1,0,0)$이 용이 축인 입방 결정의 $(0,0,1)$ 축에 수직인 원판(disk)을 고려한다. 강한 자계를 인가하면, 이 원판은, 자신의 평면 내에 두 개의 용이 방향을 갖기 때문에, 2축 이방성(biaxial anisotropy)을 가질 것이다. 결정 축이 M으로부터 그리고 강한 자계 H로부터 각도 Θ 만큼 회전한다면, 이방성 energy는 각도의 변화에 따라 바뀐다.

결정 축에 대한 자화의 각도가 $\Theta_3 = 90°$, $\Theta_1 = \Theta$, $\Theta_2 = 90° - \Theta$이어서, 각도에 관한 방향 여현 $\cos\Theta_1 = \cos\Theta$, $\cos\Theta_2 = \sin\Theta$ 그리고 $\cos\Theta_3 = 0$을 대입하면 결정 이방성 energy는 다음과 같은 형태를 가진다:

$$w_a = K_0 + K_1\sin^2\Theta\cos^2\Theta = K_0 + \frac{K_1}{4}\sin^2 2\Theta. \tag{1.25}$$

그림 1.36에서는 각도 Θ에 관한 이방성 energy가 그려졌다. 그림으로부터, 이방성 energy가 결정 축 $(1,0,0)$, $(0,1,0)$의 방향에서 최소 값을 가지는 한편, $(1,1,0)$의 방향에서 최대 값을 가지는 것을 명백하게 볼 수 있다.

결정 이방성을 검토하기 위하여, 한 개의 자기 축을 가진 물질인 단일축 물질(uniaxial material)이 선택된다. 그것은 이 축이 쉬운 자화의 방향인 한편, 수직 평

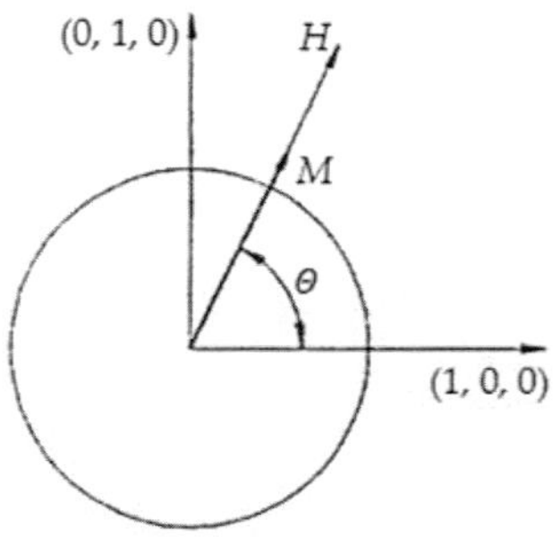

Figure 1.35 The magnetic field and the axes in the plane of the disk.

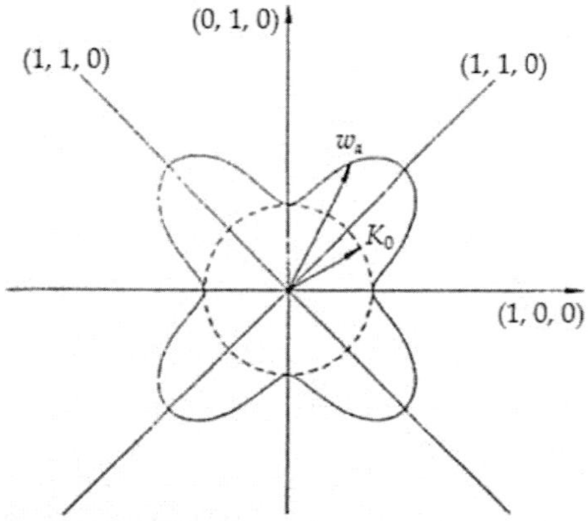

Figure 1.36 Variation of the anisotropy energy with respect to the rotation angle.

면 내의 어떤 방향이든 동등하게 곤란 축으로 찾아진다는 것을 의미한다. 이 조건 하에서는 이방성 energy가, 용이 축과 자화 사이의 각도인, 단일 각도 θ에만 종속된다. 용이 축 방향으로는 결정 이방성이 최소 이방성 energy를 필요로 하며 그래서 외부 자계가 없는 곳에서 자구 자화에 대하여 안정 상태를 보인다. 이 경우에는 1급(1차) 근사(first degree approximation) 아래에서 편위각(declination angle)에 관한 관계식 (1.24)에 있는 이방성 energy는 $\cos^2\theta = 1 - \sin^2\theta$로

$$w_a = K_0 + K_1 \sin^2\theta \tag{1.26}$$

의 형태를 가진다. 하지만, 외부 자계 H가 용이 축에 대하여 편위 θ_0으로 인가되면, 자구는 포화 M_s까지 자화되고, 그림 1.37에 그려진 바와 같이, torque에 따라 용이 축으로부터 평형 위치로 편위 θ 만큼 회전한다. 단일축 결정 자구의 총 energy는 이방성 energy와 장(field) energy로부터 확립된다:

$$w_{tot} = w_a(\theta, \theta_0) + w_m = K_0 + K_1 \sin^2\theta - \mu_0 H M_s \cos(\theta_0 - \theta)\,. \tag{1.27}$$

그래서, 자구의 회전은 이방성의 torque와 상호 작용 또는 potential energy 사이의

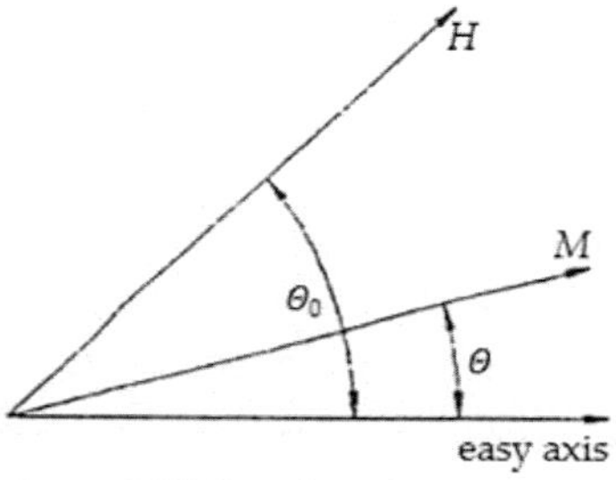

Figure 1.37 Rotation of the magnetization away from the easy axis.

균형(balance)으로 간주될 수 있다. 자구 자화의 안정한 방향은 Θ에 관한 총 energy의 최소화에 의해 결정될 수 있다:

$$\tau = \frac{\partial w_{tot}}{\partial \Theta} = K_1 \sin 2\Theta - \mu_0 H M_s \cos(\Theta_0 - \Theta) = 0. \tag{1.28}$$

이 평형(equilibrium)은 총 energy가 최소를 가진다면 안정, 가역인 한편, 최대 총 energy인 경우에는 불안정, 비가역이다. 자계 H의 증가에 따라 자구 자화 M_s는 점진적으로 회전하며 그 다음 평형 상태가 불안정으로 되었을 때 자계의 방향으로 갑자기 회전한다:

$$\frac{\partial^2 w_{tot}}{\partial \Theta^2} \begin{cases} > 0, & \text{stable, reversible,} \\ = 0, & \text{condition for critical field,} \\ < 0, & \text{unstable, irreversible.} \end{cases} \tag{1.29}$$

안정한 과정이 불안정으로 되는 외부 자계의 임계 값은 energy 함수의 변곡점(inflection point)으로부터 결정될 수 있다. 자계의 임계 값은 용이 축으로부터 인가 자계의 편위 Θ_0에 의존하며, 그림 1.38에 그려진 바와 같이 특성에서 서로 다른 임계 장(critical field)으로 귀결한다. 여기서 곡선 부분은 가역 회전에 대응하며, 수직선은 자기 입자의 비가역 회전에 대응한다.

(ii) **자구벽 변위**(*domain wall displacement*). 자구벽은 자구 사이의 계면(interface)이다. 자구가 서로 다른 방향인 자화를 가짐으로써 이 천이 영역(transition region) 내에서는 방향 전환이 만들어져야 한다. 자구벽의 존재는 1932년에 *Felix Bloch*에 의해 제시되었으며, 그래서 ***Bloch*** **벽**(*Bloch wall*)이라 불린다. 자구벽 내부에서는 두 가지 반대 현상인, 인접 moment의 상호 작용과 자기 결정 이방성이 벽의 자기 moment에 작용한다. 자구벽을 특성짓기 위해 단위 면적당의 관련된 energy가 **벽 energy** (*wall energy*)로서 도입될 수 있다.

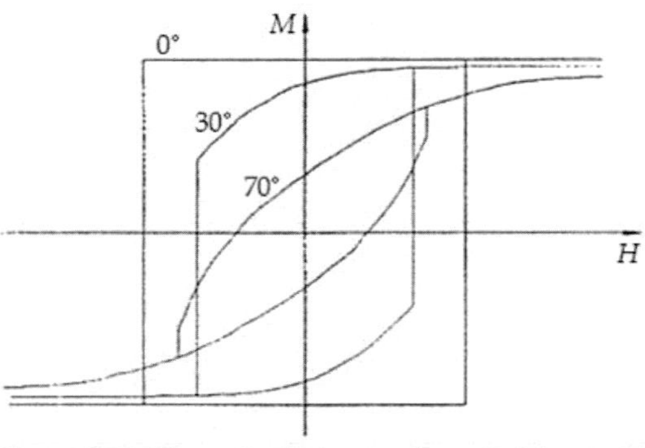

Figure 1.38 Magnetization curves for uniaxial materials.

원자 쌍극자 사이의 결합(coupling)은 교환 energy에 의해 나타내어질 수 있는 교환 상호 작용으로 귀결한다. 자구벽 내부에서 서로 다른 방향의 원자 쌍극자는 그림 1.39에 그려진 바와 같이 매우 얇은 층(very thin layer)의 집합으로 simulation될 수 있다.

자구벽 내에서 이웃하는 moment 사이의 상호 작용 energy는 양자역학적 교환 energy(quantum mechanical exchange energy)의 관계식 $w_{ex,kl} = -2JS^2 \cos\phi$로 표현될 수 있다. 여기서 J는 교환 적분(exchange integral)이며 S는 각 원자의 총 spin 양자수(total spin quantum number)인 한편, ϕ는 두 moment 사이의 각도이다. 양자역학적 교환 energy와 가장 가까운 이웃 상호 작용 사이의 관계식에 따라 이 교환 energy는 $w_{ex,kl} = -\mu_0 z\beta \boldsymbol{m}_k \cdot \boldsymbol{m}_l$과 같이 다시 정식화될 수 있다. 여기서 $\boldsymbol{m}_k$와 $\boldsymbol{m}_l$은 자기 moment, z는 가장 가까운 이웃의 수 그리고 β는 벽의 두 개의 평행 층 내의 가장 가까운 이웃 사이의 상사 교환 상호 작용(analogous exchange interaction)을 나타낸다. 각 moment가 각도 ϕ로 두 개의 가장 가까운 이웃을 가지는 선형 연쇄(linear chain)를 고려하고, 각도 ϕ의 작은 값에 대해 $\cos\phi \approx 1 - \phi^2/2$를 대입하면, moment 당 energy $w_{ex,kl} = \mu_0 \beta m^2(\phi^2 - 2)$로부터 벽 내부의 이웃 moment의 회전에 기인하는 여분의(extra) 상호 작용 energy는

$$w_{ex,kl} = \mu_0 \beta m^2 \phi^2 \tag{1.30}$$

과 같이 유도된다. 간격이 a인 N 개의 격자가 있는 180° 자구벽 배열을 고려하고 moment의 회전이 천이 층에 거쳐 균일하여 $\phi = \pi/N$라고 가정하면, 벽의 단위 면적 당 교환 energy는

$$w_{ex} = \frac{N w_{ex,kl}}{a^2} = \frac{\mu_0 \beta m^2 \pi^2}{a^2 N}. \tag{1.31}$$

의 형태를 가진다. 위의 표현식으로부터, 천이 층의 수가 증가하면 교환 energy가

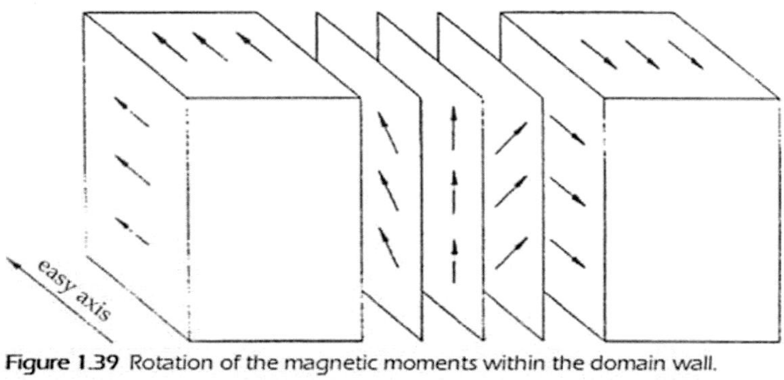

Figure 1.39 Rotation of the magnetic moments within the domain wall.

감소함을 볼 수 있다. 이 경향은 자구벽의 두께에 따라 증가한다.

자구벽 내에서의 다른 현상은, 이방성 energy가 용이 축으로부터의 moment의 회전에 따라 증가하는, 자기 결정 이방성에 관련된다. 일정한 입방 결정 이방성을 가정하면, 자구벽 내에서는 용이 방향으로부터의 자기 moment의 편향이 자기 결정 이방성 energy를, 단위 체적 당의 이방성 energy인, K로 증가시킨다. 자구벽의 폭 aN을 통하여 단위 면적 당의 자기 결정 이방성 energy는

$$w_a = KNa \tag{1.32}$$

와 같이 주어질 수 있다. 이웃하는 moment가 평행으로 정렬되면 교환 energy가 최소화되기 때문에, 교환 energy는 벽 내에서 격자 수의 증가에 의해 벽을 더 두껍게 만들려고 하는 한편, 쉽지 않은 방향으로 향하는 moment의 수를 줄이기 위하여, 이방성 energy는 자구벽을 더 얇게 만들려는 경향이 있다. 이 두 가지 반대 경향의 결과로서, 자구벽은 일정한 유한한 폭과 일정한 구조를 가진다. 자구벽의 실제 두께는 N개의 격자에 관한 단위 면적 당의 교환 energy와 이방성 energy의 균형으로부터 결정될 수 있다:

$$\frac{\partial(w_{ex} + w_a)}{\partial N} = 0. \tag{1.33}$$

자화 과정 동안에 자구벽은, **자구벽의 변위**와 **휨**(*displacement of domain wall* and *bending*)의, 두 가지 다른 효과를 나타낸다. 자구벽의 거동은, 인가 자계를 포함하여, 자구벽 energy와 과정 동안 발생하는 응력 같은 몇 가지 인자에 종속된다. 자구벽 속박(pinning)의 세기와 벽 내의 단위 면적의 energy는 특정한 경우에 일어나는 자구벽의 변위 또는 휨을 결정한다. 단위 면적 내에서 낮은 energy의 자구벽은 그림 1.40에 그려진 바와 같이 휘는 경향을 보이는 한편, 단위 면적에서 높은 energy의 자구벽은 훨씬 더 굳다(rigid).

자구벽은 자계의 작용 아래에서 탄성막(elastic membrane)처럼 팽창한다. 자계가

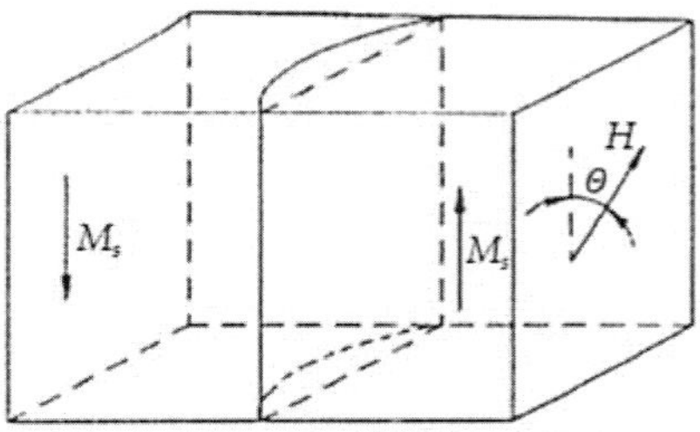

Figure 1.40 Bending of the domain wall.

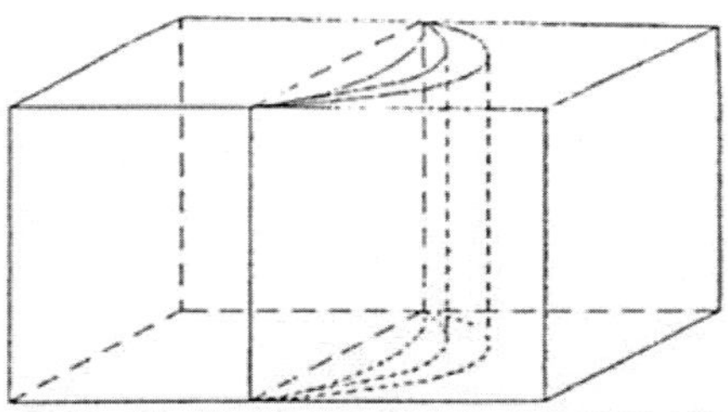
Figure 1.41 Deformation of the domain wall.

제거될 때 자구벽은 그것의 원래 위치로 돌아간다. 이 과정은 곡률 반경이 임계값에 도달할 때까지 가역적이다. 충분히 큰 변형 후에 자구벽 구부러짐(bowing)은 비가역적으로 되고, 외부 자계의 더 이상의 증가없이도 팽창을 계속한다(그림 1.41).

자구벽은 자구벽을 가로지르는 각 변위(angular displacement)에 의해, 각각, 180° 또는 90°와 같이 분류될 수 있다. 그림 1.42와 1.43에서 볼 수 있는 바와 같이, 배향(orientation) (1, 0, 0)과 (−1, 0, 0)의 자구 사이의 자구 경계(boundary)는 180° 벽을 이루는 한편, 자구 (1, 0, 0)과 (0, 1, 0) 사이의 경계는 90° 자구벽을 이룬다.

180°의 자구벽의 구조에서는 moment가 한 자구에서 다른 자구로 180° 회전하는 한편, 자구벽 90°의 경우에는, 이 회전이 90°이다. 그림 1.42에 그려진 180° 자구벽의 형상의 경우, 자기역학적 응력(magnetomechanical stress)과 자구 energy의 균형이 그림 1.44에서 볼 수 있는 바와 같이 자구벽의 물결 모양의 형상(undulate shape)으로 귀결할 수 있다.

90° 자구벽의 형상의 경우에는 인장 응력(tensile stress)이 지배하여, 자구벽의 변

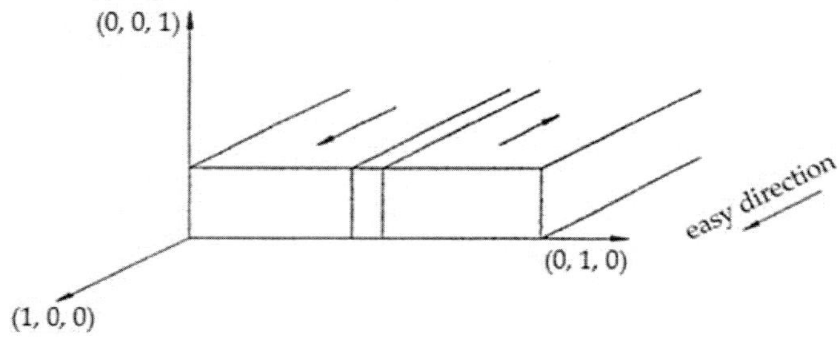

Figure 1.42 The domain walls of 180° orientation.

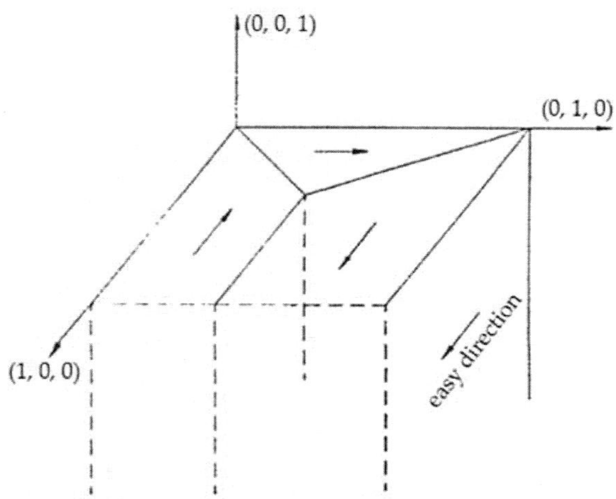

Figure 1.43 The domain walls of 90° orientation.

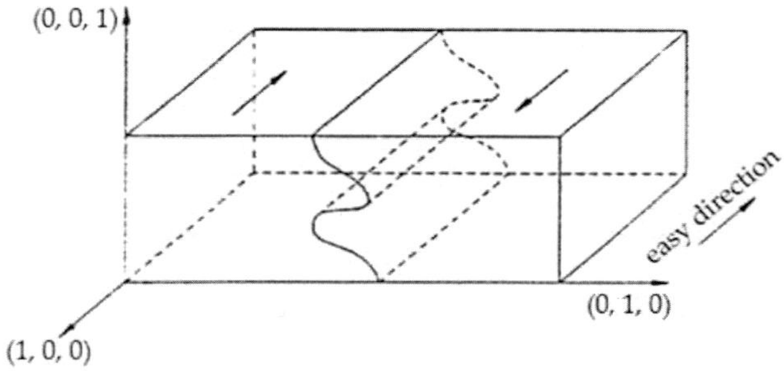

Figure 1.44 Bending shape of domain walls.

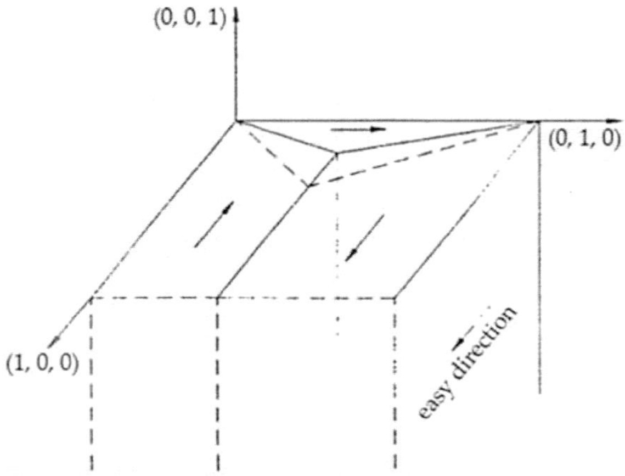

Figure 1.45 Displacement of domain walls.

위가 energy적으로 어울리게 된다. 인장 응력 하에서는, 그림 1.45에 그려진 바와 같이, 자구 (0, 1, 0)의 희생으로 자구 (1, 0, 0)의 체적이 증가하도록 자구벽이 움직인다.

1.6 DYNAMIC PROPERTIES OF MAGNETIZATION

(i) **와전류**(*eddy current*). 물질의 정적(static) 거동을 기초로 한 자성체의 앞의 논의는 느리게 변화하는 자계의 인가 하에서 보여졌다. 하지만, 자성체는 공학 응용 동안에 자계 뿐만 아니라 전기적인 효과에도 노출된다(예를 들어, 직류 전류와 와(전)류가 자성체 내에 흐를 수 있다). 전계와 자계 사이의 상호 작용은 와류손이 있는 유도 장(induced field)으로 귀결한다. 이 현상은 자성체의 동적 특성으로 간주될 수 있다. 동적 특성의 결과로서, 자성체의 hysteresis 손실과 고전적인 와류손인 손실이 자구 구조의 연속적인 변화에 의해 생성되는 유도 장과 와전류의 표현을 위하여 잉여 손실로 채워져야 한다(*Bertotti*와 *Pasquale*[34]). 이 손실에 기인하여 물체 내의 자계가 수정되며 자기 hysteresis 특성은 그림 1.46에 그려진 바와 같이 부가

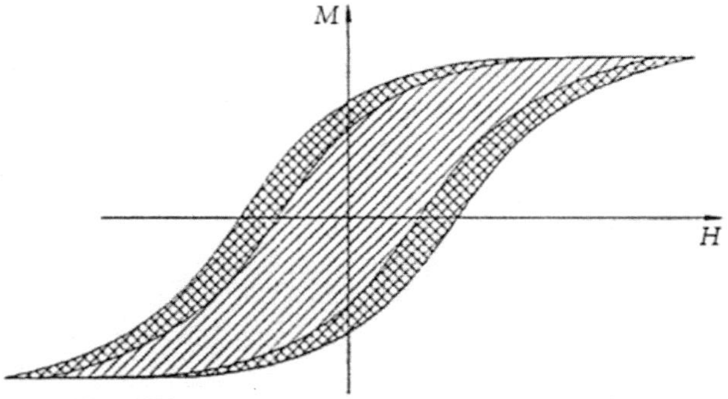

Figure 1.46 Eddy current affection on the hysteresis characteristic.

적인 손실을 고려하여 더 넓어진다. 공학적인 실제에서는 이 현상의 modeling을 위하여 정현 교번 여자에서 복소 투자율(complex permeability)이 도입된다.

(ii) **주파수 의존성**(*frequency dependence*). 자화의 기구(mechanism)는 또한 인가 자계의 주파수에 종속된다. 교변 인가 자계의 주어진 주파수에서 자구벽의 변위가 관찰될 수 있다. 높은 주파수의 자계가 인가된다면, 자구벽의 이동은 자구 자화의 회전에 의해 제동되지만(damped), 어떤 공진 효과(resonance effect)가 자계의 주파수와 크기의 특정한 값에서 관찰될 수 있다(*Brown*[45]).

(iii) **자기 잔존 효과**(*magnetic aftereffect*)는 외부 자계의 변화에 따른 자화 과청의 지연(delay)을 의미한다. 이 현상 중 한 가지는 자계 또는 기계적 응력의 적용 후에 시간이 지나 자화의 값이 변하는 불순응(disaccommodation)이다. 구별되는 집단은 자성 물질의 노화 문제(ageing problem)를 이룬다. *Castro*와 *Rivas*[49]의 논문에서 읽을 수 있는 바와 같이, 이들 사이의 기본적인 차이는, 자기 잔존 효과는 자기적인 수단에 의해 풀림(가열 냉각, annealing)될 수 있는 한편, 자기 노화는 회복되지 않는다.

1.7 THE HYSTERESIS OPERATOR

자성체의 공학적인 응용은 비선형 자기 특성의 설명과 simulation을 위한 노력을 필요로 한다. 공학적 설계와 기술 과정에서 자성체의 기술적 응용에 있어서의 초창기에는, 거시적 매개변수의 기초 위에서 세워진, 잘 처리되었지만 간단한 model이 제안되었다. 다른 한편으로, 미세 구조의 상세한 해석과 자구 구조의 규칙성에 관한 조사가 자기 특성의 simulation을 위하여 물리학자에 의해 검토된 과정에서 다루어졌다. 이 이중성(duality)은, 각각, 이론적 및 실제적 실현에서 자기 특성의 simulation을 위한 성취로 나타난다. 근래에는, 전자장의 결정에 있어서의 수치법

(numerical method)은 물론 computer와 computer 기술의 광범위한 발전이 미세 구조 조사를 기초로 한 자성체의 거시적 거동의 simulation을 위한 조건을 확증한다. 새로운 조건이 수치 장 해석과 공학적인 실제 응용에 비선형, hysteresis 특성의 이러한 model의 이행을 위한 가능성을 제공한다.

자성체의 비선형 hysteresis 특성은 물질 특성의 기억과 비율 종속성의 modeling을 위하여 입력 변수인 자계의 세기 $H(t)$와 출력 변수인 자화 $M(t)$ 사이의 비선형, 다가 관계식(multivalued relation)으로 simulation될 수 있다. 이 다가, 비선형 관계식은, *Mayergoyz*[207], *Vajda*와 *Della Torre*[299], *Visintin*[307]에서 찾아질 수 있는 바와 같이, 그림 1.47에 그려진 hysteresis 연산자(hysteresis operator) $\mathcal{H}\{\ \}$에 의해 설명될 수 있다:

$$M(t) = \mathcal{H}\{H(t),\ M(t),\ \dot{H}(t),\ \dot{M}(t),\ x(t, H, M, \cdots)\}. \tag{1.34}$$

서로 다른 hysteresis model에 따라, hysteresis 연산자의 변수는 입력과 출력 변수, 그 변화의 시간 비율 $\dot{H}(t)$, $\dot{M}(t)$ 그리고 계통(system)의 거동을 결정하는 몇 개의 내부 매개변수(internal parameter)일 수 있다. 상태 변수(state variable)로서 이 내부 매개변수 $x(t, H, M, \cdots)$는 물론 hysteresis 연산자의 요소(element)이다. 물질의 전력(경위, prehistory)의 결정에서의 부분으로 취해지는 상태 변수에 대해서는 *Ewing* [103], *Everett*과 *Whitton*[99], *Everett*과 *Smith*[100], *Everett*[101], [102]를 보라. *Everett*에 의해 소개된 바와 같이, 그것들은 예를 들어 온도, 기계적 압력과 응력, 그리고 자구 구조의 표현과 동일시될 수 있다.

Hysteresis 연산자 $\mathcal{H}\{\ \}$의 입력 변수가, 자계의 세기인, 한 개의 매개변수로 줄어들면, 자성체의 특성은 단가 함수 관계식(single valued function relation) 또는 구분 단가 함수(piecewise single valued function) $M = \mathcal{H}\{H\}$, $M = h(H)$에 의해 나타내어질 수 있다. 이 model은 자화 특성의 해석적 model로 도입된다. 이 model의 집단에서는, hysteresis loop가 구분적으로 다른 함수로 근사화될 수 있다. 하지만, 몇몇 경우에는 보조 함수(auxiliary function) $g_1(H)$, $g_2(H)$가 해석적 simulation을 위해 도입되어, 자화 특성 $M = \mathcal{H}\{H\}$가 $M = \mathcal{H}\{g_1(H),\ g_2(H)\}$의 형태를 가진다. 이 마지막 특성은 hysteresis 특성의 다가 해석적 표현식(multivalued analytical representation)으로 귀결한다.

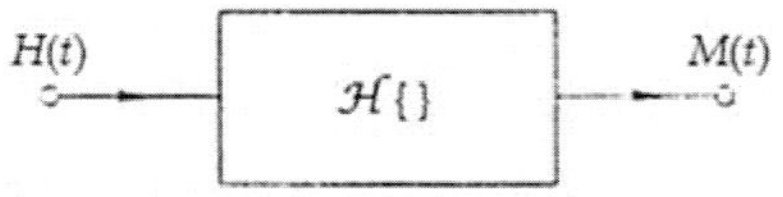

Figure 1.47 The hysteresis operator with the input and output variables.

Hysteresis 연산자는 시간의 임의의 변화에 관하여 안정하면 비율 독립이다. 그것은, 출력 특성이 상태 변수인 내부 매개변수와 자계의 세기에 의해 결정되더라도, 귀결하는 출력 변수는 이 입력과 내부 매개변수의 시간 비율에 독립임을 의미한다:

$$M(t) = \mathcal{H}\{H(t)\,,\ x(t, H, M, \cdots)\}\,. \tag{1.35}$$

여기서 변수 t는 단순히 식 (1.35)가 입-출력 값의 순서(sequence)에 대해 정당함을 가리킨다.

어떤 궤환(feedback)이 hysteresis 연산자 내에 있으면(그림 1.48) 입자 사이의 상호 작용 장(interaction field)이 나타내어질 수 있다. 자계의 세기 또는 자화에 있어서의 어느 시간 비율이든 중요시되면 hysteresis 특성은 동적 계통(dynamic system)

$$\dot{M} = \mathcal{H}\{H(t)\,,\ M(t)\,,\ \text{sign}\,\dot{H}(t)\,,\ \dot{H}(t)\} \tag{1.36}$$

을 나타낸다. 자계의 세기와 자화가 vector 량(quantity)임으로서, vector 변수에 대한 hysteresis 연산자의 확장 $\boldsymbol{M} = \mathcal{H}\{\boldsymbol{H}\}$이 물론 이점을 가진다.

자기 연구에서는 자성체의 거시적인 거동 또는 미세 구조 표현 중 어느 쪽에 기초를 둔 hysteresis 연산자의 simulation과 구성(construction)이 도입된다.

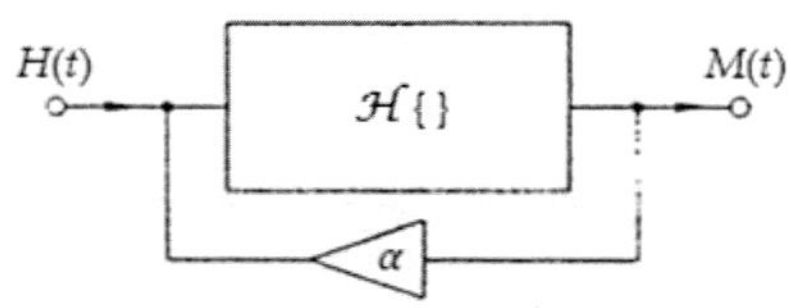

Figure 1.48 Feedback in the hysteresis operator.

2 ANALYTICAL MODELS

강자성체의 비선형 거동의 표현을 위한 가장 간단한 model은 hysteresis 특성의 해석적 함수 근사화(analytical function approximation)이다. 대부분의 경우 경험적 방식으로 결정되는 이러한 해석적 함수는 보통 hysteresis가 없는 특성을 simulation하지만, 약간의 특별한 경우에는 hysteresis loop를 가진 model도 물론 나타낸다. Model에서는 자계의 세기 H와 자화 사이의 관계가 simulation되지만, 몇몇 경우에는 관계식이, 각각, 자계의 세기 H와 자속밀도 B 사이에서 정의된다:

$$M = \mathcal{H}\{H\}, \quad B = \mathcal{B}\{H\}. \tag{2.1}$$

2.1 THE RAYLEIGH MODEL

아마도 가장 오래된 해석적 model 중 하나는 ***Rayleigh* model**(*Rayleigh model*)일 것이다(*Lord Rayleigh*, 1842-1919). *Rayleigh*는 초기 자화 곡선의 낮은 장 영역에서는 투자율이 *Bozorth*[41], *Polivanov*[241], *Chikazumi*, *Charp*[50] 그리고 *Jiles*[158]에 의해 언급된 바와 같이 멱급수(power series) 근사의 첫 두 개의 항으로 나타내어질 수 있음을 지적하였다:

$$\mu(H) = \mu_{in} + \eta H. \tag{2.2}$$

여기서 μ_{in}은 초기 투자율이며 η는 ***Rayleigh* 상수**(*Rayleigh constant*)이다. 위의 식은 자화 곡선의 초기 부분에 대한 자계의 세기 H와 자속밀도 B 사이의 포물 관계식(parabolic relation)으로 귀결한다:

$$B = \mu_{in}H + \frac{1}{2}\eta H^2. \tag{2.3}$$

근사화 (2.3)에서 첫째 항 $\mu_{in}H$는 가역 자화를 나타내는 한편, 둘째 항 $\eta H^2/2$는 자기 유도에서의 비가역 변화를 묘사한다.

꼭지점이 $\pm H_1$인 낮은 자계 영역에서 주기적인 여자를 인가하면, 작은 크기 $\pm B_1$의 자기 유도가 그림 2.1에 그려진 바와 같이 *Rayleigh* hysteresis loop를 따라 움직인다. 그래서, 장 값(field value) $-H_1, -B_1$인 점 P_1에서 출발되는 hysteresis loop의 상승 가지(ascendant branch)는

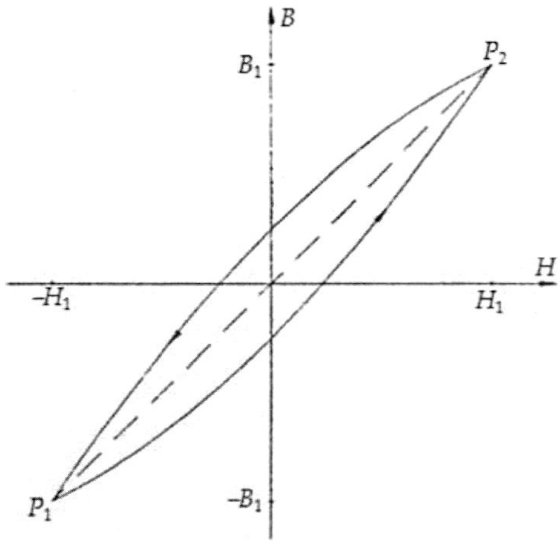

Figure 2.1 Rayleigh hysteresis loop at low field amplitudes.

$$B + B_1 = \mu_{in}(H + H_1) + \frac{1}{2}\eta(H + H_1)^2 \tag{2.4}$$

와 같이 표현될 수 있는 한편, 장 값(field value) H_1, B_1 인 점 P_2 에서 출발되는 hysteresis loop의 하강 가지(descendant branch)는 형태

$$B - B_1 = \mu_{in}(H - H_1) - \frac{1}{2}\eta(H - H_1)^2 \tag{2.5}$$

를 가진다. 상승 및 하강 가지의 대칭성에 따라, *Rayleigh* loop의 상승 가지의 장 값 H_1, B_1의 점 P_2와 하강 가지의 장 값 $-H_1, -B_1$의 점 P_1은 장 량(field quantity)에 대한 같은 관계식으로 귀결한다:

$$B_1 = \mu_{in}H_1 + \eta H_1^2. \tag{2.6}$$

이 관계식을 식 (2.4), (2.5)에 대입하면, hysteresis loop의 가지에 대한 방정식으로 귀결한다. 요약으로서, hysteresis 특성에 대한 *Rayleigh* model은 다음과 같이 정식화될 수 있다:

$$B = (\mu_{in} + \eta H_1)H \pm \frac{\eta}{2}(H^2 - H_1^2). \tag{2.7}$$

여기서 정(양) 부호(positive sign)는 상승 가지에 대해 정당하며, 하강 가지에 대해서는 이 부호가 부(음, negative)로 바뀐다. 최초 자화 곡선에 따르면 관계식 (2.3)은

$$B = (\mu_{in} + \frac{\eta}{2}H)H \tag{2.8}$$

의 형태를 가진다. 위의 식에 따라 가역 자화는 초기 자화율 μ_{in}으로 나타내어질 수 있는 한편, 비가역 성분은 *Rayleigh* 상수 η에 의해 특성지어진다.

한 주기에 대한 hysteresis 손실은 B–H loop의 면적과 같다. 자속밀도의 미소 변화(elementary variation)

$$dB = (\mu_{in} + \eta H_1)\, dH \pm \eta H\, dH \tag{2.9}$$

로 물질의 단위 체적에 대한 이 hysteresis 손실을 계산하면, 단위 체적의 energy는 다음의 형태를 가진다:

$$w = 2\int_{-B_1}^{B_1} H\, dB = 2\int_{-H_1}^{H_1} H[(\mu_{in} + \eta H_1) + \eta H]\, dH = \frac{4}{3}\eta {H_1}^3. \tag{2.10}$$

Rayleigh loop의 매개변수는 장 량의 최대 크기 H_1, B_1과 잔류 유도 B_r로부터 결정될 수 있다. 잔류 유도의 점 $H = 0$, $B = B_r$에서 특성 (2.7)로부터 다음이 따라온다:

$$B_r = \eta {H_1}^2/2. \tag{2.11}$$

그래서, *Rayleigh* 상수 η는

$$\eta = 2B_r/{H_1}^2 \tag{2.12}$$

와 같이 결정될 수 있다. η에 대한 지식으로 식 (2.6)으로부터 초기 자화율 μ_{in}은 다음과 같이 계산될 수 있다:

$$\mu_{in} = \frac{B_1}{H_1} - \eta H_1. \tag{2.13}$$

위의 조건 하에서 *Rayleigh* loop의 매개변수를 선택하면 loop에 속하는 항자계는

$$H_c = \sqrt{(\mu_{in}/\eta + H_1)^2 + {H_1}^2} - (\mu_{in}/\eta + H_1) \tag{2.14}$$

의 형태를 가진다. $H_1 << \mu_{in}/\eta$의 가정으로 표현식은 다음과 같이 줄어들 수 있다:

$$H_c = \sqrt{(\mu_{in}/\eta)^2 + {H_1}^2} - (\mu_{in}/\eta). \tag{2.15}$$

$\pm H_1$의 범위 사이의 자계의 교번으로, *Rayleigh* loop의 특성은 가역 및 비가역 항으로 분해될 수 있다. 자화의 전체 주기에 대하여 *Rayleigh* loop의 가역 성분에서의 변화는

$$\Delta B_{rev} = \mu_{in} 2H_1 \tag{2.16}$$

와 같다고 할 수 있는 한편, 비가역 성분의 변화는

$$\Delta B_{irr} = 2\mu_{in} {H_1}^2 \tag{2.17}$$

로 명시될 수 있다. 가역 및 비가역 성분 사이의 비(ratio)는 자계의 세기의 꼭지점에 따라 선형적으로 증가한다:

$$\frac{\Delta B_{irr}}{\Delta B_{rev}} = \frac{\eta}{\mu_{in}} H_1. \tag{2.18}$$

외부 자계가 $H(t) = H_1 \sin \omega t$와 같이 정현적으로 변화한다면, 위에서 논의된 *Rayleigh* loop에 의해 simulation된 hysteresis에 따라, 자기 유도는 다음과 같이 변화한다:

$$B = (\mu_{in} + \eta H_1) H_1 \sin \omega t \pm \frac{\eta}{2} ({H_1}^2 \sin^2 \omega t - {H_1}^2). \tag{2.19}$$

가역 성분의 세기에 대하여 $B_m = \mu_{in} H_1$을 도입하고, 잔류 자화가 $B_r = \eta {H_1}^2 / 2$의 형태를 갖는 것을 고려하면, *Rayleigh* hysteresis loop는 자속밀도에 대한 다음과 같은 변화로 귀결한다:

$$B = B_m \sin \omega t + 2B_r \sin \omega t \mp B_r \cos^2 \omega t. \tag{2.20}$$

자속밀도에 대한 상승 및 하강 가지를 따라 $\mp \cos^2 \omega t$에 대한 *Fourier* 급수 전개를 적용하면, 형태

$$\begin{aligned} B = {} & B_m \sin \omega t + 2B_r \sin \omega t \\ & + B_r \frac{8}{\pi} \left(\frac{1}{3} \cos \omega t + \frac{1}{5} \cos 3\omega t - \frac{1}{105} \cos 5\omega t \pm \cdots \right) \end{aligned} \tag{2.21}$$

을 산출한다. 자속밀도에서 고차 고조파의 항을 무시하면 φ의 위상 지연(phase delay)을 가진 기본파와 3차 고조파 성분은

$$B = B_\omega \sin(\omega t - \varphi) + B_{3\omega} \cos 3\omega t \tag{2.22}$$

와 같이 나타난다. 여기서 위상 지연은

$$\tan \varphi = \frac{4}{3\pi} \frac{\eta H_1}{(\mu_{in} + \eta H_1)} \tag{2.23}$$

과 같이 결정될 수 있는 한편, 기본파와 3차 고조파의 크기는

$$B_\omega = \sqrt{(B_m + 2B_r)^2 + \left(\frac{8}{3\pi}B_r\right)^2}, \quad B_{3\omega} = \frac{8}{15\pi}B_r \tag{2.24}$$

의 형태를 가진다. 3차 고조파의 크기와 가역 성분을 비교하면

$$\frac{B_{3\omega}}{B_\omega} = \frac{8}{15\pi}\frac{B_r}{B_m} = \frac{4\eta H_1}{15\pi\mu}, \tag{2.25}$$

이어서, 인가 자계의 세기 H_1의 크기에 따라 선형적으로 증가함을 찾을 수 있다. 그림 2.2에서는 *Rayleigh* loop에 기인한 자속밀도의 변화가 정현 교번 여자에 대하여 그려져 있다. 그림으로부터 hysteresis loop에 기인한 출력의 변형이 관찰될 수 있다.

하지만, *Rayleigh* model은 경험적인 model로서 세워졌으며, 측정이 자화 곡선의 초기 부분(initial portion)을 따라서 그것의 정당성이 보였다[41], [158].

2.2 STEP FUNCTION APPROXIMATION

아래에서 소개되는 model은 자구의 미세 구조 조사와 관계없는 자화 특성의 거시적인 성질의 묘사를 위해 구해진다. 계단 함수형(step function form)은 자화 특성의 가장 간단한 기술적 model 중 한 가지이다. 0의 항자계를 가진 계단 함수의 hysteresis가 없는 특성(anhysteretic characteristic)이 그림 2.3에 그려졌다.

자화 특성이 계단 함수형을 가진다는 가정은 강자성체의 강한 자기적 비선형성을

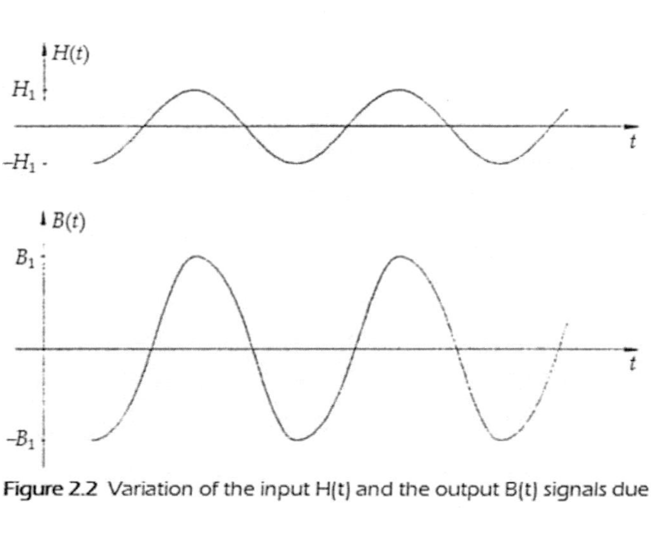

Figure 2.2 Variation of the input H(t) and the output B(t) signals due to the Rayleigh loop.

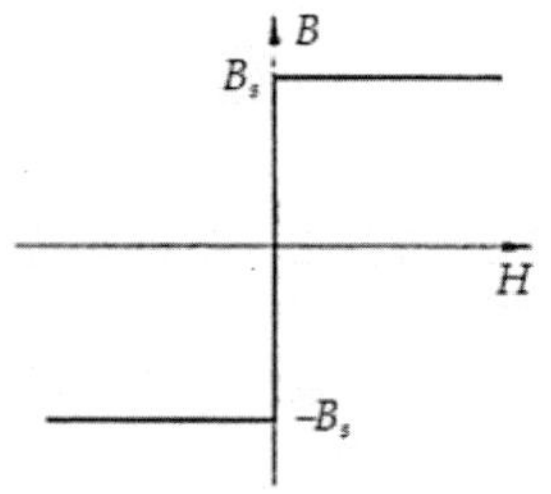

Figure 2.3 Step magnetization characteristic of magnetic material.

처리하는 가능성을 가지며 장 방정식을 해석적으로 푸는 것을 허용한다. Hysteresis 연산자의 입력 변수인 외부 자계가 선형으로 변화하는 주기적 여자 $H_1(t)$,

$$H_1(t) = \begin{cases} H_m \dfrac{4t}{T}, & -T/4 < t < T/4, \\ 2H_m - H_m \dfrac{4t}{T}, & T/4 < t < 3T/4, \end{cases} \qquad H_1(t+T) = H_1(t) \tag{2.26}$$

이라면, 출력 변수인 자기 유도 $B_1(t)$는 그림 2.4에 그려진 바와 같이 파두(wave front)를 따라서만 변화하며, $\pm B_s$의 한 쪽 자기 포화 상태로부터 다른 쪽으로 도약한다. 여자가 또한 직류(DC) 성분을 가진다면, 그것이 $H(t) = H_0 + H_1(t)$, $H_0 > 0$와 같이 변화하여, 그림 2.5에서 볼 수 있는 바와 같이, 자속밀도에서 포화 값 $\pm B_s$ 사

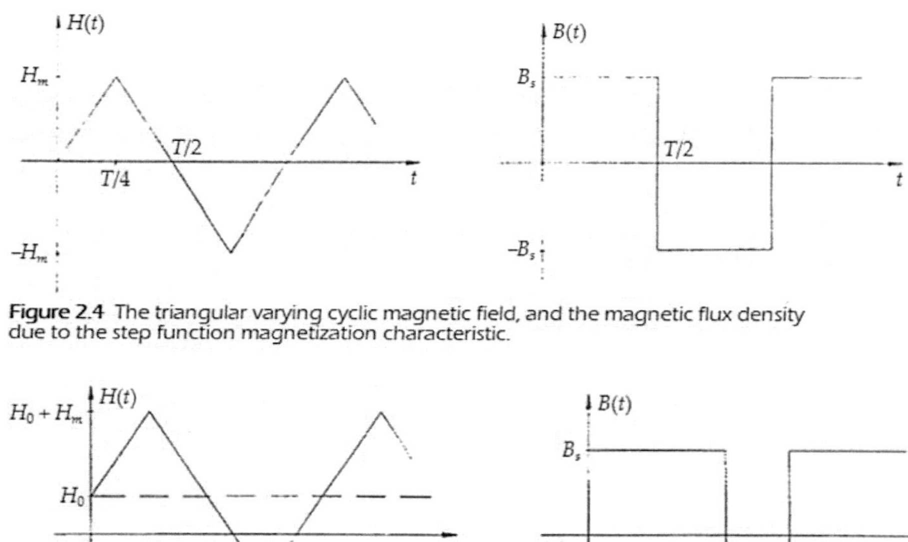

Figure 2.4 The triangular varying cyclic magnetic field, and the magnetic flux density due to the step function magnetization characteristic.

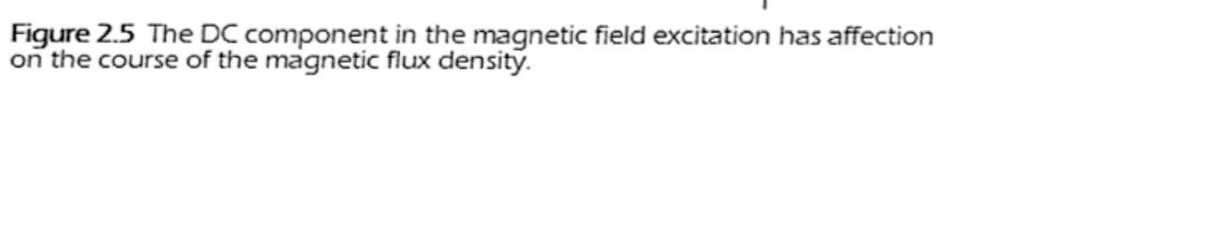

Figure 2.5 The DC component in the magnetic field excitation has affection on the course of the magnetic flux density.

이의 도약이 마찬가지로 찾아질 수 있지만, 출력 파형이 반(half) 주기에 대한 대칭성을 잃어버린다.

자화 특성의 위에서 논의된 simulation의 적용은, 강자성체에서의 와전류가 원인이 되는 효과의 조사에 그것을 도입한, *Rabinovici*[244]에서 찾아질 수 있다.

직사각형 hysteresis loop(*rectangular hysteresis loop*). 두 개의 추이된(shifted) 계단 함수는, 그림 2.6에 그려진, 직사각형 hysteresis loop로 귀결한다.

직사각형 hysteresis 연산자에 대한 입력으로서 선형적으로 변화하는 외부 자계를 인가하면, 물질의 기억(memory)에 기인하여, 그림 2.7에 그려진 바와 같이, 입력 자계의 세기와 출력 자속밀도 사이의 시간 지연으로 귀결한다.

이 model에서 H_c로 표시된 항자계는, 그 값의 자계의 세기에서 loop의 계단 부분을 따라 비가역 자화를 시작하기 때문에 '출발 자계(starting field)'라 불릴 수 있다. Loop의 수직 부분은 자화 특성의 가역 부분으로서 고려될 수 있다. 자속밀도의 포화 값 $\pm B_s$을 가진 직사각형 hysteresis loop에서 자화 특성이 밝혀질 수 있다. 자속밀도는 강제 자계가 $-H_c$로 감소할 때 까지는 이 값을 유지한다. $-H_c$의 자계의 세기 값에서는, 비가역 변화에 따라, 자화가 포화 값 $+B_s$로부터 반대 방향 자화의 포화 값 $-B_s$로 도약한다.

직사각형 hysteresis 특성은 자구 구조의 자기적 상태의 simulation에 적용될 수

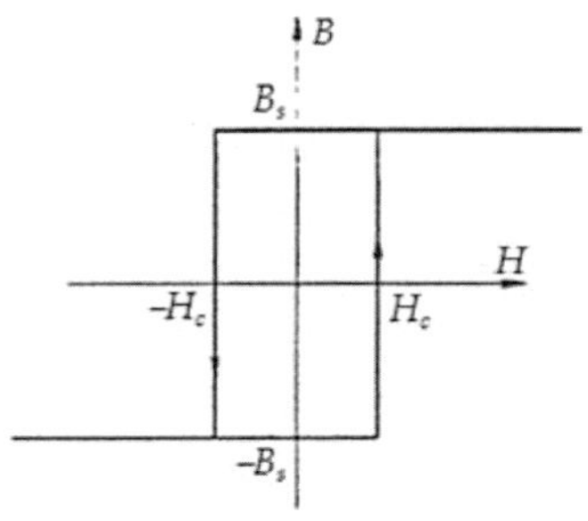

Figure 2.6 Rectangular hysteresis loop.

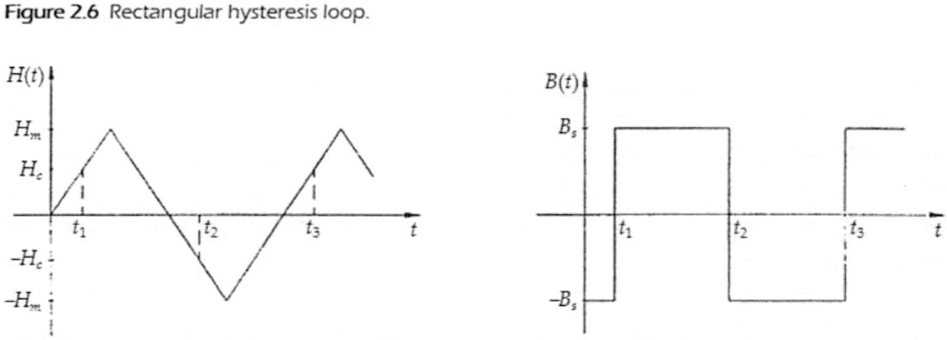

Figure 2.7 The input H(t) and the output B(t) signals of the rectangular hysteresis loop.

있다. 이 특성은, *Chikazumi*, *Charp*[50]와 *Mayergoyz*[207]에 의해 상세히 설명된 바와 같이, *Preisach* model에서 도입되었다. 이 model의 기술적 응용은, *Bozorth*[41]에 의해 언급된 바와 같이, 예를 들어 이 형태의 특성을 가진다는 것이 측정에 의해 확인된 'Permaloy 68' 같은 경자성체와 몇 가지 연자성체의 공학적 실제에서 찾아질 수 있다.

2.3 IDEALIZED MAGNETIZATION CURVE

(i) **이상화된 대칭 자화 특성**(*idealized symmetric magnetization characteristic*). 이상화된 자화 곡선의 도입은 계단 함수보다 상당히 더 적절한 model을 나타낸다. 이상화된 hysteresis가 없는 자화 특성은 그림 2.8에서 볼 수 있는 한편, 곡선을 수평으로 양(plus) 및 음(minus) 방향으로 추이(shift)하면 항자계의 고려를 산출하며 그림 2.9에 그려진 바와 같이 hysteresis가 있는 특성으로 귀결한다.

Hysteresis가 없는 model에서 자계의 세기가 $-H_s < H < +H_s$의 범위 사이에서 변화한다면 자속밀도 B는, 그림 2.8에서 볼 수 있는 바와 같이, H에 따라 선형적으로 변화한다. 자계의 세기 값이 $H_s < H$ 그리고 $H < -H_s$인 경우, 자속밀도 B는 포화 값 B_s에서 일정하게 남아있는다. 이 model에서는 자성 물질의 특성이 hysteresis를 가지지 않아, 항자계와 hysteresis 손실이 0이다. 그림 2.10에서 볼 수 있는 바와 같이, 입력 신호인 강제 자계가, 최대 크기 $H_m > H_s$인, 식 (2.26)의 대칭 삼각 파형의 형상을 가지며, 선형적으로 변화하는 자계 내에서 주기가 T라면, 자속밀도는 각 반주기(half cycle)에서 포화 자화에서 시간 2τ $(2\tau = t_2 - t_1, H_s < H < H_m)$를 소비한다.

그림 2.9에 그려진 바와 같이 이상화된 자화 특성이 0이 아닌 항자계를 가지는 경우에는, 자속밀도가 포화 값 B_s에 도달할 때까지 자속밀도가 인가 자계 H에 따라 선형적으로 변화한다. 자속밀도는 자계의 세기가 H_o, $(|H| < H_o, |B| < B_s)$의 값으

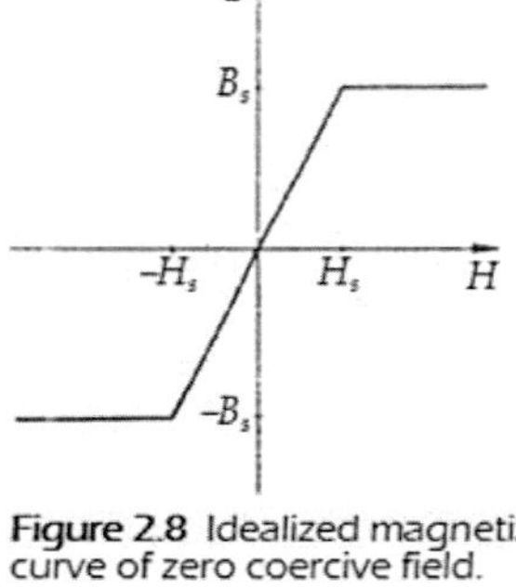

Figure 2.8 Idealized magnetization curve of zero coercive field.

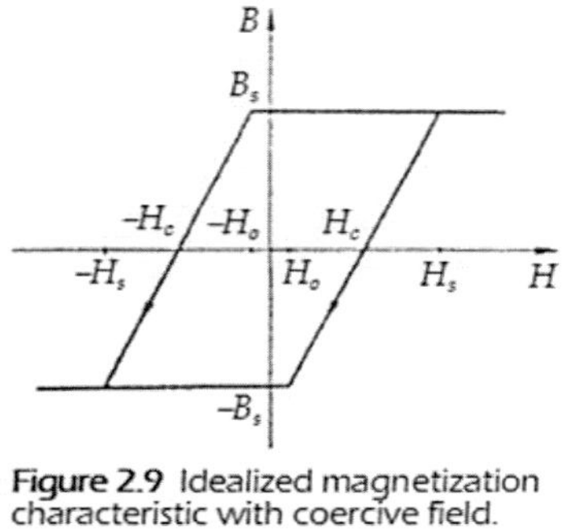

Figure 2.9 Idealized magnetization characteristic with coercive field.

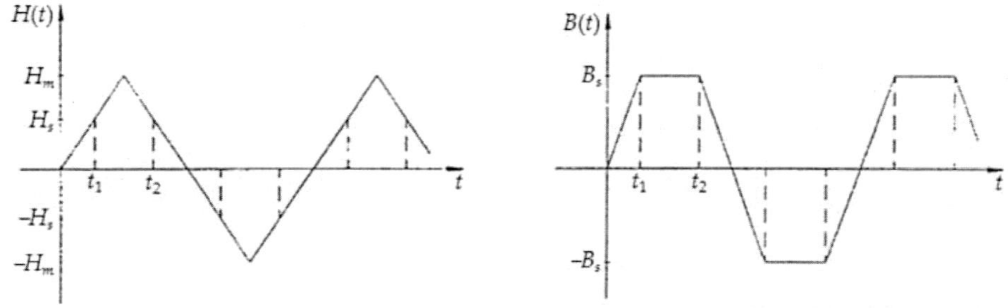

Figure 2.10 The triangular wave form of the applied magnetic field, and the output flux density for the anhysteretic magnetization characteristic.

로 감소할 때 까지는 이 포화 값을 유지한다. 반대 방향으로 되는 자화의 경우에도 비슷하다.

그래서, 항자계 H_c를 가진 그림 2.9의 이상화된 hysteresis 특성에 그림 2.11에 그려진 입력 자계를 인가하면, 출력 신호는 앞에서의 hysteresis가 없는 경우와 비슷한 파형을 가지지만, hysteresis loop에 관련된 시간 지연이 각 반주기에서 신호에 나타난다. 0이 아닌 항자계의 자화 특성의 경우, 입력 및 출력 파형의 시간 변화가 그림 2.11에 그려져 있다.

자성체의 비선형 거동의 simulation을 위하여 위의 이상화된 특성을 도입하여, *Willcock*과 *Tanner*[314]는 포화 상태를 초과하는 시간 간격(time interval)에 관한 구동 자계에서의 기수 고조파(odd harmonics)의 민감도(sensitivity)를 조사하였다. 그 결과는, 자화 주기의 10 [%] 까지 포화를 나타내는 물질의 경우, 3차 고조파는 포화 상태에서 소비되는 시간 간격에 거의 무관하게 남아 있음을 보였다. 그래서, 비파괴 검사(nondestructive testing) 응용에 대하여 그들은 3차 기수 고조파(third order odd harmonic)와 1차 우수 고조파(first order even harmonic)가 감시(검사, monitoring)를 위한 가장 확실한 매개변수임을 찾았다. 고조파의 모든 다른 성분이 물질 특성에 대한 민감도를 확증하였다.

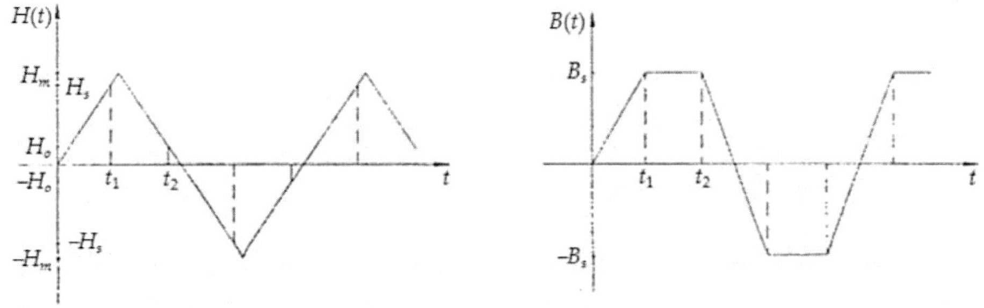

Figure 2.11 The input wave form H(t) for the hysteresis characteristic with nonzero coercive field and the output wave B(t) of the idealized hysteresis loop.

(ii) **비대칭 이상화 자화 특성**(*nonsymmetric idealized magnetization characteristic*). 그림 2.12 (a)에 그려진, 자성체의 비선형 거동을 simulation하기 위한 비대칭 이상화 자화 곡선의 도입은 구동 외부 자계의 세기가 직류(DC) 성분을 가진 교번 파형

$$H(t) = H_0 + H_1 \sin \omega t\,,\, H_0 < 0 \tag{2.27}$$

인 경우에 효과적인 model이 될 수 있다. 자화 특성의 이 model에서는 정(양, positive)과 부(음, negative)의 자화의 범위에서 서로 다른 투자율이 도입된다. 자계의 세기 $0 < H < H^+, H^+ = H_1 + H_0$의 값에 대하여, 자속밀도는 투자율 $\mu^+ = B_s/H^+$로 선형적으로 변화한다. 자계의 세기 $-H^- < H < 0, H^- = H_1 - H_0$의 값에 대해서는, 특성의 선형 부분이 투자율 $\mu^- = B_s/H^-$로 주어진다. Hysteresis가 없는 자화 model의 출력 신호인 자기 유도는, 그림 2.12 (b)-(c)에 그려진 바와 같이, 입력 자계의 세기에 대한, 양과 음의 크기에 대해 다른 계수를 가진, 선형 변환(linear transfor-

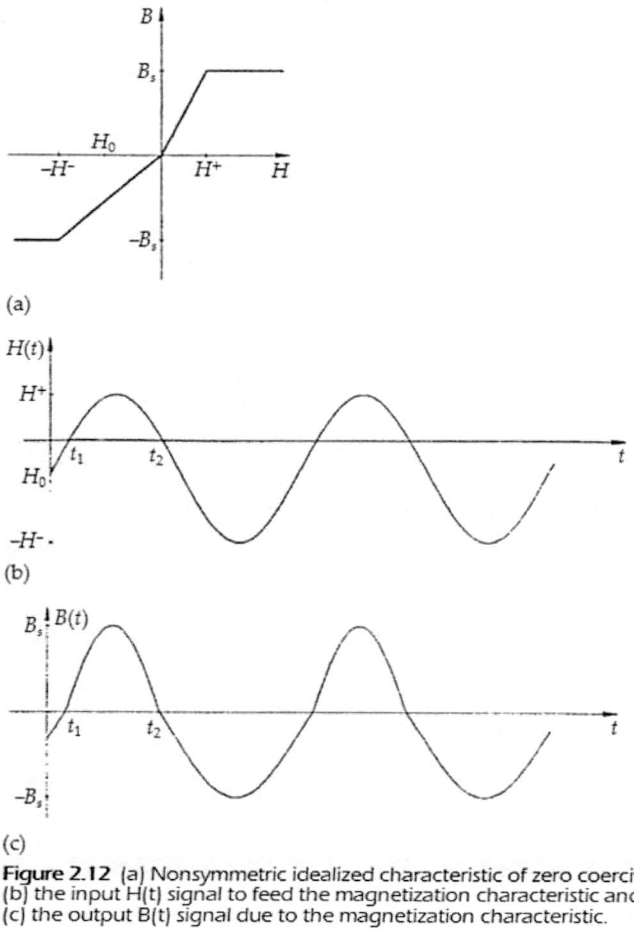

Figure 2.12 (a) Nonsymmetric idealized characteristic of zero coercive field, (b) the input H(t) signal to feed the magnetization characteristic and (c) the output B(t) signal due to the magnetization characteristic.

mation)을 가진다.

(iii) **이상화된 포화 특성**(*idealized saturation characteristic*). 포화 영역에서 기울기를 가진 이상화된 자화 특성은 이상화된 포화 특성으로써 도입될 수 있다. 이 형태의 특성 중 한 가지가 그림 2.13에 그려져 있다. 이 model에서는 단가의(single valued) 포화 특성이 자속밀도 B와 자계의 세기 H가

$$B = \mu(H)\, H \tag{2.28}$$

과 같이 관련된다. 여기서 투자율은 초기 및 포화 영역을 따라 서로 다른 기울기의 두 개의 직선으로 근사화될 수 있다:

$$\mu = \begin{cases} B_s/H_s, & H < H_s, \\ \mu_0, & H > H_s. \end{cases} \tag{2.29}$$

전자장(electromagnetic field)의 결정을 위한 위의 투자율 특성의 적용은 *Lavers*[180], [181], *Demerdash*와 *Nehl*[75]에서 찾아질 수 있다. $B_s = 1.6$ [T]와 $H_s = 1000$ [A/m]의 값을 가진 2차원 유한요소법(finite element method)에서 model의 적용에 의해 투자율 norm 아래에서 11회 반복으로 단조 일양 수렴(monotonous and uniform convergence)이 이루어졌다(*Lavers*[180], [181]). 유한요소 근사화의 1차원 원통 기하(cylindrical geometry)에서 위의 model을 적용하면, 비선형 방정식의 수렴이 3~5회의 반복으로 얻어졌다(*Lavers* 외[182]).

(iv) **Hysteresis loop의 평행사변형 표현**(*parallelogram representation of hysteresis loop*). *Savini*[275]에 의해 출판된 논문에서는, 분포 자기 계통(distributed magnetic system)의 수치 해석을 위하여 자속밀도와 자계의 세기의 구분 선형 표현(piecewise linear representation)이 도입되었다. 유한요소 해석의 목적을 위하여, 자성체를 포함하는 영역 내에서 그리고 hysteresis의 표현을 위하여, 각 요소(element)에서, 한편으로는 계산 시간과 data 저장을 줄이기 위하여 수학적으로 단순하며, 동시에 model이

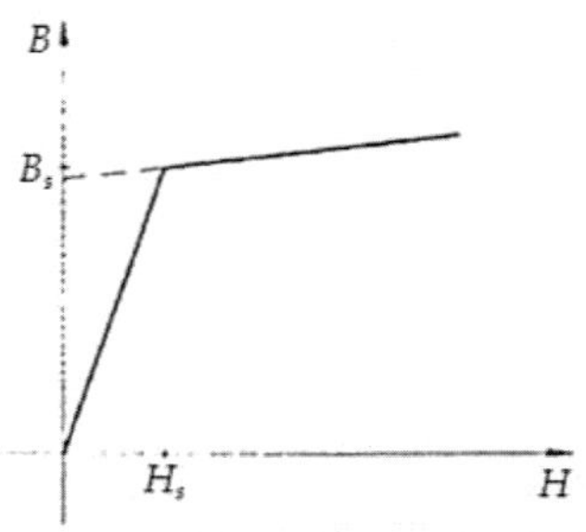

Figure 2.13 An idealized saturation characteristic.

실제 hysteresis 특성에 상당히 가까운, hysteresis의 수치 model이 정의되었다. 그는 수치 과정을 기초로 한 장 계산의 경우, 계산 노력이 크게 증가하지 않으며 비선형 방정식의 수치 풀이(numerical solution)를 위해 도입된 고유의 단계적인 과정(step-by-step procedure)에 의해 쉽게 다루어질 수 있기 때문에 구분 선형 model (piecewise linear model)이 더 알맞다는 것을 찾았다. 그래서, 제안된 model이 바로, hysteresis loop의 평행사변형 표현을 기초로 한, 구분 근사화(piecewise approximation)이다. Model은 원점에 대해 대칭성을 가진 정적(static) B–H 특성을 나타내는 실험 곡선의 적절한 단순화에 의해 얻어질 수 있다. Hysteresis model은, 특별한 형태로, 그림 2.14에서와 같이 보여질 수 있다.

자속밀도의 잔류 및 포화 값은 B_r, B_s로 표시되었으며, 항자계와 포화 자속밀도에 속하는 최대 값은 H_c, H_s의 기호로 표시되었다. 서로 다른 기울기의 구획이 생기는 특성의 무릎점(knee point)은 장 량(field quantity) B_o, H_o에 의해 나타내어졌다.

위의 hysteresis 특성의 자성체에 $H_m > H_s$의 크기를 가진 교변 삼각파 입력 자계의 세기 (2.26)을 인가하면, 출력 신호인 자속밀도의 변화는 그림 2.15에서와 같이 보여질 수 있다.

위의 hysteresis model과 유한요소법을 결합하여, 비선형 방정식의 집합(연립 방

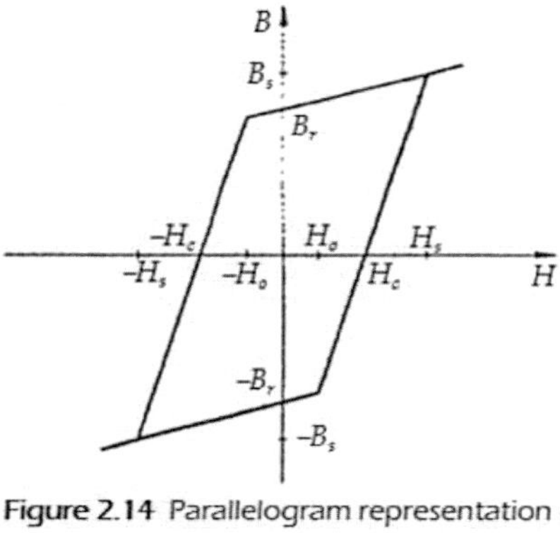

Figure 2.14 Parallelogram representation of hysteresis loop.

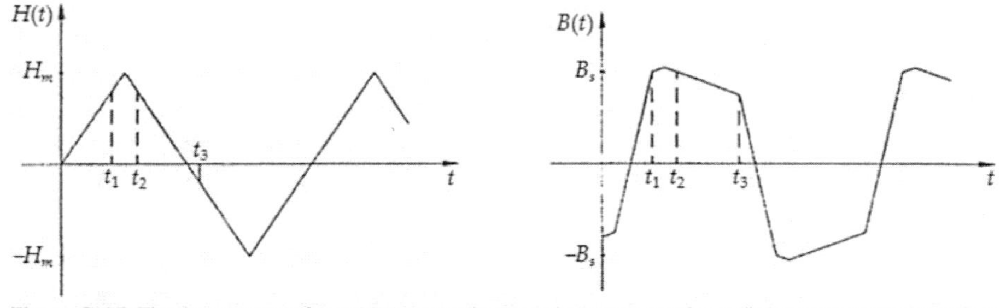

Figure 2.15 The input wave form H(t) to the hysteresis operator of parallelogram representation, and the output signal proved by the static hysteresis loop.

정식)의 풀이에 대한 경험에서 *Savini*[275]는 *Newton-Raphson*법이 가장 따를 만한 과정을 보인다는 것을 찾았다. 임계점(critical point)은 특성의 근사화에서 기울기의 변화가 일어나는 점이다. 시간 간격(time step)의 증가에서 특정한 제한과 원하는 정밀도와 이 간격(interval)의 결합을 선택하면 풀이에서 수렴을 보인다.

(v) **구분 선형 조각에 의한 근사화**(*approximation by piecewise linear segments*). *Del Vecchio*[73] 그리고 *Li, Wu*[184]의 논문에서는 정상 상태 운전 조건 하에서 다양한 결선을 가진 3상 변압기 tank의 고조파 연구를 위하여, 철심의 자화 곡선이 몇 개의 선형 조각으로 근사화된다. 구분 선형 조각을 가진 자성체의 비선형 특성이 그림 2.16에 그려져 있다. 저자 *Li*와 *Wu*[184]는 자화 특성에서의 이 형태의 근사화가 어떤 다른 통상적인 방법 보다 더 정확한 것으로 보이기 때문에 위의 model을 좋아한다. 선형 조각 내에서는 오차가 특정한 한계 이내로 제어될 수 있지만, 정확도에 종속하는 선형 조각의 수가 요구된다. 근사화에서 오차는, 이론적으로, 무한한 수의 선형 조각으로 0으로 줄어들 수 있다. 자계 문제의 풀이 동안에, B의 이산화된 값이 구분 선형화된 자화 곡선에 나타나며 대응하는 자계의 세기 H는 한 점에서 다른 점으로(순서를 따라, from point to point) 결정된다. 고조파 해석에 이 방법을 적용하면, 반복 과정은 매우 빠르게 수렴하지만, 반복 회수가 일반적으로 적어도 10임이 찾아진다.

단가(single valued) 자화 특성의 구분 선형 곡선에 의한 근사화가 3상 변압기의 비선형 거동의 modeling에서 등가회로(equivalent circuit)를 결정하기 위하여 *Lin, Cheng, Huang*[185] 그리고 *Stenzel, Weber*[285]에 의해 적용되었다. 그들에 의해 적용된 계산 과정은 비선형성의 simulation에 특별한 고려(주의)를 요구하였다. 자화 특성에 대한 표현은, 허용되는 정확도로 과정을 진행하기 위하여 적은 programming 노력, 줄어든 입력 data 그리고 짧은 계산 시간의 조건 하에서 도입되었다. 그래서, 구분 선형 곡선이 세 개의 직선 s_1, s_2 그리고 s_3으로 구성된 model에 대해 도입된 예가 그림 2.17에 그려져 있다.

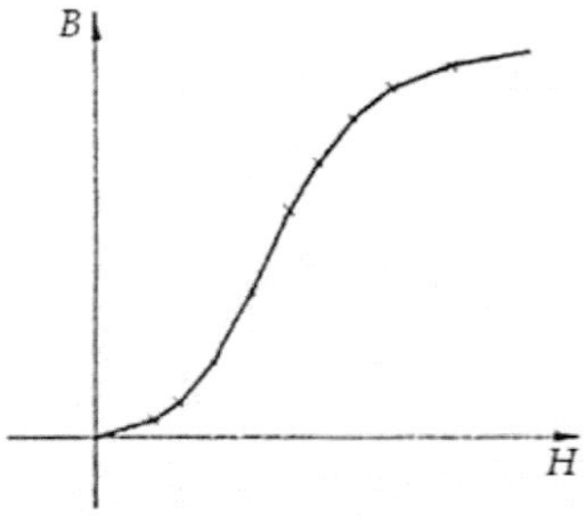

Figure 2.16 The B–H curve with piecewise linear approximation.

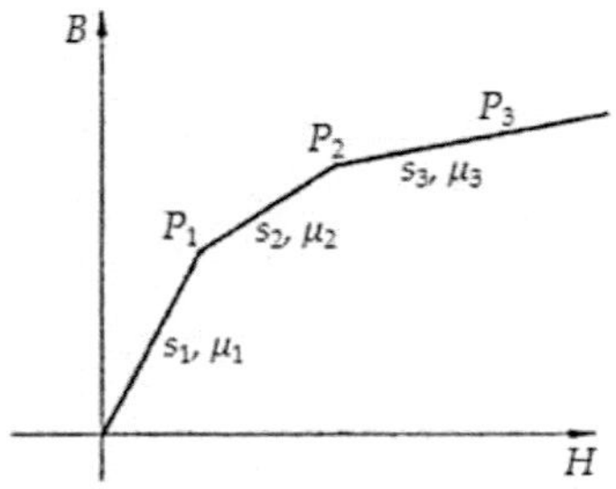

Figure 2.17 Piecewise linear curve composed from three straight lines.

기울기인 μ_1, μ_2 그리고 μ_3의 미분 투자율은, 자속밀도와 자계의 세기 사이의 관계를 정의하는, 서로 다른 조각을 따른 자화 특성을 나타낸다. 이 세 선의 교점은 P_1과 P_2로 표시되었다. s_3의 구배(경도, 기울기, gradient) μ_3을 결정하기 위하여 부가적인 점 P_3이 가정되어야 한다. Simulation program이 이산화된 시간 간격에 기초를 둠으로써, 자속밀도는 단계마다(step by step) 바뀐다. 장 문제의 풀이 동안에 $B(t)$의 개정된(updated) 값이 한 조각에서 다른 조각으로 움직이는 연산을 보인다면, 허용되는 범위 내에서의 결과적인 부정확성을 관리하기 위하여, 특별한 주의가 이 천이(transition)에 집중되어야 한다.

Hysteresis가 있는 자화 특성의 simulation을 위한 **구분 선형 근사화**(*piecewise linear approximation*)는 또한 단일판 시험기(single sheet tester)의 측정 정확도를 해석하기 위하여 *Harada, Ishihara*와 *Todaka*[123]에 의해 도입되었다. 2차원적 측정에서 단일판 시험기는 3차원적인 통상의 Epstein 시험기(*Epstein* tester) 대신 자성판(magnetic plate)의 자기적 특성을 측정하기 위해 최근에 널리 사용되었다. 단일판 시험기는 시험 표본 준비와 유효 자기적 길이(effective magnetic length)에 관련된 문제는 일으키지 않는다. 단일판 시험기를 표준화하기 위해서는 측정 정확도가 매우 중요하다. 단일판 측정기에 의한 철손(iron loss) 측정의 정확도를 해석하기 위해서는, 물질의 hysteresis 특성이 고려되어야 한다. 저자 *Harada, Ishihara*와 *Todaka*는 그들의 논문[123]에서 측정 정확도에 미치는 hysteresis 특성의 효과를 조사하였다.

수치 장 계산에서는 *B–H* 곡선의 관계에서의 반복 algorithm의 수렴이 *Shyamkumar*와 *Csendes*[278]에 의해 조사되었다. 유한요소법과 관련하여 저자들은 비선형 물질의 *B–H* 특성이 점으로 알려졌다고 가정되었을 때 자속밀도 *B*, 자계의 세기 *H*, 자화 *M* 그리고 자기저항률 ν의 4가지 양(quantity) 중 두 가지를 계산하기 위한 몇 가지 대안을 해석하였다. 세 가지 다른 **자화 곡선의 구분 선형 근사화**(*piecewise linear approximation of magnetization curve*)를 도입하여, 소위 **선형법**(*linear method*)이 구별될 수 있다.

첫 번째 그리고 아마도 가장 일반적인 방법은 장의 세기의 함수로 된 비선형 특성의 model로부터의 자화의 계산을 포함하며, 그러므로 그것은 ***M–H* 정식화**(*M–H formulation*)라 불린다. *M–H* 정식화에서는 초기 추정(initial guess)이 *M*에 대하여 이루어지며 자계의 세기 *H*는 비선형 특성으로부터 결정된다. 이 방법의 적용은 *Ortenburger, Cole*과 *Potter*[225]에서 찾아질 수 있다.

두 번째 방법은 자기저항률과 자속밀도에 의하며 ***ν–B* 정식화**(*ν–B formulation*)라 불린다. *ν–B* 정식화에서는 자기저항률에 대한 초기 추정이 자속밀도를 풀기 위해 이루어진다. 그 다음 새로운 자계가 *B–H* 특성에 의해 자기저항률에 대한 다음 추정을 얻기 위해 사용된다. 이 방법의 적용은 *Kanai, Abe, Iizuka*와 *Makasa*[173]에서 찾아질 수 있다. 물질 값(material value)에 대한 초기 추정으로 하는 *ν–B* 형태 방법의 적용은 직접 반복(direct iteration)을 사용하는 *Magele, Preis*와 *Renhart*의 논문 [188]에서 찾아질 수 있다.

선형법 중 세 번째 방법은 ***M–B* 정식화**(*M–B formulation*)이다. 초기 추정이 자화에 대해 이루어지면 자속밀도가 계산될 수 있다. 자화에 대한 다음 추정은 *B*와 *B–H* 특성으로부터 얻어질 수 있다. 이것은 입력 변수에 대한 다음 추정을 얻기 위해 사용되는 독립 변수의 선택에서 *M–H* 정식화와는 다르다. 이 방법의 상세한 해석은 *Bloomberg*와 *Castelli*[39]에서 찾아질 수 있다. 위에서 소개된 선형화 방법(linearization method)의 서로 다른 정식화의 요약으로서, 모든 선형화와 마찬가지로, 이 정식화 역시 조악하게 수렴한다는(poor convergence) 것이 찾아질 수 있다.

2.4 APPROXIMATION BY POWER SERIES

강자성체에 대한 비선형 *B–H* 특성은 *Neumann*[221], *Trutt, Erdélyi*와 *Hopkins*[293], *Mayergoyz, Abdel-Kader*와 *Emad*[195], *Nasar, Xiong*과 *Fu*[220]에 의해 언급된 바와 같이 ***n*-승근 근사화**(*n-th root approximation*)에 의해 나타내어질 수 있다:

$$B = KH^{1/n}, \quad n > 1 \tag{2.30}$$

각 물질은 자화 곡선으로부터 결정될 수 있는 특성 값 n과 K를 가진다. 특성의 대수 계산(logarithmic evaluation)으로 그것은 선형 성질

$$\log B = \log K + \frac{1}{n}\log H \tag{2.31}$$

을 나타내어서, 근사화의 매개변수는, 특히 무릎부를 넘어서, 적은 오차로 측정된 곡선에 적합될 수 있다. 낮은 장 근사화로부터 축척 인자(scale factor) K가 결정될 수 있는 한편, 높은 장 값에서 n은 포화 영역의 기울기를 나타낸다. $n = 1$, $K = \mu$로,

근사화는 선형 B–H 곡선, 특성의 초기 부분에 적합할 수 있다. n의 더 큰 값으로 고도로 포화된 영역이 근사화될 수 있다. $n=\infty$와 $K=B_s$의 극단적인 경우는 이상적인 포화에 대응하며, 직사각형 곡선으로 귀결한다. n-승근 근사화는 매질의 실제 자기적 성질을 이상화하며, 이 경우에는 낮은 값의 자계에서 투자율이 커지며 장이 0에 도달함에 따라 무한대로 접근한다. 그림 2.18에서는 $K=1$에서 n의 서로 다른 값($1/n=0.5, 0.3, 0.1$)에 대하여 자화 특성이 그려져 있다. 강자성체의 경우 매개변수의 전형적인 범위가 저자들 *Nasar, Xiong*과 *Fu*[220]에 의해 $n=5$~$14, K=0.5$~1로 찾아졌다.

이 형태의 특성은 *Pillai*[240]와 *Mayergoyz*[194]에 의해 나타내어진 다른 공학 문제에서의 자기 특성의 simulation 뿐만 아니라 다른 근사화에서도 찾아질 수 있다. n-승근 model은 자계의 큰 값에 대하여 자화 곡선을 상당히 정확하게 근사화한다.

(i) 자화에 대한 **m차 멱 근사화**(*m-th power approximation*)에서는, model이 약한 자계의 경우에서 실제 자화 곡선에 대한 상황이 정확한 model로 간주될 수 있다:

$$B=KH^m, \quad m>1. \tag{2.32}$$

그림 2.19에서는 m차 멱 근사화의 model이 $m=5, K=1\,[\mathrm{Vsm^3/A^5}]$에서 그려져 있다. 이 model에서는 투자율이 자계의 세기의 증가에 따라 증가한다. m차 멱 근사화

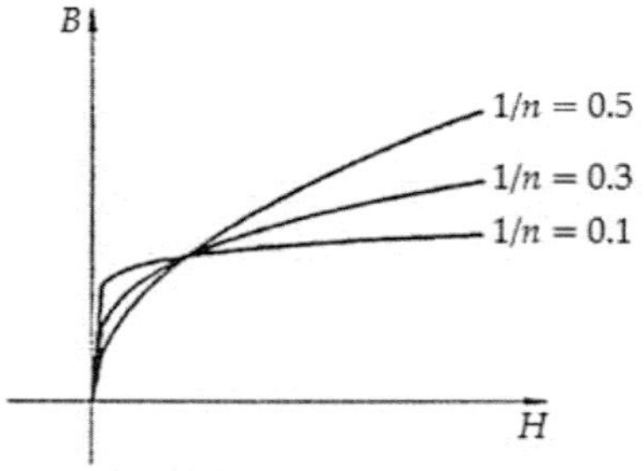

Figure 2.18 The shape of characteristics of n-th root approximation.

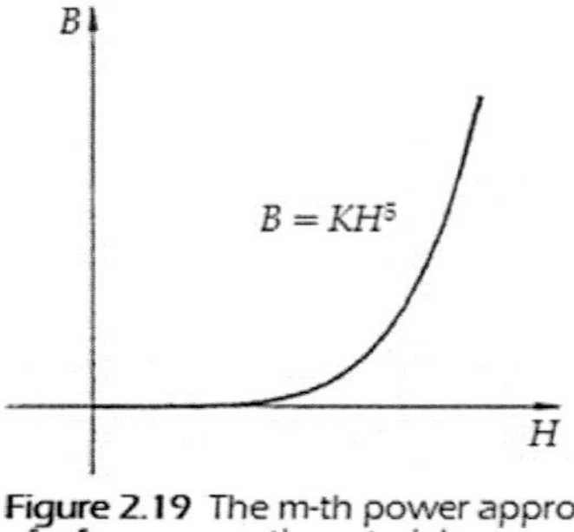

Figure 2.19 The m-th power approximation for the nonlinear characteristic of a ferromagnetic material.

는 물질의 실제 자기적 성질을 이상화하며, 이 경우에는 *Mayergoyz, Friedman*[196]에서 읽어질 수 있는 바와 같이 자계의 낮은 값에서 투자율이 자계의 세기의 감소에 따라 0으로 접근한다.

(ii) **멱급수 근사화**(*power series approximation*)는 위의 경우와 비교하여 hysteresis가 없는 자화 곡선에 대한 더 좋은 근사화로 간주될 수 있다:

$$B = a_0 + a_1 H + a_2 H^2 + \cdots + a_n H^n = \sum_{k=0}^{n} a_k H^k. \tag{2.33}$$

특성의 매개변수인 가장 좋은 근사화에 속하는 미지 계수 $a_k, k = 0, 1, 2, \cdots, n$은 기술적인 특성의 측정 점(measured point)과 적합함으로써 결정될 수 있다. 그래서, 매개변수의 값은 다음의 과정을 기초로 하여 얻어질 수 있다:

(1) Data 곡선의 점 B_i'와 근사화에 의해 계산된 대응하는 점 B_i 사이의 절대 오차(absolute error)의 최소화에 의해

$$\epsilon = \sum_{i=1}^{N} \left| \frac{B_i' - B_i}{B_i} \right| \text{ has a minimum;} \tag{2.34}$$

(2) 오차 norm(error norm)의 최소화에 의해

$$\epsilon = \sum_{i=1}^{N} \left(\frac{B_i' - B_i}{B_i} \right)^2 \text{ has a minimum;} \tag{2.35}$$

(3) 최대 오차의 최소화에 의해

$$\epsilon = \max \left| \frac{B_i' - B_i}{B_i} \right| \text{ has a minimum.} \tag{2.36}$$

가장 효과적인 과정은 방법 (2)에서 주어진 상대 오차(relative error)의 최소화로 나타났다. 적합된 곡선이 좌표가 $B_i', H_i', i = 1, 2, \cdots, N$인 $N, N \neq n$ 개의 점으로 나타내어졌다고 가정하면, 근사화의 매개변수는 상대 오차의 최소 값에서 미지수에 대한 $n+1$ 개의 선형 방정식

$$\frac{\partial \epsilon}{\partial a_k} = 0, \quad k = 0, 1, 2, \cdots, n \tag{2.37}$$

의 해(solution)에 의해 찾아질 수 있다. 계수는 자화 특성의 형태에 따라 양(정,

positive) 또는 음(부, negative)의 값을 가질 수 있다. 방법의 실제 적용에서 hysteresis가 없는 자화 특성의 기대칭성(odd symmetry)을 simulation하기 위해서는 멱(power)이 기정수(odd number of integer)이다. 이 방법은 저자 *Rao*[248], *Trutt, Erdélyi*와 *Hopkins*[293], *Kaplan*과 *Rabinovici*[174]에서 찾아질 수 있다.

(iii) **항 $1/H$에 의한 급수 전개**(*series expansion in* $1/H$ *terms*). 자화 특성의 몇 가지 경험적인 simulation이 제한된 정상성으로 소개되었다. 어떤 근사화는 낮은 장 영역에서 적용될 수 있으며, 다른 것은 높은 장 값에서 측정된 특성에 접근성이 풍부하다. 실험적으로 측정된 특성에서 항자계에 대한 자계의 세기의 비교는 자계가 높은 자계 영역에 속하는가 아니면 낮은 자계 영역에 속하는가에 대한 조건을 나타낸다. 특성의 무릎부를 넘어서는, 앞에서 논의된 바와 같이 높고 낮은 장 영역 둘 다에서 hysteresis가 없는 자화 특성에 대한 선형 근사화가 적합될 수 있다. 자화가 포화에 접근하는 높은 장 영역에서는, *Bozorth*[41], *Chikazumi, Charap*[50] 그리고 *Jiles*[158]에 의해 언급된 몇 개의 실험 및 측정 조사에 의해 나타내어진 바와 같이 실험적으로 결정된 특성의 기발한(새로운) 근사화가 항 $1/H$의 급수 전개에 의해 실행될 수 있다:

$$B = \mu_0 M_s \left(1 - \frac{a}{H} - \frac{b}{H^2} - \frac{c}{H^3} - \cdots\right) + \mu_0 H. \tag{2.38}$$

여기서 상수 a는 **Néel 상수**(*Néel constant*)로 알려져 있다. 높은 자계 영역에서는 자속밀도를 측정하는 방법에서는, B의 측정에서의 작은 오차가 계수의 결정에 치명적인 영향의 원인이 될 수 있기 때문에, 자속밀도 자체를 측정하는 대신 특성의 기울기 dB/dH를 측정하는 것이 추천된다.

$B = \mu_0(H + M)$의 가정 하에서, 앞의 두 개의 항으로 위의 방법을 적용하면, 자화 특성은 측정된 자화 특성의 simulation 그리고 자성 물질의 이방성과 미세 구조의 해석을 위하여 *Dionne, Weiss*와 *Allen*[76]에 의해 발표된 논문에서 찾아질 수 있는

$$M = M_s \left(1 - \frac{a}{H} - \frac{b}{H^2} - \cdots\right) \tag{2.39}$$

의 형태를 가진다. 1년 후에 위의 저자들 *Dionne, Weiss*와 *Allen*[76]은 hysteresis loop의 simulation을 위한 방법의 확장에 들인 노력의 좋은 결과에 대한 논문을 출판하였다. 그들은

$$M = M_s \left[1 - \frac{a}{(H + H_n \pm H_c)} - \frac{b}{(H + H_K)^2} - \cdots\right] \tag{2.40}$$

과 같은 형태로 hysteresis를 simulation하기 위하여 항자계 H_c, 이방성 자계 H_K, 그리고 편심 자계(bias field)로서 역자구 핵형성 자계(reverse domain nucleation field) H_n을 도입하였다. 여기서 $\pm H_c$는, 각각, 위와 아래의 loop 가지에 적용된다. Hysteresis loop의 위의 근사화에 있어서의 매개변수는, a, b의 매개변수가 hysteresis가 없는 곡선에 대해 결정된다면, hysteresis의 특성점(characteristic point), 포화 자화 M_s, 잔류 자화 M_r, 그리고 항자계 H_c로부터 결정될 수 있다:

$$M(H=-H_c)=0=M_s\left[1-\frac{a}{(H_n)}-\frac{b}{(-H_c+H_K)^2}\right], \tag{2.41}$$

$$M(H=0)=M_r=M_s\left[1-\frac{a}{(H_n+H_c)}-\frac{b}{(H_K)^2}\right]. \tag{2.42}$$

자기 포화가 일어나지 않는다면 M_s는 자계의 최대 값 H_m에서의 자화의 대체된 값 M_m으로부터 계산되어야 할 것이다:

$$M_m=M_s\left[1-\frac{a}{(H_m+H_n+H_c)}-\frac{b}{(H_m+H_K)^2}\right]. \tag{2.43}$$

2.5 RATIONAL FRACTURE APPROXIMATION

유리 분수(rational fraction) 근사화에 의한 자화 특성의 표현은 확장된 범위에 걸친 정당성을 나타내는 가능성을 제공한다. 물질이 낮은 외부 자계에서는 매우 높은 투자율을 나타내는 한편, 강제 자계의 매우 높은 값에 대한 포화 범위에서는 투자율이 낮은 값을 갖는다는 것을 고려한다. 그래서 *Widger*[310]에서 찾아질 수 있는 바와 같이, 투자율이 hysteresis가 없는 자화 곡선에 대한 유리 분수 근사화를 산출하는 역 다항식 함수(inverse polynomial function)에 의해 근사화될 수 있다:

$$B=\frac{a_0'+a_1'H+a_2'H^2+\cdots+a_n'H^n}{1+b_1'H+b_2'H^2+\cdots+b_n'H^n}H. \tag{2.44}$$

위의 방정식은, 자계의 세기의 낮은 값에 대해서는 함수가, 자화 곡선의 초기 기울기가 되는, $B=a_0'H$의 직선 근사화로 줄어들기 때문에, 근사화에 대해 안정하게 될 것으로 보인다. 자계의 세기의 매우 높은 값에서는 특성이, 자화 곡선의 최종 기울기로 간주될 수 있는, $B=(a_n'/b_n')H$를 나타낸다. 하지만, 위와 같은 자화 곡선의 simulation으로 특성의 가장 좋은 근사화가 공학적인 실제에서 이루어질 수 있다. 유리 분수 근사화는 hysteresis가 없는 자화 곡선의 역 특성(inverse characteristic)의 실현에도 역시 도입될 수 있다:

$$H = \frac{a_0 + a_1B + a_2B^2 + \cdots + a_nB^n}{1 + b_1B + b_2B^2 + \cdots + b_nB^n}B. \tag{2.45}$$

특성에서 근사화에 속하는 매개변수 $a_0', a_1', \cdots, a_n', b_1', b_2', \cdots, b_n'$ 그리고 $a_0, a_1, \cdots, a_n, b_1, b_2, \cdots, b_n$은 측정된 특성에 가장 적합한 것의 기초 위에서 미지수에 대한 $2n+1$개의 선형 방정식의 풀이(solution)에 의해 결정될 수 있다. 매개 변수를 실제 특성에 적합하게 하는 방법의 상세한 설명은 *Widger*[310]에서 찾아질 수 있다. 위에서 소개된 hysteresis가 없는 자화 특성의 유리 분수 표현의 적용은 식 (2.44)의 형태로는 *Burias, Grellet*[46]에서 찾아질 수 있는 한편, 역 특성 (2.45)의 적용은 *Karidis*와 *Turns*[175]에 의해 보고되었다.

2.6 THE FRÖLICH MODEL

아마도 자화 특성의 표현을 위해 제안된 처음의 경험적인 방정식 중 한 가지는 *Bozorth*[41]에 의해 언급된 바와 같이 ***Frölich*** **model**(*Frölich model*)일 것이다. 자속밀도와 자계의 세기 사이의 관계식

$$B = \frac{H}{\alpha + \beta|H|} \tag{2.46}$$

은 그림 2.20에 그려진 hysteresis가 없는 자화 곡선을 묘사한다.

이 model에서는 자기저항률 $\nu = H/B, \nu = 1/\mu$가 자계의 세기에 대해 선형 관계를 나타낸다. 낮은 장 값에 대해서는 투자율이 매개변수 α에 역으로 비례하는 한편, 높은 값의 자계에서는 자화가 포화에 접근한다:

$$\lim_{H\to 0}(B/H) = 1/\alpha, \quad \alpha = 1/\mu, \quad \lim_{H\to\infty} B = B_s = 1/\beta, \quad \beta = 1/B_s. \tag{2.47}$$

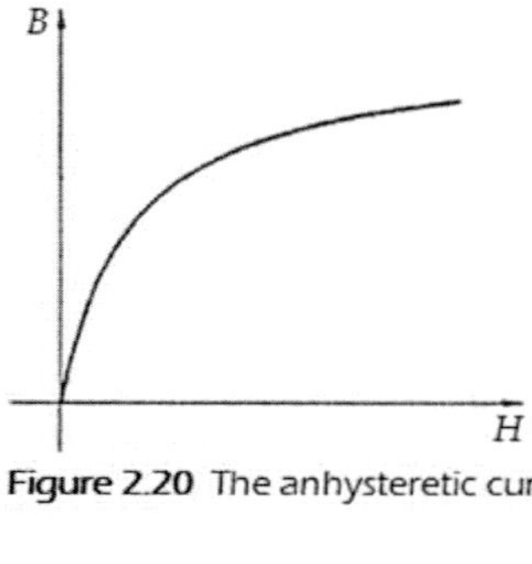

Figure 2.20 The anhysteretic curve of Frölich model.

높은 자계 값 $H > 0$의 경우 *Frölich* model의 급수 전개는, 식 (2.39)에서 볼 수 있는 바와 같이, a/bH의 항으로 된 특성의 멱급수 전개와 일치하는

$$B = \frac{H}{\alpha + \beta H} \approx \left[1 - \frac{a}{bH} - \left(\frac{a}{bH}\right)^2 - \cdots\right] \tag{2.48}$$

의 형태로 귀결한다.

1차원적 배열의 비선형 강자성체에서의 와류손의 결정을 위하여 *Labridis*와 *Dokopoulos*[179]는 정확도와 단순성(simplicity) 사이의 가장 좋은 절충으로서 유한차분법과 *Frölich* model을 결합하였다.

*Akbaba*에 의해 발표된 논문[5]에서는 자화 특성이, 하나는 $B \leq B_s$인 포화 전이며, 다른 하나는 $B_s \leq B$인, 두 개의 영역으로 분할되었다. 아래에서 볼 수 있는 바와 같이 포화 전에는 자화 특성이 잘 알려진 *Frölich* 방정식에 의해 근사화된 한편, 포화 영역은 수정된 *Frölich* 형 방정식에 의해 modeling되었다:

$$\begin{aligned} B &= \frac{H}{a_1 + b_1 H}, \quad B \leq B_s, \\ B &= B_s + \frac{H - H_s}{a_2 + b_2(H - H_s)}, \quad B \geq B_s. \end{aligned} \tag{2.49}$$

연자성체의 경우에는 hysteresis가 좁으며, 따라서 어떤 경우에는 자성체의 model에서 아무런 문제가 없다. 하지만, 경자성체의 경우에는, hysteresis가 넓어지고 감자 곡선(demagnetization curve)의 modeling에 어려움을 만든다. *Frölich* model을 기초로 하여 hysteresis의 2상한(second quadrant)인 감자 곡선은 맞추어진 항자계를 통하여 지나가는 추이된(shifted) B–H 곡선에 의해 잘 근사화될 수 있다:

$$B = \frac{H + H_c}{\alpha + \beta(H + H_c)}. \tag{2.50}$$

포화와 잔류 자속밀도의 점

$$\begin{aligned} B_s &= \lim_{H \to \infty} \frac{H + H_c}{\alpha + \beta(H + H_c)} = \frac{1}{\beta}, \quad \beta = \frac{1}{B_s}, \\ B_r &= \lim_{H \to 0} \frac{H + H_c}{\alpha + \beta(H + H_c)} = \frac{H_c}{\alpha + \beta H_c}, \quad \alpha = H_c\left(\frac{1}{B_r} - \frac{1}{B_s}\right), \end{aligned} \tag{2.51}$$

으로부터 매개변수 α, β를 결정하면, 영구자석의 특성인 감자 곡선은

$$B = \frac{H + H_c}{H_c/B_r + H/B_s} \tag{2.52}$$

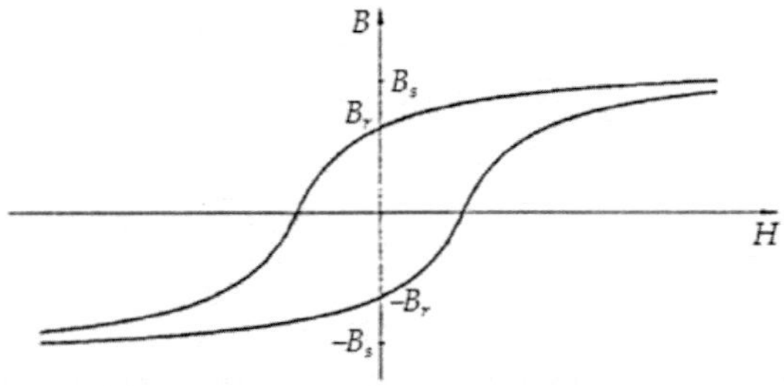

Figure 2.21 Hysteresis loop constructed from Frölich type models.

와 같이 정식화될 수 있다.

$$B = \frac{H + H_c}{\alpha_1 + \beta_1(H + H_c)}, \quad H > -H_c,$$
$$B = \frac{H + H_c}{\alpha_2 + \beta_2(H + H_c)}, \quad -H_c > H \tag{2.53}$$

과 같이 주어진 두 개의 *Frölich* 형 model의 방정식에 의해 구성되며 교차하는 특성 점이 맞추어진 hysteresis loop가 그림 2.21에 그려져 있다.

*Gupta, Yoshino*와 *Saito*[118]에 의해 영구자석의 회전 조건 하에서 torque의 거동을 해석하기 위하여 이 model과 유한요소법의 결합이 적용되었다.

일반적으로 말해서, *Frölich* 방정식은 자화 과정의 물리적인 설명을 위해서는 적절하지 않지만, 보통 *Jufer*와 *Apostolides*[166], *Wong*[315]에서 나타내어진 바와 같이 hysteresis 특성과 minor loop의 근사화를 위해서는 받아들여 지는 것으로 인정된다.

2.7 REPRESENTATION BY TRANSCENDENTAL FUNCTIONS

전자장 해석에 있어서는 연속 전개(serial expansion)로 된 자화 특성의 simulation이 효과적인 과정으로 되는 것으로 나타난다. 근사화의 기저 함수(basis function)는 지수 함수(exponential function), 삼각 함수(trigonometric function) 또는 쌍곡선 함수(hyperbolic function) 등이 선택될 수 있다.

수치 장 해석의 발전으로 70년대 중반에는 자화 곡선의 간단하지만 정확한 simulation의 문제가 더 이상 미루어질 수 없었다. 자화 특성의 서로 다른 대수 또는 초월 함수(algebraic or transcendental)에서의 비교로 *Trutt, Erdélyi*와 *Hopkins*[293]는

$$B = B_o \exp[H/(a + bH)] \tag{2.54}$$

의 관계식이 넓은 범위에 걸쳐 hysteresis가 없는 자화 곡선에 대한 좋은 근사화를

산출하며, 그것으로 원점에 가까운 변곡점(inflection point) 역시 나타낼 수 있음을 찾았다.

(i) Hysteresis가 없는 자화 특성의 **지수 함수 급수**(*exponential function series*) 평가가 *El-Sherbiny*[89]에 의한 이후 제안되었다:

$$B = \sum_{i=0}^{N} a_i \exp(-b_i H) . \tag{2.55}$$

근사화의 매개변수는 곡선 적합법(curve-fitting method)에 의해 결정될 수 있다. 위의 방법에 의한 간단한 자화 특성의 simulation이 그림 2.22에서 보여진다. 하지만, 형상 $B = \alpha_1[1 - \exp(-\beta_1 H)]$의 근사화는, 특히 원점과 곡선의 무릎부 주위에서, 큰 오차로 이끈다. 위의 형상 함수(shape function)를 기저로 한 급수 전개가 *Macfayden, Simpson, Slater*와 *Wood*의 논문[187]에서 발표되었다. 그래서, 자화 특성을 위해 도입된 model은

$$B = \sum_{i=1}^{N} \alpha_i [1 - \exp(-\beta_i H)] \tag{2.56}$$

의 형태를 가지며, 매개변수는 연속 근사화 법(method of successive approximation)에 의해 결정하는 것이 추천된다. 매개변수에 대한 이 형태의 계산의 불리한 점은 근사화에 있어서의 미지수의 수가 기술적인 특성의 측정점(measured point)의 수와 같게 되어야 한다는 것이다. 계수의 계산에서 6개의 점과 세 개의 지수 항을 고려하여, 첫 번째 일소(first sweep)에서는 선택된 점에서의 최대 오차가 10 [%]로 찾아질 수 있는 한편, 6번의 일소 후에는 이 오차가 1.5 [%]로 줄어들 수 있다[187].

자화 특성을 지수 함수로 나타낸 여러 논문이 찾아질 수 있다. 그 중 몇 가지는 *Teape, Simpson, Slatter*와 *Wood*[292], *Brauer*[42], *Hwang*과 *Load*[134] 그리고 *Shimatani*와 *Fujita*[277]이다.

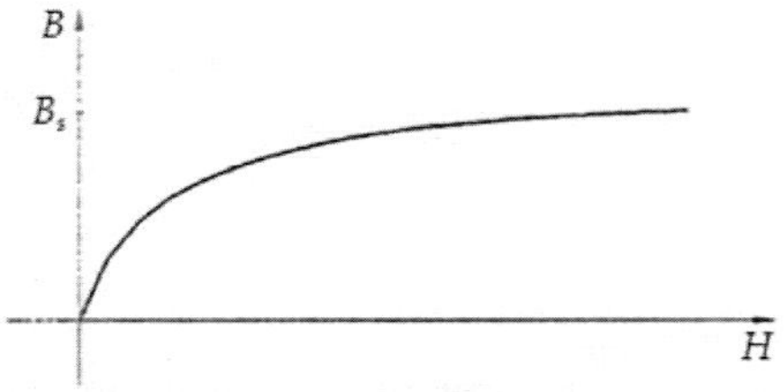

Figure 2.22 An exponential series approximation.

(ii) **역정접 함수**(*inverse tangent function*) 또는 **역정접 함수의 급수**(*series of inverse tangent function*)로 한 hysteresis가 없는 자화 특성의 근사화는 기술적인 자화 곡선에 대해 0의 자계에서부터 포화 영역까지 특성의 잘 적합된 표현으로 귀결한다:

$$B = B_s \frac{2}{\pi} \tan^{-1}\left(\frac{H}{H_o}\right), \quad B = \sum_{i=1}^{n} B_i \tan^{-1}\left(\frac{H}{H_i}\right). \tag{2.57}$$

적층 자기판(laminated magnetic sheet)에서의 전자장을 결정하기 위한 약자성체(weak magnetic material)의 자기 특성에 대한 위의 표현의 적용은 *Iványi*[138]에서 찾아질 수 있는 한편, 강자성 물질의 유도 가열(inductive heating)의 simulation을 위해 이루어진 특성에 대한 위의 급수 전개는 *Füzi*[112]에 의해 발표되었다.

계수형 기록 과정(digital recording process)의 해석에서는, *Potter*와 *Schmulian*[242], *Noyau, Middleton, Miles*와 *Mackintosh*[222], *Richter*[250], *Middleton, Dinnis*와 *Miles*[211] 그리고 *Loze*[186]의 논문에서 발표된 바와 같이, 자기 특성의 역 tangent 함수 표현이 얇고 두꺼운 자성 매질에서의 관심을 끄는 simulation을 나타낸다.

자기 기록에서는 자성체에 대한 요구가 높은 잔류 자계로 넓은 hysteresis loop를 가지는 것이다. 그것은 그러한 물질의 자화 특성의 형상이 직사각형 hysteresis loop에 가깝다는 것을 의미한다. Tape와 재생(reading; 기록, recording) head 사이의 공극(airgap)을 고려한 그러한 물질의 simulation에서는, $B = \mu_0(H + M)$의 관계식에 관하여, 자화가 근사화된다. 이러한 물질의 경우 기록 전류(record current)의 효과를 평가하기 위하여 기록 매질의 major 및 minor loop를 묘사하는 것이 필요하다. 역 tangent 함수의 표현으로, major loop는 *Noyau, Middleton, Miles*와 *Mackintosh*[222]에서 찾아질 수 있는 바와 같이

$$B = \frac{2}{\pi} M_s \tan^{-1}\left(\frac{H}{H_c} \pm 1\right) \cdot \tan\left(\frac{\pi M_r}{2M_s}\right) \tag{2.58}$$

로 정식화하는 것으로 가정되는 한편, minor loop는 비슷한 방식으로

$$B = \frac{2K}{\pi} M_s \tan^{-1}\left(\frac{H}{H_c} \pm 1\right) \cdot \tan\left(\frac{\pi M_r}{2M_s}\right) \pm (1 - K) M_r \tag{2.59}$$

와 같이 정의된다. 여기서 M_{rm}은 minor loop의 매개변수 $K = (M_r + M_{rm})/2M_r$에 있는 잔류 자화이다.

기록 매질의 해석의 경우, *Ortenburger, Cole*과 *Potter*[225]의 논문에서 찾아질 수 있는 바와 같이, hysteresis loop의 simulation에 쌍곡 정접 함수(hyperbolic tangent function)의 도입도 또한 이점을 가진다.

2.8 APPROXIMATION BY HARMONIC FUNCTIONS

*Josephs, Crompton*과 *Krafft*[165]에 의해 발표된 논문을 기초로 한 hysteresis 특성의 *Fourier* 급수 전개가 그림 2.23에 그려져 있다.

잘 알려진 바와 같이, 정현적으로 변화하는 자계가 강자성 표본에 인가된다면, *B–H* 곡선의 비선형성 때문에, 출력 변수인 자기 유도는, *Fourier* 해석될 수 있는, 복잡한 형상을 가진다. 특성의 이 형태의 simulation은 hysteresis의 영향에 대한 조화 해석(harmonic analysis)으로 널리 보급되어 있다.

B–H 자화 곡선의 *Fourier* 급수 전개에 대한 다른 방법은 H_k의 측정된 값에서 이 산화된 수의 data 점 B_k, $k = 1, 2, \cdots, N$의 형태를 이용할 수 있다. 자화 특성의 측정된 점 사이는 각 조각에서 기울기 α_k의 직선으로 보간된다(interpolated). Data 점을 기대칭(odd symmetry)으로 배열하여, 거울 상(mirror image)을 도입하면, 그림 2.24에 그려진 바와 같이, $4H_s$의 주기를 가진 완전한 주기 함수가 생성된다.

특성의 기대칭성을 고려하면, Fourier 급수 전개는 다음의 형태를 가진다:

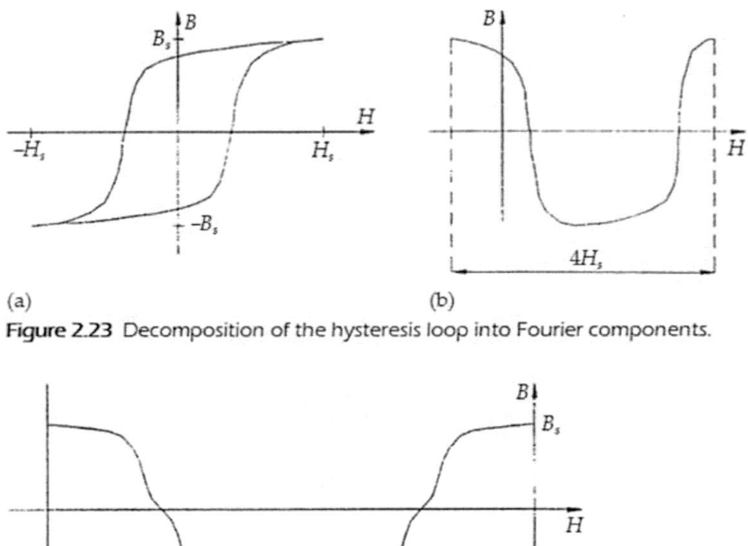

Figure 2.23 Decomposition of the hysteresis loop into Fourier components.

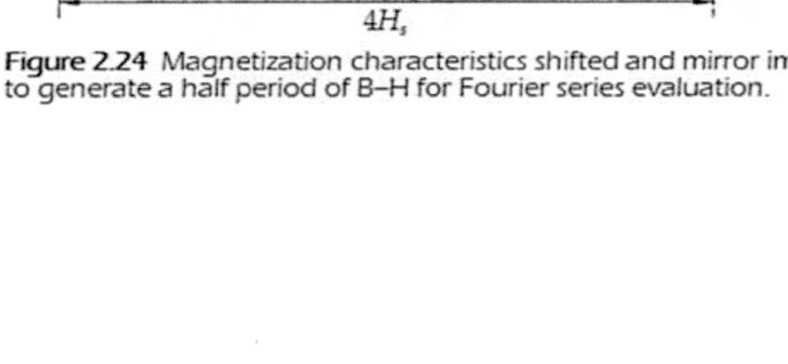

Figure 2.24 Magnetization characteristics shifted and mirror imagined to generate a half period of B–H for Fourier series evaluation.

$$B - B_s = \sum_{j=0}^{n} \gamma_{2j+1} \sin\left[\frac{(2j+1)\pi}{4H_s}(H - H_s)\right]. \tag{2.60}$$

계수는 표준 최소 제곱 오차 곡선 적합 기법(standard least square error curve fitting technique)으로 결정될 수 있다. 조각에 의한 근사화를 고려하면, 계수 γ_{2j+1}의 계산은 *Abuelma'atti*[1]의 논문에서 보고된 바와 같이 간단한 수학적 연산 만을 요구한다. 그래서, 계수는

$$\gamma_{2j+1} = \frac{16H_s}{(2j+1)^2\pi^2}\left\{\alpha_N \sin\left[(2j+1)\frac{\pi}{2}\right] + \sum_{k=1}^{N-1}(\alpha_k - \alpha_{k+1})\sin\left[(2j+1)\frac{\pi}{4}\right]\right\} \tag{2.61}$$

의 관계식에 의해 결정될 수 있다.

Fourier 급수 전개에 의한 hysteresis loop의 simulation은 *Davis*[56], *Willcock*과 *Tanner*[314], *Upda*와 *Lord*[295], *Rupanagunta, Hsu*와 *Weldon*[254], *Abuelma'atti*[1] 그리고 *Geshev, Masheva*와 *Mikhov*[114]의 논문에서와 같은 여러 저자들에서 찾아질 수 있다.

위의 평가를 기초로 한, 자성체에서의 비선형 와전류 문제의 simulation에서의 자기저항률의 *Fourier* 급수 전개는 *Yamada, Bessho*와 *Lu*[318], *Yamada, Biringer*와 *Bessho*[319]의 논문에서 찾아질 수 있다.

2.9 METHOD OF AUXILIARY FUNCTIONS

Hysteresis 연산자에서는, 보조 함수(auxiliary function)에 의해 나타내어진, 부가적인 변수가 출력 변수의 hysteresis loop를 묘사하기 위해 적용될 수 있다. 물질의 자기적 성질을 묘사하기 위하여, 자화 M의 2차 유리 분수(second order rational fraction) 표현과 투자율 μ를 기초로 하여, *Rivas, Zamarro, Martin*과 *Pereira*[251]는 자화 곡선과 hysteresis loop에 대한 매우 매력적이지만 간단한 근사화를 도입하였다. $B = \mu_0(H + M)$의 관계식에서 자화는 다음과 같은 형태의 2차 유리 분수에 의해 근사화된다:

$$M = \frac{a_0 + a_1H + a_2H^2}{1 + b_1H + b_2H^2}. \tag{2.62}$$

여기서 매개변수는 낮은 그리고 높은 자계의 근사화로부터 결정될 수 있다. 낮은 자계의 경우 식 (2.62)의 자화는

$$M = a_0 + (a_1 - a_0 b_1)H + [(a_2 - a_0 b_2) - b_1(a_1 - a_0 b_1)]H^2 + \cdots \tag{2.63}$$

과 같이 표현될 수 있다. 그래서, 낮은 자계 근사화를 *Rayleigh* model(2.1절)과 비교하면,

$$\lim_{H\to 0} M = \kappa_{in} H + \lambda H^2, \quad \lim_{H\to 0} M = a_1 H + (a_2 - a_1 b_1)H^2 \tag{2.64}$$

를 산출한다. 여기서 κ_{in}은 초기 자화율이며 λ는 *Rayleigh* 상수에 비례한다. 다른 한편으로, 높은 자계 근사화의 경우, $1/H$의 멱급수로 표현된 특성

$$M = \frac{a_2}{b_2} + \left(a_1 - \frac{b_1}{b_2} a_2\right)\frac{1}{b_2 H} + \cdots \tag{2.65}$$

는 매개변수 사이의 관계식

$$\lim_{H\to\infty} M = M_s\left(1 - \frac{\alpha}{H}\right), \quad \lim_{H\to\infty} M = \frac{a_2}{b_2} - \frac{a_2 b_1 - a_1 b_2}{{b_2}^2 H} \tag{2.66}$$

을 산출한다. 여기서 M_s는 포화 자화이며 α는 **Néel 상수**(*Néel constant*)이다. 위의 식을 비교하면 계수는 다음과 같이 결정될 수 있다:

$$\begin{aligned} &a_0 = 0, \quad a_1 = \kappa, \quad a_2 = \frac{M_s\lambda + \kappa^2}{M_s - \kappa\alpha}, \\ &b_1 = \frac{\kappa + \alpha\lambda}{M_s - \kappa\alpha}, \quad b_2 = \frac{M_s\lambda + \kappa^2}{M_s(M_s - \kappa\alpha)}. \end{aligned} \tag{2.67}$$

자화 특성의 hysteresis loop를 modeling하기 위한 교묘한 풀이(solution)가, 그림 2.25에서 볼 수 있는 바와 같이 $g_1(H)$와 $g_2(H)$의 두 개의 보조 함수로부터 hysteresis loop를 구성한, 저자가 *Rivas, Zamarro, Martin*과 *Pereira*인, 논문[251]에서 찾아질 수

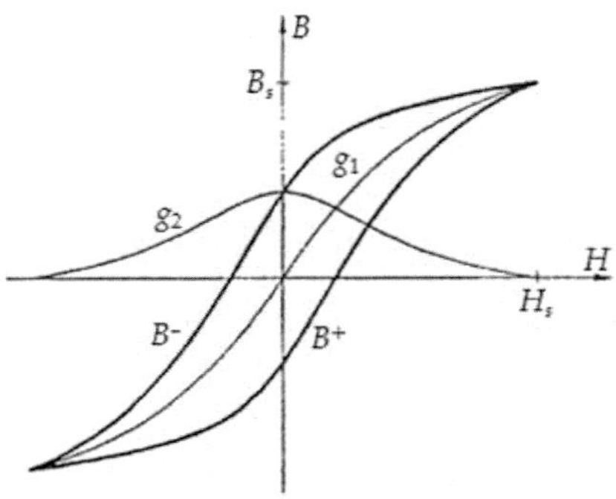

Figure 2.25 The Hysteresis loop and the auxiliary functions.

있다.

Hysteresis loop에서 하강과 상승 가지의 비선형 거동을 B^-와 B^+로 나타낸다면, 보조 함수는 이 가지로부터 $g_1 = (B^- + B^+)/2$, $g_2 = (B^- - B^+)/2$와 같이 얻어질 수 있는 한편, hysteresis loop의 simulation은 $B = g_1 \pm g_2$로 수행될 수 있다. 여기서 정(양)부호(plus sign)는 하강 가지에 대해 정당하며 부(음)부호(minus sign)는 상승 가지에 대한 것이다. 위의 근사화에서 함수 $g_1(H)$는 인가 자계의 기함수(odd function)인 한편, $g_2(H)$는 우함수(even function)이다.

Hysteresis loop의 대칭성을 고려하면, 이 보조 함수는 2차 유리 분수에 의해

$$
\begin{aligned}
g_1 &= \mu_0 \left[H + \frac{a_1'H + a_2'H|H|}{1 + b_1|H| + b_2H^2} \right], \\
g_2 &= \mu_0 \left[\frac{c_1(H_s - |H|) + c_2(H_s^2 - H^2)}{1 + b_1|H| + b_2H^2} \right]
\end{aligned}
\tag{2.68}
$$

와 같이 근사화될 수 있다. 매개변수 b_1, b_2를 식 (2.67)에서와 같이 선택하면, 새로운 계수 a_1', a_2', c_1 그리고 c_2는 hysteresis loop의 관련된 성질과 연결될 수 있다. 함수 $g_1(H)$에 대하여, $H = 0$, $B = B_r$일 때, 다음의 표현식이 미분 자화율로부터 얻어질 수 있다:

$$
\left. \frac{dB}{dH} \right|_{H=H_0} = \left. \left(\frac{dg_1}{dH} \pm \frac{dg_2}{dH} \right) \right|_{H=H_0}. \tag{2.69}
$$

$g_2(H)$가 우함수임으로서, $H = 0$, $B = B_r$에서의 그것의 기울기는 0이어서,

$$
|\mu_{diff}|_{H=H_0,\, B=B_r} = \left. \frac{dg_1}{dH} \right|_{H=H_0} = \mu_0(1 + a_1') \tag{2.70}
$$

이다. 포화점에서 미분 투자율이 일정한 값을 가진다는 것을 고려하면, $B_s/H_s = \mu_0 (1 + a_1')$로부터, 매개변수 a_1'는

$$
a_1' \approx B_s/\mu_0H_s - 1 \tag{2.71}
$$

의 형태를 가진다. Hysteresis의 포화점에서 매개변수 a_2'는, 식 (2.71)과 관련하여, 관계식

$$
B_s = \mu_0 \left[H_s + \frac{(B_s/\mu_0H_s - 1)H_s + a_2'H_s^2}{1 + b_1H_s + b_2H_s^2} \right] \tag{2.72}
$$

로부터 결정될 수 있으며, 다음의 형태로 귀결한다:

$$a_2' = \frac{B_s - \mu_0 H_s}{\mu_0 H_s^2}\left(b_1 H_s + b_2 H_s^2\right). \tag{2.73}$$

위에서 도입된 보조 함수를 기초로 하여, hysteresis loop가 위에서 논의된 관계식으로 $g_1(H)$와 $g_2(H)$로부터 세워질 수 있다. 위의 보조 함수를

$$\begin{aligned} g_1(H) &= B_s \tan^{-1}\left(\frac{H}{H_o}\right), \\ g_2(H) &= \frac{B_1}{H_o}\frac{1}{1+(H/H_o)^2} - a,\ a = \left.\frac{dg_1(H)}{dH}\right|_{H=H_s} \end{aligned} \tag{2.74}$$

로 나타내어, 하강과 상승 가지를 가진 hysteresis loop가 그림 2.25에 그려져 있다.

하지만, 위에서 도입된 model은 일반적인 것이며, 여러가지 다른 해석적인 model이 자성체의 비선형 특성의 simulation을 위해 찾아지고 세워질 수 있다. 해석적인 model의 이점은 그것들이 전자장 해석의 수치법에서 이행된다고 하더라도 쉬운 정식화와 적은 계산 시간이다.

3 DYNAMICAL MODELS

인가 자계의 시간 변화율이 자화 과정에 영향을 미친다는 것은 잘 알려져 있다. 이 현상의 simulation을 위하여 *Visintin*이 그의 책[307]에서 언급한 바와 같이 동적 model(dynamical model)이 개발되었다.

3.1 THE DUHEM MODEL

선험적이 아닌 특성에 따른 첫 hysteresis model 중 한 가지는 1897-1903년의 시기에 열역학적 과정을 묘사하기 위해 *P. Duhem*에 의해 그의 유명한 논문[79]-[87]에서 발표된 ***Duhem* model**(*Duhem model*)이다. 그래서, 그의 model에 따라, hysteresis 특성이 초기 조건 하에서의 미분방정식의 해에 의해 결정될 수 있다:

$$\begin{aligned} &\dot{B}(t) = \mathcal{H}\{H(t),\, B(t),\, \dot{H}(t)\}, \\ &B(0) = B_0. \end{aligned} \tag{3.1}$$

여기서 $\dot{B}(t)$, $\dot{H}(t)$는 장 량(field quantity)의 시간 도함수(time derivative)를 나타낸다. Hysteresis 연산자는 다음과 같은 변수 사이의 관계식으로 나타내어질 수 있다:

$$\mathcal{H}\{H, B, \dot{H}\} = g\big(H, B, \operatorname{sign}(\dot{H})\big)\, \dot{H}(t)\,. \tag{3.2}$$

여기서 연속 함수 $g(H, B, \operatorname{sign}(\dot{H}))$는 상승과 하강 가지에서 다른 형태를 가진다. 이 연속 함수를

$$\begin{aligned} &g\big(H, B, \operatorname{sign}(\dot{H})\big) = g_1(H, B)\,, \quad \operatorname{sign}(\dot{H}) > 0, \\ &g\big(H, B, \operatorname{sign}(\dot{H})\big) = g_2(H, B)\,, \quad \operatorname{sign}(\dot{H}) < 0 \end{aligned} \tag{3.3}$$

으로 선택하면, 자화 과정의 동적 특성은

$$\dot{B}(t) = g_1(B, H)\, \dot{H}^{(+)} - g_2(B, H)\, \dot{H}^{(-)} \tag{3.4}$$

와 같이 simulation될 수 있다. 여기서 기호 $\dot{H}^{(+)}, \dot{H}^{(-)}$는 특성의 상승과 하강 가지에 속하는 자계의 시간 변화율(도함수)을 나타낸다.

3.2 HODGDON MODEL

3.2.1 Rate Independent Hysteresis Model

위의 이론과 매우 비슷한 기초 위에서, 자기 특성에 대한 model이 *Hodgdon*[129], [130]과 *Boley, Hodgdon*[40]에 의해 발표되었다. 미분방정식

$$\dot{B}(t) = \alpha|\dot{H}|[f(H) - B] + \dot{H}g(H) \tag{3.5}$$

이 자속밀도 B의 시간 비율(time rate)에 관련되어, 자계의 세기 H, 상수 α 그리고 연속 함수 $f(H)$, $g(H)$는 강자성 **비율 독립형 hysteresis**(*hysteresis of rate-independent form*)에 부합하는 특성으로 귀결한다. 위의 방식으로 생성된 특성은 minor loop도 역시 포함한다. Simulation에 의해 묘사되는 특성의 기울기인 미분 투자율 $\mu_d = dB/dH$는

$$\frac{dB}{dH} = \begin{cases} \alpha[f(H) - B] + g(H), & \dot{H} > 0, \\ -\alpha[f(H) - B] + g(H), & \dot{H} < 0 \end{cases} \tag{3.6}$$

의 형태를 가진다. 위의 식으로부터, 상승과 하강 가지에 속하는 투자율의 평균 값(average value)은 연속 함수 $g(H)$로 된다. 자속밀도의 시간 비율의 부호를 고려하면, 연속 함수 $f(H)$는 하강과 상승 가지에 속하는 자기 유도의 차이의 평균 값으로 정의될 수 있다:

$$g(H) = \frac{\mu_d^{(+)} + \mu_d^{(-)}}{2}, \quad f(H) = \frac{B^{(-)} - B^{(+)}}{2}. \tag{3.7}$$

위의 이론에서 함수 $f(H)$와 $g(H)$는 다음의 조건과 만나야 한다:

(i) 함수 $f(H)$는 구분적으로 매끄러운(piecewise smooth) H의 단조 증가 기함수이어야 하며, 함수의 도함수는 자계의 세기 H의 매우 큰 값에 대하여 유한해야 한다:

$$f(H) = -f(-H), \quad \lim_{H\to\infty} \frac{df(H)}{dH} = \lim_{H\to\infty} f'(H) < \infty; \tag{3.8}$$

(ii) 함수 $g(H)$는 구분 연속(piecewise continuous)이며, 큰 자계의 세기에서 제한된 값을 가지는 H의 우함수이어야 한다:

$$g(H) = g(-H), \quad \lim_{H\to\infty} g(H) = \lim_{H\to\infty} f'(H); \tag{3.9}$$

(iii) 마지막으로, hysteresis loop의 닫힌 폐포(closed closure) 내에서의 유한한 energy를 보장하는 H의 유한한 값에 대하여, 함수 $f'(H)$와 $g(H)$는 부등식(inequality)

$$f'(H) \geq g(H) \geq \alpha e^{\alpha H} \int_H^{\infty} [f'(\xi) - g(\xi)] e^{-\alpha\xi} d\xi \tag{3.10}$$

을 만족해야 한다.

식 (3.6)의 적분은 자계의 세기에 의해 상태 B_0, H_0로부터 출발하는 hysteresis 곡선에 대한 표현식을 산출한다. $\dot{H} > 0$ 그리고 $H_0 < H$인 상승 곡선의 경우에는 특성이

$$B^{(+)}(H) = f(H) + [B_0 - f(H_0)] e^{-\alpha(H-H_0)} + e^{-\alpha H} \int_{H_0}^{H} [g(\xi) - f'(\xi)] e^{\alpha\xi} d\xi \tag{3.11}$$

의 형태를 가지는 한편, $\dot{H} < 0$ 그리고 $H < H_0$인 하강 가지의 경우에는 특성이

$$B^{(-)}(H) = f(H) + [B_0 - f(H_0)] e^{\alpha(H_0-H)} - e^{\alpha H} \int_{H}^{H_0} [g(\xi) - f'(\xi)] e^{-\alpha\xi} d\xi \tag{3.12}$$

와 같이 결정될 수 있다. Hysteresis의 major loop에 대한 hysteresis 끌개(attractor)의 표현식은 $B_0 \to \pm\infty$와 같은 극한(limit)을 취함으로써 위의 식으로부터 유도될 수 있다. 그래서, 다음과 같다:

$$\begin{aligned} B^{(+)}(H) &= f(H) + e^{-\alpha H} \int_{-\infty}^{H} [g(\xi) - f'(\xi)] e^{\alpha\xi} d\xi, \\ B^{(-)}(H) &= f(H) - e^{\alpha H} \int_{H}^{\infty} [g(\xi) - f'(\xi)] e^{-\alpha\xi} d\xi. \end{aligned} \tag{3.13}$$

특성의 실현을 위하여, 함수 $f(H)$와 $g(H)$의 가장 간단한 선택은 구분 선형 근사화

$$f(H) = \begin{cases} a_1 H_s + a_2(H - H_s), & H > H_s, \\ a_1 H, & |H| < H_s, \\ -a_1 H_s + a_2(H + H_s), & H < -H_s, \end{cases} \tag{3.14}$$

$$g(H) = \begin{cases} (1 + a_3) a_1, & |H| < H_s, \\ a_2, & |H| > H_s \end{cases} \tag{3.15}$$

이다. 함수 $f(H)$와 $g(H)$에 대한 매개변수의 결정은 잔류 자기 및 항자계 값으로부터 수행될 수 있다. 식 (3.13)의 하강 곡선의 경우 잔류 자기는 식

$$B^{(-)}(H = 0) = B_r = -\int_0^{H_s} [g(\xi) - f'(\xi)] e^{\alpha\xi} d\xi \tag{3.16}$$

으로 귀결한다. 여기서 식 (3.14)와 (3.15)를 대입하면

$$B_r = -\int_0^{H_s} a_1 a_3 e^{-\alpha\xi} d\xi = a_1 a_3 \frac{e^{-\alpha H_s} - 1}{\alpha} \tag{3.17}$$

의 형태를 가진다. 항자계 점(coercive point)에서 특성의 상승 가지는

$$B^{(+)}(H_c) = f(H_c) + e^{-\alpha H_c} \int_{-H_s}^{H_c} [g(\xi) - f'(\xi)] e^{\alpha\xi} d\xi \tag{3.18}$$

의 형태를 가진다. 식 (3.14)와 (3.15)의 관계식을 고려하면 적분의 계산은

$$0 = a_1 H_c + e^{-\alpha H_c} \int_{-H_s}^{H_c} a_1 a_3 e^{\alpha\xi} d\xi = a_1 H_c + a_1 a_3 \frac{1 - e^{-\alpha(H_s + H_c)}}{\alpha} \tag{3.19}$$

의 형태로 귀결한다. 식 (3.17)과 (3.19)의 풀이로 함수 $f(H)$와 $g(H)$의 매개변수 a_1, a_3는

$$a_1 = \frac{B_r}{H_c} \frac{1 - e^{-\alpha(H_s + H_c)}}{1 - e^{-\alpha H_s}}, \quad a_3 = \frac{H_c \alpha}{1 - e^{-\alpha(H_s - H_c)}} \tag{3.20}$$

와 같이 결정될 수 있다. 영구자석 자성체를 나타내는 강(steel)에 대한 *Hodgdon*의 작업[130]을 기초로 한, 매개변수의 값 $a_1 = 3.1635 \cdot 10^2$, $a_3 = 9.4915$ 그리고 $\alpha = 0.5$에서 구분 선형 근사화된 비율 독립 자화 특성이 그림 3.1에 그려져 있다.

Hodgdon[129], [130]과 *Boley, Hodgdon*[40]의 작업을 기초로, $f(H)$와 $g(H)$에 대한 선택을 역정접 함수(inverse tangent function) 또는 지수 함수로 하여, 더 세련된 simulation이 구해질 수 있다:

$$f(H) = \begin{cases} b_1 \tan^{-1}(H_s/b_2) + \mu_0(H - H_s), & H > H_s, \\ b_1 \tan^{-1}(H/b_2), & |H| < H_s, \\ -b_1 \tan^{-1}(H_s/b_2) + \mu_0(H + H_s), & H < -H_s, \end{cases} \tag{3.21}$$

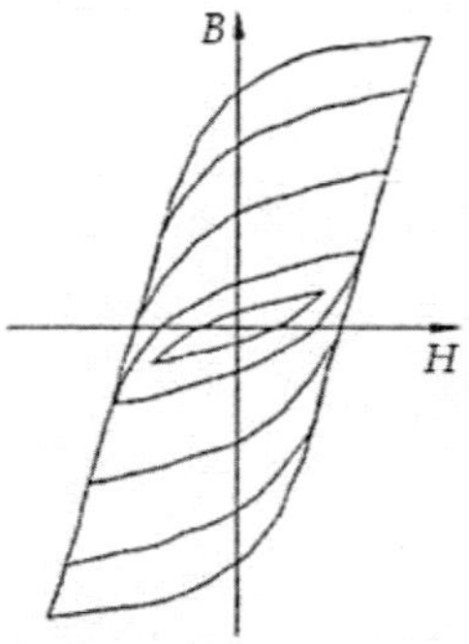

Figure 3.1 Representation of rate independent magnetic characteristics.

$$g(H) = \begin{cases} f'(H)\{1 - b_3 \exp[-b_4|H|/(H_s - |H|)]\}, & |H| < H_s, \\ f'(H), & |H| > H_s. \end{cases} \tag{3.22}$$

포화점 $B = B_s, H = H_s$에서 함수의 값은 $f(H_s) = B_s$이며, 함수 $f(H)$와 $g(H)$의 근사화가 식 (3.21)과 (3.22)인 특성 (3.6)의 기울기로부터, 알려진 값 α에서 매개변수 b_1, b_2는

$$\begin{aligned} &f(H_s) = B_s, && b_1 = B_s 2/\pi, \\ &\left.\frac{dB}{dH}\right|_{H_s} = \mu_s = g(H_s) = f'(H), && b_2 = \frac{2B_s}{\pi b_2}\frac{1}{1 + (H_s/b_2)^2} \end{aligned} \tag{3.23}$$

에 의해 결정될 수 있다. 잔류 자화의 점 $H = 0, B = B_r$에서의 기울기는

$$\left.\frac{dB}{dH}\right|_{H=0,B=B_r} = \mu_r = \alpha B_r + f'(0)\,(1 - b_3) \tag{3.24}$$

이며, 다음과 같은 형태의 매개변수 b_3으로 귀결한다:

$$b_3 = 1 + \frac{\alpha B_r - \mu_r}{f'(0)}. \tag{3.25}$$

마지막으로, 매개변수 b_4는 항자계에서의 기울기

$$\left.\frac{dB}{dH}\right|_{H=H_c,B=0} = \mu_c = \alpha f(H_c) + f'(H_c)\left(1 - b_3 e^{-b_4\frac{H_c}{H_s - H_c}}\right) \tag{3.26}$$

으로부터 결정될 수 있으며, 다음과 같은 계수에 대한 관계식으로 귀결한다:

$$b_4 = \frac{H_s - H_c}{H_c}\ln\frac{b_3 f'(H_c)}{\alpha f(H_c) + f'(H_c) - \mu_c}. \tag{3.27}$$

Minor loop에 대해서는 특성이 식 (3.10)과 (3.11)의 평가에 의해 결정될 수 있다. 이 minor loop의 극치(extreme value)는 상승 가지에 대한 최대 값 B_M, H_M과 하강 가지에 대한 최소 값 B_m, H_m이며, 이 극치들은 상승 가지에 대해서는

$$\begin{aligned} B^{(+)}(B_M, H_M, H_m) &= B_M \\ &= f(H_M) - \operatorname{csch}\alpha(H_M - H_m)\int_{H_M}^{H_m}[g(\xi) - f'(\xi)]\sinh\alpha(H_m - \xi)\,d\xi \end{aligned} \tag{3.28}$$

와 같이 결정될 수 있는 한편, 하강 가지에 대해서는 다음과 같은 관계식을 가진다:

$$B^{(-)}(B_m, H_m, H_M) = B_m$$
$$= f(H_m) - \operatorname{csch}\alpha(H_M - H_m)\int_{H_M}^{H_m} [g(\xi) - f'(\xi)]\sinh\alpha(H_M - \xi)\, d\xi\,. \tag{3.29}$$

3.2.2 Rate-Dependence

몇몇 실제적인 경우에서는, 인가 자계의 변화도 자속밀도의 변화도 0이 아닐 때, 자화 과정에서의 비율 효과가 무시될 수 없다. 앞서 말한 바에서는, 많은 pulse의 상승 시간(rise time)이 물질의 응답이 일어나는 한편 pulse가 그것의 전체 높이(full height)에 도달하기에 충분히 느린 것으로 가정되었다. *Hodgdon*은, 앞의 이론을 수정한, 자성체의 동적 성질을 simulation하기 위한 비율 종속 model을 도입하였다. 그래서, **비율 종속 특성**(*rate dependent characteristic*)의 simulation을 위한 수정된 미분방정식은

$$\dot{B}(H) = \alpha|\dot{H}|[f(H) - B] + \dot{H}\tilde{g}(H, \dot{H}) \tag{3.30}$$

의 형태를 가진다. 비율 독립 이론과 비슷하게, 함수 $f(H)$는 조건 (3.8)을 충족해야 하며, 그것은 이 함수가 hysteresis가 없는 곡선과 일치해야 한다는 것을 의미한다. 다른 함수 $\tilde{g}(H, \dot{H})$는

$$\lim_{H\to\infty}\tilde{g}(H, \dot{H}) = \lim_{H\to\infty} f'(H)\,, \quad \lim_{\dot{H}\to 0}\tilde{g}(H, \dot{H}) = g(H) \tag{3.31}$$

의 제한 조건을 가진 H와 $\dot{H}$의 우함수이어야 한다. 여기서 $g(H)$는 비율 독립인 경우에 정의된 식 (3.9)와 (3.10)의 조건을 가진 H 만의 함수이다. $\tilde{g}(H, \dot{H})$의 평가는 간단한 형태

$$\tilde{g}(H, \dot{H}) = g(H)\,[1 + \hat{g}(H)\,c(\dot{H})] \tag{3.32}$$

에서 얻어질 수 있다. 여기서 $c(\dot{H})$와 $\hat{g}(H)$는 제한 값

$$\lim_{\dot{H}\to 0} c(\dot{H}) = 1, \quad \lim_{H\to\infty}\hat{g}(H) = 0 \tag{3.33}$$

을 가진 $\dot{H}$와 H의 우함수이다. 식 (3.32)를 (3.9)에 대입하면, 자계의 비율 $\dot{H}$ 뿐만 아니라 H와 B의 상태에 종속하는 투자율을 산출한다:

$$\frac{dB}{dH} = \pm\,\alpha[f(H) - B] + g(H) + g(H)\,\hat{g}(H)\,c(\dot{H})\,. \tag{3.34}$$

식 (3.6)에 따라, 항 $\pm\alpha[f(H) - B] + g(H)$는 비율 독립 곡선에 따른 투자율이다. 조

건 (3.33)으로부터, 비율 종속의 경우 투자율은 $\dot{H}$가 작다면, 즉, 장이 느리게 변화하게 된다면, 나타나지 않는 부가적인 항을 가짐을 볼 수 있다. 식에 대해 빠른 변화의 곡선에 속하는 투자율과 느리게 변화하는 장에 속하는 투자율 사이의 차이는 위의 관계식 (3.34)로부터

$$\frac{1}{g(H)}\left[\left.\frac{dB}{dH}\right|_{H,B,\dot{H}} - \left.\frac{dB}{dH}\right|_{H,B,0}\right] = \hat{g}(H)\,c(\dot{H}) \tag{3.35}$$

와 같이 결정될 수 있다. *Boley, Hodgdon*[40]과 *Hodgdon*[130]의 연구를 기초로, 함수 $c(\dot{H})$는 DC 항자계 $H_c(0)$에 대한 항자계 $H_c(\dot{H})$의 비로써 표현될 수 있다:

$$c(\dot{H}) = H_c(\dot{H})/H_c(0)\,. \tag{3.36}$$

비율 종속 특성의 실현을 위하여, 함수의 등가성(equivalence) $f(H) = \tilde{f}(H)$에 따라, 비율 종속을 갖는 함수 $\tilde{g}(H, \dot{H})$는 구분 선형 함수

$$\tilde{g}(H, \dot{H}) = (1 + c(\dot{H})\,a_3)a_1, \quad |H| < H_s \tag{3.37}$$

로 근사화될 수 있다. 여기서 무차원(차원이 없는, dimensionless) 함수 $c(\dot{H})$는 다음과 같이 구분 선형 형태에 의해 근사화될 수 있다

$$c(\dot{H}) = \begin{cases} 1 + c_1|\dot{H}|, & |\dot{H}| < \dot{H}_1, \\ 1 + c_1\dot{H}_1 + c_2(|\dot{H}| - \dot{H}_1), & \dot{H}_1 < \dot{H} < \dot{H}_2, \\ 1 + c_1\dot{H}_1 + c_2(\dot{H}_2 - \dot{H}_1) + c_3(|\dot{H}| - \dot{H}_2), & \dot{H}_2 < |\dot{H}|. \end{cases} \tag{3.38}$$

위의 근사화를 기초로 하여, hysteresis loop를 가진 비율 종속 자화 특성이 그림 3. 2에 그려져 있다.

공학 응용의 경우에는, 역 특성이 modeling되고 구성될 수 있으며, *Hodgdon*[129],

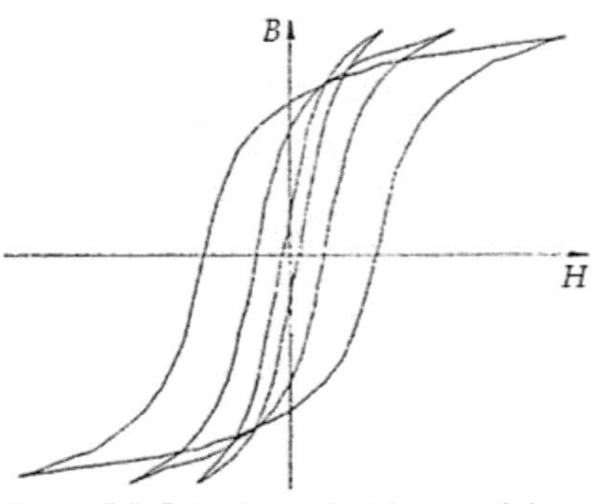

Figure 3.2 Rate dependent hysteresis loops.

[130], *Boley*와 *Hodgdon*[40]의 논문에서 발표되었다. 위의 방법의 짧은 요약은 *Benda* [27]에서 찾아질 수 있는 한편, 측정 data에 의한 특성의 구성을 위한 위의 방법의 적용은 *Ossart*, *Phung*과 *Meunier*[226]에 의해 발표된 논문에서 찾아질 수 있다.

Hysteresis의 동적 model은 안정화 과정(stabilization process)의 관찰을 위한 자화의 simulation에서 중요성을 가진다. 자성체의 시정수(시상수, time constant)가 교번 신호(alternating signal)의 시정수에 비하여 긴 경우에는 응답의 진동(oscillation)이 입력 자계의 시비율(time ratio)을 고려한 model로 simulation될 수 있다.

위의 동적 model에서의 문제는 실제 측정된 특성에 적합한 함수 $f(H)$와 $g(H)$의 적절한 선택 뿐이다. 하지만, 위의 simulation에서 이 문제는, model의 적용에 있어서의 몇 가지 문제와 수치 장 해석에 있어서의 안정성 성질(stability property)이 조사되고 증명된, 선택된 경우에 대해 해결된 것으로 보인다.

4 LANGEVIN TYPE HYSTERESIS MODELS

Bozorth[41], *Chikazumi*, *Charap*[50] 그리고 *Jiles*[158]의 책에서 언급된 바와 같이, 물질의 미세 구조를 기초로 한 자화 특성의 첫 번째 model은 *Langevin*에 의해 상자성 물질(paramagnet)에 대해 시도된 *Langevin* 함수 근사화이다.

4.1 LANGEVIN THEORY FOR PARAMAGNETS

상자성체의 원자 내에서, spin과 궤도 운동의 moment를 포함하는, 불균형 자기 moment(nonbalanced magnetic moment)는 $\boldsymbol{m}$이다. 자계 $\boldsymbol{H}$가 인가된다면 moment의 potential energy는

$$w_m = -\,\mu_0\,\boldsymbol{m}\cdot\boldsymbol{H} = -\mu_0 mH\cos\theta \tag{4.1}$$

의 형태를 가진다. 여기서 θ는 강제 자계 $\boldsymbol{H}$의 방향과 자기 moment $\boldsymbol{m}$의 방향 사이의 각도이다. 상자성 입자 내에서 $H = 10^6$ [A/m]의 자계가 $\mu_0 m = 1.17{\cdot}10^{-29}$ [Vsm]의 값이며 외부 자계에 평행으로 정렬된 자기 moment에 작용한다면, 위의 potential energy는 $w_m = \mu_0 mH$, $w_m = 1.17{\cdot}10^{-23}$ [J] 정도의 크기(order of magnitude)를 가진다. 동시에 열운동(thermal motion)의 energy $w_T = kT$도 또한 자성체에 작용한다. 여기서 k는 *Boltzmann* 상수이다. 실온(room temperature)에서 이 열 energy는 $w_T = 1.38{\cdot}10^{-23}{\cdot}300$ [J], 즉, $w_T = 4.1{\cdot}10^{-21}$ [J] 정도를 가진다. 이 열 energy는 인가 자계와 평행인 매우 작은 자화로 귀결하는 원자 자기 moment의 분포를 무작위적으로 하기에 충분히 크다.

*Langevin*은 상자성체 내에서는 moment가 상호 작용하지 않아서, w_m의 energy 상태를 점유하는 임의의 주어진 전자의 확률(probability)을 표현하기 위해 고전적인 *Boltzmann* 통계가 사용될 수 있다고 가정하였다:

$$p(w_m) = \exp(-w_m/kT)\,. \tag{4.2}$$

단위 체적(unit volume) 내에서 각도 θ와 $\theta + d\theta$ 사이에 놓인 자기 입자의 수 dn은 입체각(solid angle) $2\pi\sin\theta\,d\theta$에 비례한다:

$$p(w_m) = 2\pi n_0 \exp(\mu_0 mH\cos\theta/kT)\sin\theta\,d\theta \tag{4.3}$$

여기서 n_0은 단위 체적 내에서 자기 입자의 총 체적밀도가 N이라는 사실에 의해 결정된 비례 인자(proportionality factor)이다. 그래서 반구(hemisphere)에 대해 식 (4.3)을 계산하면 n_0은

$$N = 2\pi n_0 \int_0^{\pi} \exp(\mu_0 mH \cos\theta / kT) \sin\theta \, d\theta, \tag{4.4}$$

$$n_0 = \frac{N}{2\pi \int_0^{\pi} \exp(\mu_0 mH \cos\theta / kT) \sin\theta \, d\theta} \tag{4.5}$$

와 같이 결정될 수 있다. 그래서, 인가 자계에 평행인 단위 체적의 자기 moment의 vector 합(vectorial sum)으로 전제된, 자화는 다음과 같이 정식화될 수 있다:

$$M = \int_0^{\pi} m \cos\theta \, dn = \frac{Nm \int_0^{\pi} \exp(\mu_0 mH \cos\theta / kT) \cos\theta \sin\theta \, d\theta}{\int_0^{\pi} \exp(\mu_0 mH \cos\theta / kT) \sin\theta \, d\theta}. \tag{4.6}$$

기호 $\lambda = \mu_0 mH/kT$, $x = \cos\theta$, $dx = -\sin\theta \, d\theta$를 도입하면 위의 적분은 다음과 같이 계산될 수 있다:

$$M = Nm \frac{\int_{-1}^{1} x e^{\lambda x} dx}{\int_{-1}^{1} e^{\lambda x} dx} = Nm \left(\frac{e^{\lambda} + e^{-\lambda}}{e^{\lambda} - e^{-\lambda}} - \frac{1}{\lambda} \right). \tag{4.7}$$

결과적으로, 상자성체의 자화를 나타내는 식은, 인가 자계에 평행으로 정렬된 자기 moment에 관하여, 다음과 같이 정식화될 수 있다:

$$M = Nm \left(\coth\lambda - \frac{1}{\lambda} \right), \quad \lambda = \frac{\mu_0 mH}{kT}. \tag{4.8}$$

괄호 속에 있는 함수는, $-1 < \mathcal{L}(\lambda) < 1$의 범위에 놓인, ***Langevin* 함수**(*Langevin function*) $\mathcal{L}(\lambda) = \coth\lambda - 1/\lambda$이다. 매개변수 λ의 높은 값의 경우, *Langevin* 함수는 1에 접근한다. 그것은, $\lim H \to \infty$에 따라, 자화가 $M_s = Nm$에 접근함을 의미한다. 그것은 moment가 완전히 정렬되려고 하는 경향이 있음을 의미한다. λ의 표현식으로부터, 포화에 가까워지기 위해서는 매우 낮은 온도에서 극히 높은 외부 자계가 필요하게 된다는 것을 볼 수 있다. 하지만, 실제로는, $\lambda = 1.17 \cdot 10^{-23} / 4.1 \cdot 10^{-21}$인 위의 data로부터, 실온에서 $\lambda = \mu_0 mH/kT$의 크기가 작다. 위의 관계식은 $\lambda = 2.8 \cdot 10^{-3}$과 같은 작은 값으로 귀결하여서, *Langevin* 함수는 급수

$$\mathcal{L}(\lambda) = \frac{\lambda}{3} - \frac{\lambda^3}{45} - \cdots$$

로 전개될 수 있다. λ의 작은 값의 경우 급수 전개는 자화 M과 자계 독립 자화율(field independent susceptibility) χ로 귀결한다:

$$\lim_{\lambda \to 0} \mathcal{L}(\lambda) = \lambda/3, \tag{4.10}$$

$$M = M_s \frac{\mu_0 m H}{kT} = \chi H, \quad \chi = \frac{\mu_0 N m^2}{3kT}. \tag{4.11}$$

이 방식에서는 *Langevin* model이, 온도에 따라 역으로 변화하는 $\chi = C/T$와 같은, 상자성 자화율에 대한 잘 알려진 *Curie* 법칙으로 이끈다. 관계식

$$M = M_s\left(\coth\frac{H}{a} - \frac{a}{H}\right), \quad a = \frac{kT}{\mu_0 m} \tag{4.12}$$

에 의해 결정된 hysteresis가 없는(hysteresis free) 자화 특성이 $M_s = 1.7 \cdot 10^6$ [A/m]와 $a = 800$ [A/m]의 값에 대하여 그림 4.1에 그려져 있다.

4.2 WEISS CORRECTION FOR FERROMAGNETIC MATERIALS

강자성체에서는 이웃 moment가 서로 상호 작용을 가진다. 자기 moment 사이의 이 상호 작용은 *Weiss*에 의해 발표되었으며 *Bozorth*[41]에 의해 인용된 바와 같이 상호 작용 또는 교환 자계(interaction or exchange field) H_{ex}로 귀결한다. 자구 내의 어떤 자기 moment m_i가 어떤 다른 moment m_j와의 상호 작용에 기인하여 교환 자계 $H_{ex,j} = \alpha_{ij} m_j$를 가진다면, 모든 moment에 대한 이 상호 작용 자계는 자구 내에 있는 moment에 걸친 합(sum)이다:

$$H_{ex} = \sum_j \alpha_{ij} m_j. \tag{4.13}$$

모든 moment 사이의 상호 작용이 동일하며 따라서 moment 사이의 변위에 독립이라고 가정된다면, 모든 α_{ij}는 α와 같으며, 상호 작용 자계는

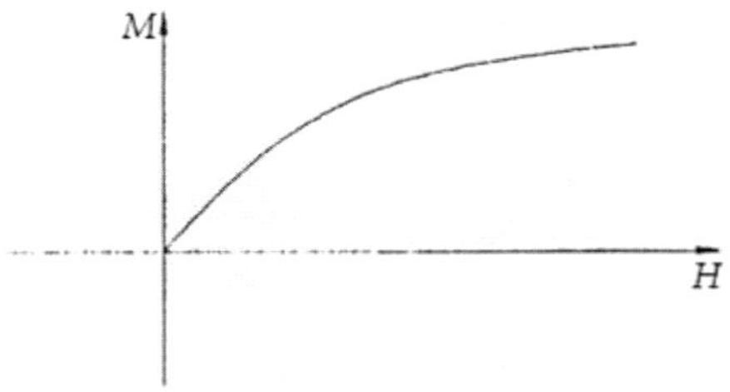

Figure 4.1 A hysteresis free Langevin magnetization characteristic.

$$H_{ex} = \alpha \sum_j m_j = \alpha M \tag{4.14}$$

와 같이 표현될 수 있는 한편, 총(total), '유효 자계(effective field)'는 $H_e = H + \alpha M$과 같이 정의될 수 있다. 이 관계식을 강자성체에 대한 *Curie* 법칙에 대입하면

$$M = \frac{C}{T}(H + \alpha M) \tag{4.15}$$

이며, 이것은 상자성 영역에서의 강자성 자화율에 대한 표현식으로 귀결한다:

$$\chi = \frac{C}{T - T_c}. \tag{4.16}$$

여기서 $T_c = \alpha C$는 Chapter 1에서 논의된 *Curie* 온도이다. *Weiss* 법칙의 결과 때문에, 자화 특성은, *Jiles*[158]에 의해 발표된 바와 같이, 강자성체의 경우 수정된 *Langevin* 이론 (4.8)로 귀결한다:

$$M = M_s \left[\coth \frac{\mu_0 m(H + \alpha M)}{kT} - \frac{kT}{\mu_0 m(H + \alpha M)} \right]. \tag{4.17}$$

그래서, 등방성 물질의 경우, 상호 작용에 기인한 자화 특성은 다음의 관계식에 의해 결정되는 자화를 나타낸다:

$$M = M_s \left(\coth \frac{H + \alpha M}{a} - \frac{a}{H + \alpha M} \right), \quad a = \frac{kT}{\mu_0 m}. \tag{4.18}$$

4.3 JILES MODEL FOR FERROMAGNETIC HYSTERESIS

자성체에 주어진 energy 균형을 기초로 한 자화의 동적 과정을 묘사하기 위하여 *Jiles*와 *Atherton*은 강자성체의 hysteresis 특성의 simulation을 위한 model을 구하였다[153], [154], [155], [10]. 이 model에서는 물질의 단위 체적에 공급된 energy의 변화는 정자기(magnetostatic) energy의 변화 그리고 자구벽(domain wall) 운동에 기인한 속박(pinning) energy로 나타내어질 수 있는 hysteresis 손실과 같다:

$$w_{input} = w_{mag} + w_{hyst}. \tag{4.19}$$

Hysteresis 손실이 없는 경우에는, 정자기 energy가 공급된 총 energy와 같아야 한다. Hysteresis가 없을 때에는 자화가 hysteresis가 없는(anhysteretic) 곡선을 따른다.

4.3.1 Energy Loss Due to the Domain Wall Motion

외부 자계에 평행으로 정렬된, 면적 S로 180° 벽 배열을 이루는 두 개의 자구를 고려한다. 자계의 작용 동안에 자구벽이 dx 만큼 움직인다면 변위에 기인한 energy 밀도의 변화는

$$dw = \mu_0 H dM \tag{4.20}$$

이다. 180° 배열의 자구벽에 대한 단위 속박 장소(unit pinning site)에 속하는 단위 체적에 대한 pinning energy가 ε_π라고 가정한다. 거리 dx를 따라서 자구벽이 각도 ϕ 만큼 회전한다면 이 pinning energy에서의 변화는

$$\varepsilon_p = \varepsilon_\pi (1 - \cos\phi)/2 \tag{4.21}$$

의 형태를 가진다. 단위 체적 내에서 각도 $\phi = 180°$에서 단위 장소(unit site)의 pinning energy는 바로 ε_π의 값으로 귀결하는 한편, $\phi = 90°$의 각도에 대해서는 이 pinning energy가 $\varepsilon_p = \varepsilon_\pi/2$의 값을 가진다. 회전 각도가 0이라면($\phi = 0$) pinning energy가 0으로 됨으로써, 거기에는 자구벽이 더 이상 없다. 단위 체적 내에 n개의 pinning site가 있는 경우에는 자구벽의 단위 체적 내에서의 energy 손실은

$$dw = \mu_0 n \varepsilon_\pi S dx \tag{4.22}$$

인 한편, 자구벽의 손실은 자화의 변화 $dM = 2M_s S dx$로 귀결하므로, energy 밀도의 변화는 다음과 같이 정식화될 수 있다:

$$dw = \frac{\mu_0 n \varepsilon_\pi}{2M_s} dM. \tag{4.23}$$

Pinning 계수로서 $k = n\varepsilon_\pi/2M_s$를 도입하면, 자구벽 운동에 기인한 energy 밀도에서의 변화는 $dw = \mu_0 k\, dM$의 형태를 가진다. 일반적으로, 인가 자계는 pinning 상수 k에 작은 영향을 미치지만, 어떤 경우에는 그것이 강제 자계에 따라 변화한다. 자화가 강제 자계의 함수 $dM = dM(H)$임을 고려하면, 자구벽 운동에 의해 생성되는 단위 체적 내에서의 energy 손실은

$$dw = \mu_0 k \delta \frac{dM}{dH} dH \tag{4.24}$$

와 같이 표현될 수 있다. 여기서 δ는 상승 가지 $dH/dt > 0$에 대해서는 +1의 값을 갖는 자화의 방향을 표시하는 한편, 하강 가지 $dH/dt < 0$에 대해서는 그 값이 −1 이다.

4.3.2 The Hysteresis Loop

자성체의 hysteresis를 나타내기 위하여 *Jiles*와 *Atherton*[153], [154]은 가역(reverse-ble)과 비가역(irreversible)의 두 개의 항으로 자화를 구성하였다:

$$M = M_{rev} + M_{irr}. \tag{4.25}$$

가역 성분은 가역 자구벽 구부러짐과 이동 그리고 자구의 가역 회전을 나타낸다. 자화에서 비가역 성분의 원천은 hysteresis가 있는 물질에서의 energy 손실을 나타내는 비가역 자구와 자구벽의 과정이다. 자화의 비가역 성분은 다음과 같이 자화 과정의 energy 균형으로부터 결정될 수 있다.

자화 동안에 hysteresis 손실이 없다면, 자기 energy의 변화는 공급된 총 energy와 같아야 한다. 자화 특성은 *Langevin-Weiss* 이론 (4.12)를 기초로 하여 생성된 hysteresis가 없는 곡선 $M_{an}(H)$를 따른다. 그래서, 공급된 energy, 자기 energy 그리고 자구벽 운동에 의해 생성된 hysteresis 손실에서의 energy 균형은

$$\mu_0 \int M_{an}(H)\, dH = \mu_0 \int M\, dH + \mu_0 \int k\delta \frac{dM}{dH} dH \tag{4.26}$$

과 같이 표현될 수 있으며, 다음과 같은 자계의 세기와 자화 사이의 관계식으로 귀결한다:

$$M_{an}(H) = M + k\delta \frac{dM}{dH}. \tag{4.27}$$

위의 식에, 유효 자계 $H_e = H + \alpha M$로, *Weiss* 법칙에 따른 자구 사이의 상호 작용을 고려하면, 자화 과정의 비가역 성분은 미분방정식

$$M_{an}(H_e) = M_{irr} + k\delta \frac{dM_{irr}}{dH_e} \tag{4.28}$$

의 풀이에 의해 결정될 수 있다. 인가 자계의 세기에 의해 위 식의 도함수를 평가하면 비가역 자화율에 대한 식을 산출한다:

$$\frac{dM_{irr}}{dH} = \frac{dM_{irr}}{dH_e} \cdot \frac{dH_e}{dH}, \tag{4.29}$$

$$\frac{dM_{irr}}{dH} = \frac{M_{an}(H_e) - M_{irr}}{k\delta - \alpha[M_{an}(H_e) - M_{irr}]}. \tag{4.30}$$

자화의 가역 성분은 hysteresis가 없는 자화와 비가역 자화 사이의 차이로 나타내

어질 수 있다:

$$M_{rev} = c[M_{an}(H_e) - M_{irr}]. \tag{4.31}$$

여기서 c는 가역 계수(reversible coefficient)이다. 그래서, 총 자화 특성은

$$M = M_{irr} + M_{rev} = (1 - c)M_{irr} + c\,M_{an}(H_e) \tag{4.32}$$

의 형태를 가진다. 식 (4.32)에 관한 특성의 미분 자화율은

$$\frac{dM}{dH} = \frac{dM_{irr}}{dH} + c\left[\frac{dM_{an}(H_e)}{dH} - \frac{dM_{irr}}{dH}\right] \tag{4.33}$$

과 같이 정식화될 수 있다. 식 (4.30)의 형태를 가지는 비가역 자화율을 고려하면, 특성의 미분 자화율은

$$\frac{dM}{dH} = (1 - c)\frac{M_{an}(H_e) - M_{irr}}{k\delta - \alpha[M_{an}(H_e) - M_{irr}]} + c\frac{dM_{an}(H_e)}{dH} \tag{4.34}$$

의 형태로 나타내어질 수 있다. 여기서 상호 작용에 관한 hysteresis가 없는 자화는 다음과 같이 정식화될 수 있다:

$$M_{an} = M_s\left(\coth\frac{H + \alpha M}{a} - \frac{a}{H + \alpha M}\right). \tag{4.35}$$

4.3.3 Determination of the Parameters from Measured Data

Jiles-Atherton model에서 매개변수 a, k, α 그리고 c는 측정된 hysteresis 곡선의 대상점(referent point)에 속하는 실험 data로부터 결정될 수 있다. 그래서, 초기와 포화 영역에 속하는 장 값과 미분 자화율은 물론 잔류 자화와 항자계 점에서의 값들에 대한 지식으로, model의 매개변수는 반복에 의해 결정될 수 있다[156], [160].

가역 자구벽 휨과 가역 이동에 따른 자화의 가역 성분은 model에서의 계수 c에 의해 결정된다. 초기 자화 곡선의 출발 영역을 따름으로써, $H = 0$ 그리고 $M = 0$이라면 비가역 자화는 0으로 볼 수 있으며($M_{irr} = 0$), $dM_{irr}/dH = 0$이어서, 식 (4.34)는 $\delta = +1$의 값을 가진 초기 자화율에 대한 관계식으로 귀결한다:

$$\chi_{in} = \left.\frac{dM}{dH}\right|_{H=0,M=0} = c\frac{dM_{an}}{dH}. \tag{4.36}$$

식 (4.36)은 초기와 hysteresis가 없는 자화율, 그리고 가역 매개변수 c 사이의 직접 관계식을 산출한다:

$$\chi_{in} = c\left(\frac{dM_{an}}{dH}\right)\bigg|_{H=0,M=0} = c\chi_{an}. \tag{4.37}$$

초기 자화 곡선의 원점에서 자화가 0의 값 $M = 0$을 갖기 때문에, hysteresis가 없는 자화의 기울기는 $H \to 0$의 극한 값으로 귀결하는 식 (4.35)의 hysteresis가 없는 자화율로부터 결정될 수 있다:

$$\chi_{an} = \lim_{H=0,M=0} \frac{dM_{an}(H)}{dH} = \frac{M_s}{3a}. \tag{4.38}$$

그래서, 관계식 (4.37)은

$$c = 3a\chi_{in}/M_s \tag{4.39}$$

와 같이 다시 정식화될 수 있다. Hysteresis가 없는 자화율 자체는 model 매개변수 a와 α 사이의 직접 관계식을 갖고 있다. 하지만, hysteresis가 없는 자화 (4.35)로부터 $M = 0$에서의 hysteresis가 없는 자화율은

$$\chi_{an} = \lim_{M=0}\left[\frac{dM_{an}(H)}{dH}\right] = \frac{M_s}{3a - \alpha M_s} \tag{4.40}$$

과 같이 정식화될 수 있다. 여기서 위의 매개변수의 값을 결정하기 위해서는 그 이상의 조건이 필요하게 된다.

항자계가 자구벽의 회전에 관하여 시간 지연에 의해 영향을 받음으로써, 그것은 자구벽 pinning의 양, 그리고 따라서 매개변수 k에 의해 결정된다. 연자성체의 경우에는 항자계의 낮은 값에 따라서, 자화의 가역 성분이 무시될 수 있어서 $M_{rev} = 0$, $c = 0$이며, 그러므로 자화는 비가역 성분과 같으며 $\delta = +1$로 $H = H_c$에서 $M \approx M_{irr} = 0$와 같이 0으로 귀결한다. 연자성체의 경우를 고려하면, 항자계 점에서 특성 (4.30)의 기울기는 원점에서 hysteresis가 없는 곡선의 기울기 (4.40)과 근사적으로 같아,

$$\chi_c = \frac{M_{an}(H_c)}{k - \alpha M_{an}(H_c)} = \frac{M_s}{3a - \alpha M_s}, \quad \chi_c = \chi_{an} \tag{4.41}$$

과 같이 거의 선형이어서 위의 표현식은 매개변수 k와 항자계 사이의 관계식을 산출한다:

$$k = \frac{H_c}{1 - (\alpha M_s/3a)}. \tag{4.42}$$

일반적인 경우 k와 H_c 사이의 관계는, hysteresis loop의 주위에서 자화율의 최대값을 제공하는, 항자계 점에서의 자화율 (4.34)로 정식화될 수 있다:

$$\chi_c = \chi_{max} = \frac{(1-c)[M_{an}(H_c) - M_{irr}]}{k - \alpha[M_{an}(H_c) - M_{irr}]} + c\frac{dM_{an}(H_c)}{dH}. \tag{4.43}$$

자화가 항자계 점에서 $0(M=0)$이기 때문에, 식 (4.32)는

$$M_{irr} = -\frac{c}{1-c}M_{an}(H_c) \tag{4.44}$$

의 관계식을 산출한다. 표현식 (4.44)를 식 (4.43)에 대입하면, 모든 다른 매개변수가 알려졌다는 것을 조건으로, k의 계산을 위해 적용될 수 있는, pinning 상수 k에 대한 다음의 방정식을 준다:

$$k = \frac{M_{an}(H_c)}{1-c}\left[\alpha + \frac{1-c}{\chi_c - c\,dM_{an}(H_c)/dH}\right]. \tag{4.45}$$

잔류 자화 M_r은 α와 다른 매개변수에 종속된다. 다른 매개변수 a, k 그리고 c가 알려져 있다면, 잔류 자기(remanence)가 α의 결정을 위해 사용될 수 있지만, α에 대한 양형식(explicit form)을 얻는 것이 가능하지 않게 된다. 잔류 자화 점에서 $\delta = -1$, $H=0$ 그리고 $M_r = M_{rev} + M_{irr}$이기 때문에, 자화의 비가역 성분은 다음과 같이 정식화될 수 있다:

$$M_{irr} = \frac{M_r - c\,M_{an}(\alpha M_r)}{1-c}. \tag{4.46}$$

잔류 점에서 식 (4.35)의 미분 자화율 χ_r은

$$\chi_r = (1-c)\frac{M_{an}(\alpha M_r) - M_{irr}}{-k - \alpha[M_{an}(\alpha M_r) - M_{irr}]} + c\frac{dM_{an}(\alpha M_r)}{dH} \tag{4.47}$$

의 형태를 가진다. M_{irr}의 표현식 (4.46)을 식 (4.47)에 대입하면, 매개변수 α에 대한 음형식(implicit form)을 산출한다:

$$\alpha = (1-c)\left[\frac{k}{M_r - M_{an}(\alpha M_r)} - \frac{1}{\chi_r - c\,dM_{an}(\alpha M_r)/dH}\right]. \tag{4.48}$$

마지막으로, 포화 점 H_s, M_s와 loop 꼭지점에서 자화 곡선의 기울기 χ_s는 매개변수의 결정을 위한 네 번째 방정식을 준다. $\delta = +1$로 loop 꼭지점이 포화에 충분히 가깝다면 초기 및 hysteresis가 없는 자화 곡선의 미분 자화율은 같은 기울기를 나

타낸다:

$$dM_{irr}/dH = dM_{rev}/dH = dM/dH, \tag{4.49}$$

$$\chi_s = \left.\frac{dM}{dH}\right|_{H=H_s} = \frac{dM_{an}(H_s)}{dH}. \tag{4.50}$$

덧붙여, 포화 가까이에서는 관계식 (4.32)가

$$M_s = (1-c)M_{irr} + c\,M_{an}(H_s) \tag{4.51}$$

의 형태를 가진다. 식 (4.50)과 (4.51)을 (4.35)에 대입하면 매개변수와 포화에서의 자화율 사이의 관계식을 산출한다:

$$\chi_s = \frac{M_{an}(H_s) - M_s}{k(1-c) - \alpha[M_{an}(H_s) - M_s]}. \tag{4.52}$$

위의 식 (4.39), (4.40), (4.45), (4.48) 및 (4.52)의 방정식 집합을 기초로 하여, 그리고 hysteresis loop의 특성 점에서의 측정된 값으로부터, *Jiles-Atherton* model의 매개변수 c, a, k와 α는 반복에 의해 결정될 수 있다. 가역 계수 c의 값에 대한 첫 번째 추정(estimation)은 식 (4.37)로부터 만들어질 수 있다. α의 종자 값(seed value)이 사용될 수 있으며 식 (4.40)으로부터 a의 첫 번째 근사화가 결정될 수 있다. c, a와 α의 값으로 pinning 상수 k가 식 (4.45)로부터 계산될 수 있다. 매개변수의 새로운 값으로 식 (4.48)로부터 α에 대한 다음의 근사화가, 한편 식 (4.52)로부터 a의 새로운 값이 다시 풀어질 수 있다. 이 값들을 식 (4.39)와 (4.50)에 대입하여 새로운 반복 loop가 필요로 하는 공차(tolerance)까지 계속될 수 있다.

서로 다른 매개변수 a와 pinning 계수 k에서의 hysteresis loop의 변동이 그림 4.2-4.4에 그려져 있다.

그림에서 pinning 계수 k의 변화에 따른 항자계의 변동이, 그림 4.1에 그려진,

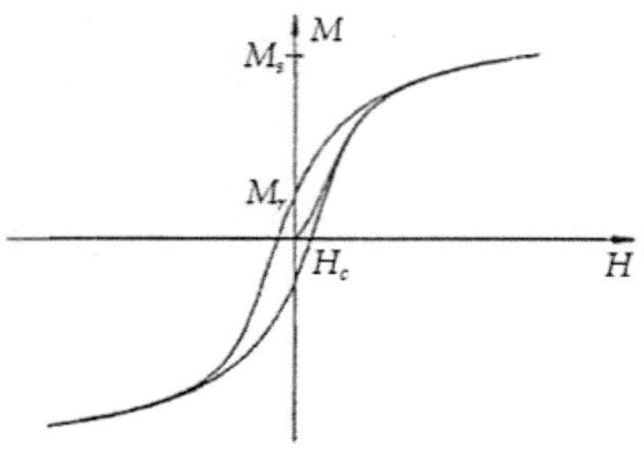

Figure 4.2 Hysteresis characteristic at parameters $M_s = 1.7\cdot10^6$ [A/m], a = 800 [A/m], k = 100 [A/m], $\alpha = 10^{-3}$, c = 0.1.

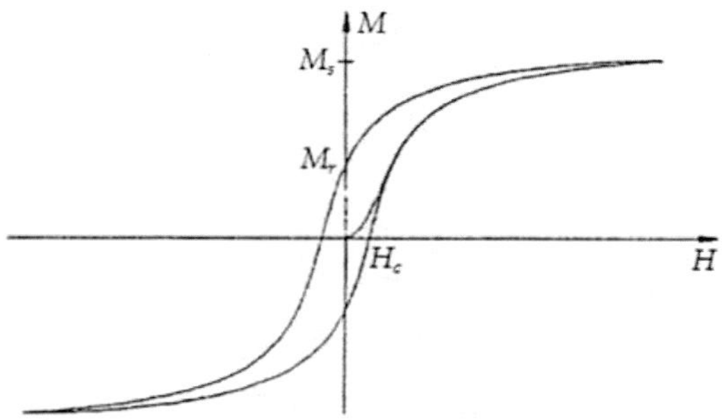

Figure 4.3 Hysteresis characteristic at parameters
$M_s = 1.7 \cdot 10^6$ [A/m], a = 800 [A/m], k = 500 [A/m], $\alpha = 10^{-3}$, c = 0.1.

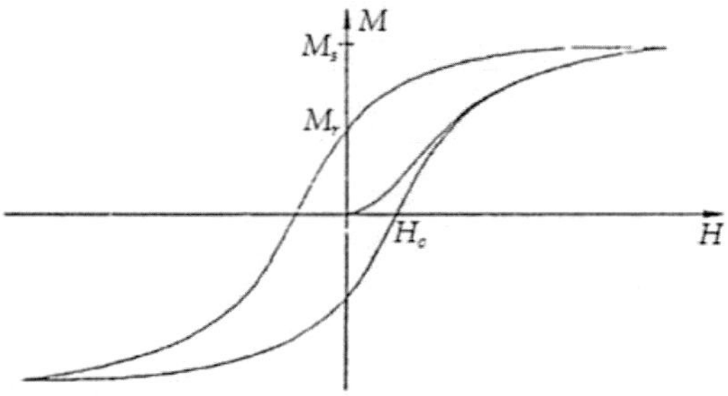

Figure 4.4 Hysteresis characteristic at parameters
$M_s = 1.7 \cdot 10^6$ [A/m], a = 1000 [A/m], k = 1000 [A/m], $\alpha = 10^{-3}$, c = 0.1.

hysteresis가 없는 model에 대한 특성과의 비교로 관찰될 수 있다. 하지만, 잔류 자화는 매개변수 α에 의해 결정되어, 매개변수 a의 변동 역시 이 값에 영향을 가진다.

Model의 적용(*application of the model*). *Jiles-Atherton* model은 넓은 범위의 강자성체의 자화 곡선의 simulation을 위해 적용될 수 있다. 이 책에서 그림 1.16과 같은 정적(static) hysteresis loop는 위의 *Jiles-Atherton* model에 의해 결정된다. 수정된 *Langevin* 함수를 기초로 하고 hysteresis loop의 동적 성질을 포함하는 자구벽 운동에 대한 energy 균형으로 완성된 위의 simulation과 순응(accommodation)이, *Jiles-Atherton* model에 의해 결정된, 그림 1.17과 1.19에서 보여질 수 있다. 자체 일관성(self consistent) minor loop의 묘사에 대한 model의 확장은 *Jiles*[161]와 *Carpenter*[47]에 의해 수행되었다.

Impulse 여자 하에서의 자성체의 동적 거동의 simulation을 위한 model의 더 나아간 개발은 *Carpenter*와 *Warren*[48]에서 찾아질 수 있다. *Jiles-Atherton*과 *Hodgdon* model의 결합과 더해진 두 개의 부가 동적 매개변수로 [48]의 저자는 연 ferrite 철심(soft ferrite core)의 실험 data에 대해 적절한 simulation이 되는 model을 얻었다. 이 동적 model은 100만분의 1초(microsecond)와 10억분의 1초(nanosecond) 범

위에 있는 상승 시간(rise time)의 impulse 여자에 대한 실험 data의 적절한 simulation을 준다.

Jiles[162], [163]에 의해 수행된 도전성 매질에서의 hysteresis의 주파수 의존성을 나타내는 *Jiles-Atherton* 준-정적(quasi-static) hysteresis model의 확장은 와전류 손실과 잉여(excess) 손실로 model의 energy 균형을 완성하였다. 이 방식에서 저자는, 준-정적 model이 더 일반적인 주파수 종속 model에서 제한되는 경우인, hysteresis의 자체-일관성 주파수 종속 model을 얻었다.

Energy 균형을 기초로 하여 개발된 *Jiles-Atherton* model은, *Szpunar*와 *Szpunar*[287], *Salbik, Kwun, Burkhardt*와 *Jiles*[269], *Garikepati, Chang*과 *Jiles*[113], *Jiles*와 *Hariharan*[157], *Makar*와 *Atherton*[190]에서 찾아질 수 있는 바와 같이, 자화 과정에서 응력 효과(stress effect)를 modeling하는데 이점을 가진다. 자화 과정과 hysteresis에 대한 자성체의 결정 크기(grain size), 조직(texture)과 이방성의 효과는 *Szpunar*와 *Szpunar*[288], *Ranjan, Jiles*와 *Rastogi*[247] 그리고 *Jiles, Thoelke*[159]에 의해 위에서 소개된 *Jiles-Atherton* model을 기초로 하여 조사되었다. 자화에서의 응력의 표현을 위한 기초 작업은 *Jiles*의 논문[164]과 *Hauser*와 *Fulmek*의 논문[124]에서 나타났다. Hysteresis가 없는 자화에서의 응력 효과에 대한 상세한 논의는 *Atherton, Ton*[13]에 의해, 가역 및 비가역 투자율에 대해서는 *Makar*와 *Atherton*[189]에 의해, minor loop에 대해서는 *Atherton*과 *Ton*[12] 그리고 *Makar, Atherton*[192]에 의해, 포화 가까이에서의 거동에 대해서는 *Makar, Atherton*[191]에 의해, 뿐만 아니라 결합된 자기 탄성(magnetoelastic)과 자기 변형(magnetostrictive) hysteresis에 대해서는 *Salbik, Jiles*[270] 그리고 *Atherton,* 외[11]에 의해 이루어졌다.

인가 자계와 용이축 사이의 각도에 관한 이방성 자성체에서의 hysteresis 손실의 결정을 위한 *Jiles-Atherton* model의 적용은 *Iványi*의 논문[140]에서 찾아질 수 있다. *Iványi*[137]에 의해 전자장 해석을 위해 개발된, *R*-함수를 포함하는 전역 변동법(global variation method)이 장 방정식(field equation)의 풀이를 위해 도입되었다. 와전류의 효과를 무시하고 두 장의 결합된 판(two coupled sheets)의 압연(rolling)과 가로지르는(cross) 방향에서 물질의 서로 다른 성질의 simulation을 위하여 이방성 tensor를 도입하여, 다른 이방성 tensor의 값에서 절단 각도(cut angle)에 대한 energy 손실의 변동이 결정되었다.

회전 자계(rotational field)에서 hysteresis loop의 거동의 해석에 위에서 논의된 *Jiles-Atherton* model이 *Iványi*의 논문[142], [143], [144], [145]에서 도입되었다. 서로 다른 값의 원형 분극 회전 자기 유도(circular polarized rotational magnetic induction)에서 hysteresis loop의 변동이 조사되었다. *B*의 교번(alternating) 및 회전 여자에서

hysteresis loop가 결정되고 비교되었다. *H*-장 궤적(*H*-field locus) 역시 그려졌다.

자계의 차폐(shielding)에 있어서 자성체의 효율의 조사는 *Iványi*의 논문[147]에서 *Jiles-Atherton* hysteresis model의 기초 위에서 이루어졌다. 물질의 등방성 model에 대한 와전류와 hysteresis는 지배 방정식(governing equation)에서 고려되었다. 문제의 수치적 평가는 *R*-함수로 완성된 전역 변동법에 의해 차폐판(shielding sheet)과 상 도체(phase conductor)의 열린 경계 영역(open boundary region)에 걸쳐 실현되었다.

5 PREISACH MODELS OF HYSTERESIS

30년대 초에 자기 연구의 개발에 있어서 상당한 성과가 축적되었다. 그 때 *F. Preisach*(1905-1943)[305]는 *J. A. Ewing*[103]의 선행 연구와 그 시기의 다른 연구자의 결과를 기초로 하여 그의 hysteresis의 scalar model을 확립하였다. 고전적인 *Preisach* model은 자화의 물리적인 기구(physical mechanism)에 관한 몇 가지 가설 위에서 수립되었다. Model은 처음에는 다년간 연구의 초점이었던 물리학의 분야에서 도입되었다. 그 이후 *Preisach* model은 강자성체에서의 자기 hysteresis loop의 simulation을 위한 방법으로 알려지게 되었다.

Preisach model을 기초로 한 *J. Everett*의 첫 번째 논문[99]-[102]은 *Woodward*와 *Della Torre*[316], *Rado*와 *Folen*[245], *Benda*[22] 그리고 *Della Torre*[58]에 의해 출판된 여러 다른 논문으로 이어졌다. 70년대에는 *Krasnoselskii, Pokrovskii*[177] 같은 수학자들이 그것의 물리적 의미를 분리한 후 *Preisach* model의 수학적인 일반성을 인정하였으며 그것을 순수 수학적인 형태로 나타내었다. 그 결과로서, 새로운 수학적인 도구가 어떤 물리적 성질의 hysteresis의 수학적 묘사를 위해 개발되었다. *Preisach* model의 현상학적인 취급은, *Mayergoyz*, 외[197], [201], [207], *Benda*[23], [27], [28] 그리고 *Visintin*[307]에서 찾아질 수 있는 바와 같이, hysteresis가 있는 비선형성의 연구와 simulation에 있어서 새로운 시대를 열었다.

Preisach model에 대한 새로운 시도는 한편으로는 수학적인 model의 더 일반적인 적용에 초점을 가지며, 다른 한편으로는 실제 비선형 hysteresis의 중요한 표현이 연구의 중심에 있다. 수학적 model의 더 나아간 확장은, hysteresis 연산자와 입력과 출력 신호 사이의 관계를 나타내는, 비선형 계(nonlinear system)의 더 완전한 개발을 산출한다. 물리적인 연구와 공학적인 실제에서의 그것의 응용에 있어서 *Preisach* model의 장래의 발전은 자기적 비선형성에 있어서의 동적 거동의 표현 그리고 결합된 자기, 기계 및 열 장(thermal field)의 simulation을 위한 hysteresis model로 귀결한다.

5.1 THE CLASSICAL PREISACH MODEL

전통적인 *Preisach* model은 강자성체가 많은 기본 상호 작용 자구(elementary interacting domain)로 이루어졌으며, 그 각각은, 자유 입자(free particle)의 임계 자계 또

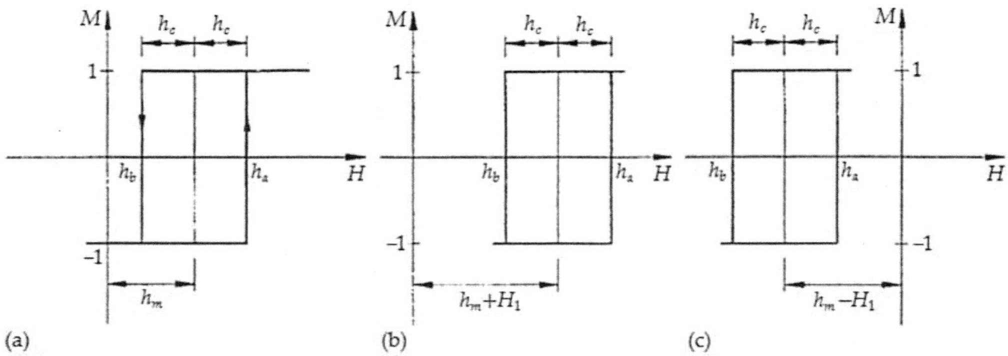

Figure 5.1 Magnetization curve for an elementary hysteresis loop.

는 항자계 h_c와, 이웃 자구의 상호 작용에 기인하는 상호 작용 자계 h_m의, 두 개의 통계적으로 분포된 매개변수(two statistically distributed parameters)의 직사각형 기본 hysteresis loop로 나타내어질 수 있다고 가정한다(그림 5.1 (a)).

기본 hysteresis 연산자인 기본 hysteresis loop는 절환 자계(switching field)와, 또한 자화가 인가 자계의 방향에 대응하여 올라가거나 내려가는

$$h_a = h_m + h_c, \quad h_b = h_m - h_c \tag{5.1}$$

에 의해 특성지어질 수 있다. 직사각형 특성을 가진 서로 다른 입자들이 *Preisach* 변수인 임계 및 상호 작용 자계 h_c, h_m의 평면, 또는 그 대신으로 절환 자계 h_a, h_b의 평면 위에서 단위 분포(unit distribution)를 가지는 것으로 가정되었다. 직사각형 hysteresis 특성을 가진 서로 다른 입자는 절환 자계 h_a, h_b의 평면 또는 그 대신의 좌표 h_c, h_m의 평면 위에서 양(정, positive) 또는 음(부, negative)으로 자화된 상태에 위치될 수 있다.

자계 H가 증가함에 의해, 절환 자계가 인가 자계보다 낮거나 같은($h_a \leq H$) 기본 자구가 위로 자화된(up-magnetized) 상태의 자화 $M_s = +1$로 바뀐다. 자계가 감소하면 자화가 양인 자구는 인가 자계가 절환 자계 $h_b < H$의 값으로 감소될 때까지 그 위치에 남아있다. $H \leq h_b$의 장 값에서 자구는 한 안정 자화 위치로부터 $M_s = -1$의 자화를 주는 다른 안정 위치로 역전한다.

이와 같이 임계 및 상호 작용 자계 변수 h_c, h_m의 평면 위에서 가정된 분포의 한 가지를 그림 5.2에서 볼 수 있다. 여기서 덧셈 부호(plus sign)는 자구가 양의 방향으로 자화되었음을 나타내며 부 부호(negative sign)는 자구의 자화가 반대 방향으로 향함을 의미한다. 정(positive)과 부가 함께 있는 부호는 자구 자화가, 물질의 전력(prehistory)에 종속하여, 정 또는 부 위치 어느 상태로든 될 수 있음을 가리킨다(*Chikazumi, Charap*[50]).

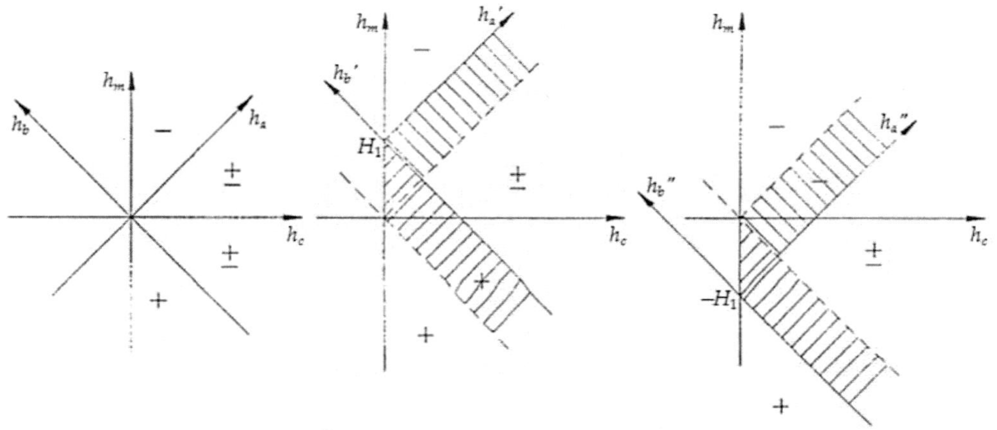

(a) (b) (c)

Figure 5.2 The change of magnetization and the Preisach diagram.

인가 자계가 없으면($H = 0$), hysteresis의 직사각형 부분이 세로 좌표(ordinate)의 오른쪽 변(right side)으로 추이되며(shifted) 0의 외부 자계 $H = 0$에서 $M_s = -1$로 귀결하기 때문에, 자화는 항상 축 h_a, h_m에 의해 유계된(bounded) 영역 내에서 부(음, negative)에 있다. 같은 이유에 의해, 자구의 자화는 축 $-h_m, h_b$ 사이의 영역 내에서는 정(양)이다. h_a, h_b 사이의 영역 내에서는 자화의 전력에 따라, 자구가 정 또는 부 자화의 상태에 있을 수 있다.

외부 자계 H_1을 정 방향으로 인가하면, 기본 자기 특성(그림 5.1 (a))이 오른쪽 변 방향으로 이동하여(그림 5.1 (b)), H_1에 의한 축 h_m을 따른 수직 거리(vertical distance)에서의 변위로 귀결하며 정과 부 자화 영역의 경계가 h_a, h_b에서 h_a', h_b'로 이동한다(그림 5.2 (b)). 이 자화는 H_1의 정 자화 방향으로 정렬된 더 많은 자구로 귀결한다. 매우 비슷한 방식으로, 인가 외부 자계가 부(negative)인 $-H_1$이라면, 부 자화에 따라 정과 부 자화 영역의 경계 h_a, h_b가 h_a'', h_b''로 이동한다. 부 방향으로 향하는 축 h_m을 따른 $-H_1$의 변위는 아래로 자화된(down-magnetized) 상태로 정렬된 더 많은 기본 자구로 귀결한다(그림 5.1 (c), 5.2 (c)).

인가 자계가 부 포화 값(negative saturation value) $-H_s$에서 출발하여, 인가 자계의 세기가 정 방향으로 포화 H_s까지 증가되며, 그 다음 반대 방향으로 된다면, 기본 자구의 직사각형 hysteresis loop의 추이는 그림 5.3에서 그려진 바와 같이 $h_m = \pm H_s$의 극단 위치(extreme position) 사이에서 이동한다.

이 주기적인(cyclic) 자화는, $\pm H_s$의 포화 값에 속하는, h_a', h_b'와 h_a'', h_b''의 극단 위치 사이에서, 정 및 부 자화 영역의 경계 h_a, h_b에서의 주기적인 변위(periodical displacement)를 산출한다. 그래서, 그림 5.4에서 볼 수 있는 바와 같이, 이 과정 동

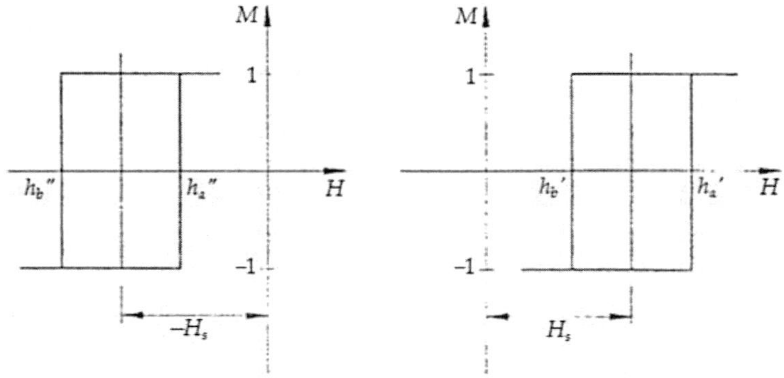

Figure 5.3 The displacement in the rectangular hysteresis loops.

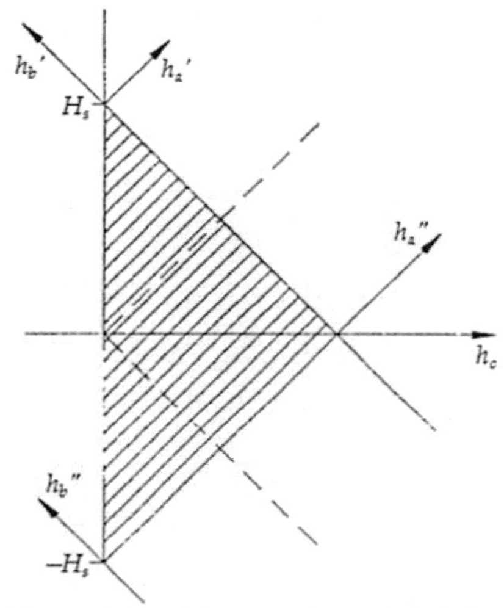

Figure 5.4 The extreme positions of the switching fields.

안에, 경계 h_a', h_b'와 h_a'', h_b'' 사이의 영역 내에 있는 자구만이 그 자화가 변화한다.

좌표 축을 *Preisach* 변수의 자계 h_c, h_m에서 절환 자계 h_a, h_b로 바꾸고 시계 방향으로 90° 회전시켜 나타낸, 자구의 정렬이 바뀌는 영역은 *Preisach* 삼각형(*Preisach* triangle)이라 불리며, 그림 5.5에 그려져 있다.

Preisach model의 기본 개념은 각 자구가 유일하게 정의된 위와 아래의 절환 자계(upper and lower switching field)에 의해 특성지어질 수 있어서, 자구가 이 절환 자계의 평면에 걸친 분포의 확률 밀도 함수(probability density function) $P(h_a, h_b)$에 의해 나타내어질 수 있다는 것이다.

Preisach model에 따라 자성체 내에서 자화 $M(t)$는 *Del Vecchio*[71], *Duong, Mayergoyz*[78], *Atherton, Szpunar*와 *Szpunar*[9], *Szpunar, Atherton, Schönbachler*[290], *Coulson, Slater*와 *Simpson*[53], *Kadar*[168], *Wiesen, Charap*[312] 그리고 *Brokate*[43]에 의해 언급

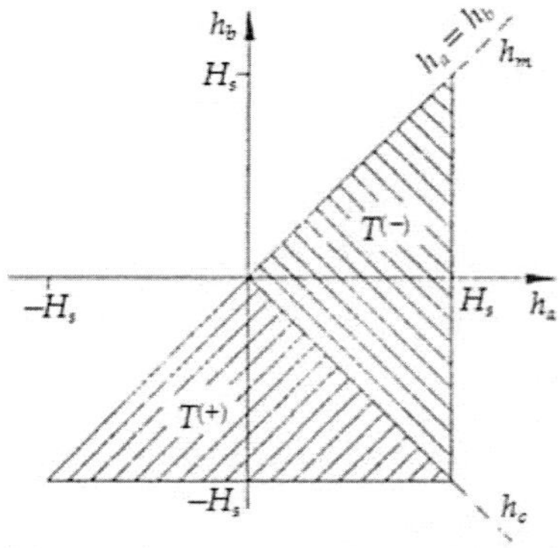

Figure 5.5 The Preisach triangle in the plane of the switching fields.

된 바와 같이 절환 자계에서의 기본 자화의 분포 $P(h_a, h_b)$에 관한 입자 자화의 기대 값(expected value)으로써 결정될 수 있다:

$$M(t) = \iint_{h_a \geq h_b} P(h_a, h_b)\, \gamma(h_a, h_b)\, H(t)\, dh_a\, dh_b\,. \tag{5.2}$$

여기서 $\gamma(h_a, h_b)\, H(t)$는 $T^{(+)}(t)$의 영역에 걸쳐서는 $M_s = +1$의 값인 한편, 그 값이 영역 $T^{(-)}(t)$에 걸쳐서는 $M_s = -1$로 바뀌는 기본 hysteresis 연산자 'hysteron'이다:

$$\gamma(h_a, h_b)\, H(t) = \begin{cases} +1, & \text{if } (h_a, h_b) \in T^{(+)}, \\ -1, & \text{if } (h_a, h_b) \in T^{(-)}. \end{cases} \tag{5.3}$$

그래서, 위의 관계식으로 자화는 다음과 같이 계산될 수 있다:

$$M(t) = \iint_{T^{(+)}(t)} P(h_a, h_b)\, dh_a\, dh_b - \iint_{T^{(-)}(t)} P(h_a, h_b)\, dh_a\, dh_b\,. \tag{5.4}$$

한쪽 변(one side)으로부터 상호작용 및 임계 자계 그리고 다른 변(the other side)으로부터 절환 자계 사이의 관계를 고려하면, 관계식

$$h_m = \frac{h_a + h_b}{2}, \quad h_c = \frac{h_a - h_b}{2} \tag{5.5}$$

는 $h_a = h_b$인 경우 기본 hysteresis loop에서 임계 자계는 0의 값 $h_c = 0$을 가지며 그것은 hysteresis가 없는 특성으로 귀결함을 가리킨다(그림 5.5).

Preisach 변수 h_m, h_c의 평면 내에서 절환 자계에서의 밀도 분포 $P(h_a, h_b)$는 *Preisach* 변수의 평면 위에서 정의되는 $P^*(h_m, h_c)$로 대체될 수 있다:

$$M(t) = \iint_{T(h_m,\, h_c)} P^*(h_m, h_c)\,\gamma(h_m, h_c)\,H(t)\,dh_m\,dh_c\,. \tag{5.6}$$

감자 상태에서는 정(양)과 부(음) 자화 입자가 균형 $M = 0$을 유지하여, 분포 밀도 $P(h_a, h_b)$가 *Preisach* 삼각형에 걸쳐 임계 자계 h_c에 대해 대칭성을 나타내는 것으로 가정된다. 이 경우에는 *Preisach* 삼각형에 걸쳐 자화의 기대 값이 식 (5.4)에서 0으로 귀결한다.

자화가 감자 상태로부터 출발하면, 그림 5.6에서 볼 수 있는 바와 같이, 자계의 증가에 따라 자화의 기대 값이 증가한다.

자계가 포화 H_s로 증가하면, 모든 자구가 인가 자계에 평행으로 정렬되어, hysteron은 전체 *Preisach* 선도(*Preisach* diagram)에 걸쳐 정(양)의 값을 나타낸다. 이 경우에는 *Preisach* 삼각형에 걸쳐 식 (5.4)에 따르는 자화의 기대 값이 포화 자화 M_s로 귀결한다. 외부 자계의 감소에 의해 자계 h_b의 아래로 전환되는 값(switching down value)이 낮아져, 이제부터는 더 많은 자구가 전환되며 기본 자화에 대한 부의 값(negative value)를 나타내는 반대 방향의 자화로 정렬한다(그림 5.7).

외부 자계가 절환 자계(switch off field) h_b가 0의 값을 갖는 값으로 감소하면, 정

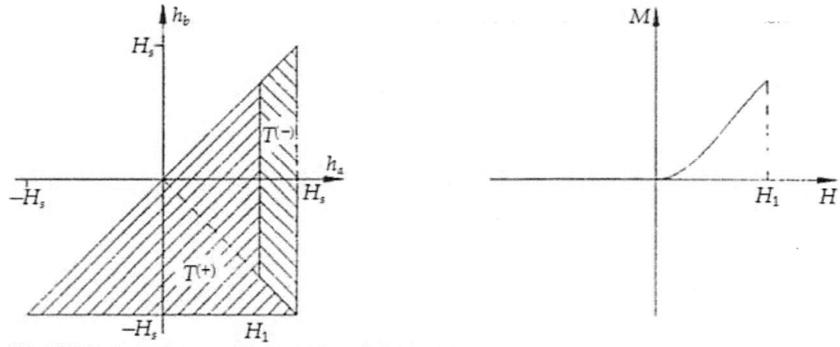

Figure 5.6 The Preisach triangle for the initial curve.

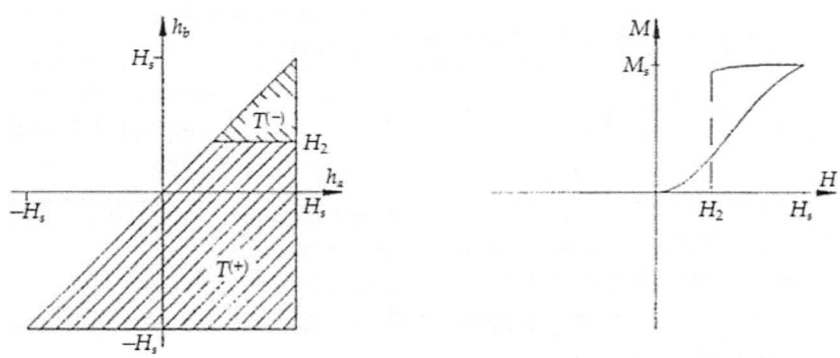

Figure 5.7 The Preisach diagram and the upper branch of the saturation hysteresis.

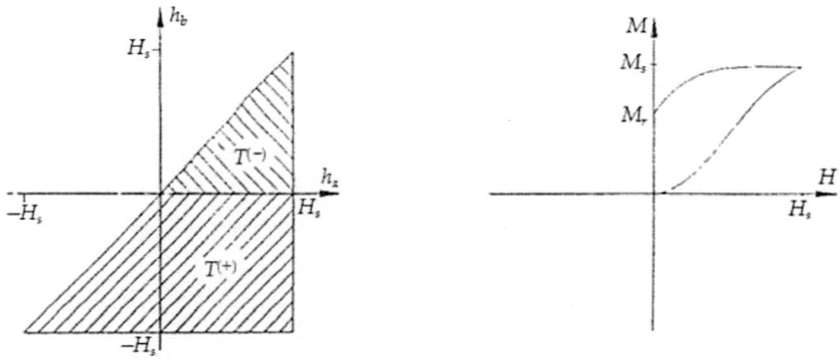

Figure 5.8 The remanent magnetization in the Preisach diagram.

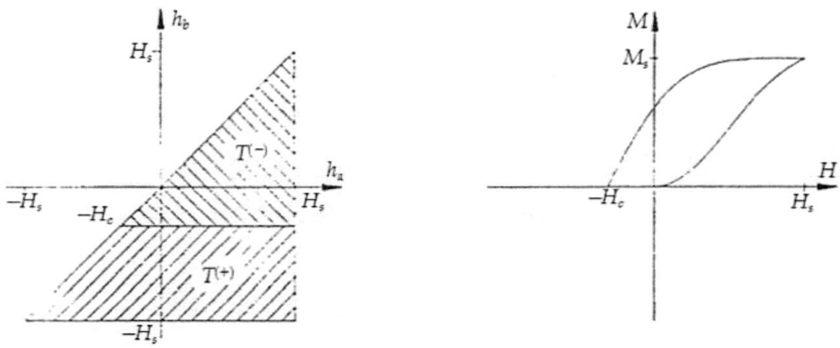

Figure 5.9 The magnetization at the coercive point.

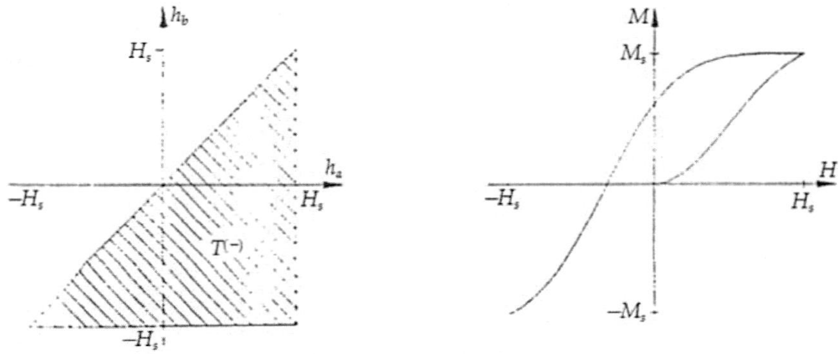

Figure 5.10 The negative saturation and the Preisach diagram.

(양)과 부(음) 자화 영역의 조건 하에서 식 (5.4)의 적분은 잔류 자화 M_r을 나타낸다(그림 5.8). 인가 자계가 항자계 값 $-H_c$로 더 감소하면, 위와 아래로 절환된 영역의 면적에 걸친 자화의 기대 값이 그림 5.9에서 볼 수 있는 바와 같이 0의 값을 나타낸다.

인가 자계의 값이 반대 방향의 포화 $-H_s$에 도달하면, 자화 (5.4)의 기대 값은 부(음) 포화 $-M_s$로 귀결한다. 부 포화에 대한 *Preisach* diagram과 hysteresis loop가

그림 5.10에 그려져 있다. 더 계속하면 자화의 전체 특성과 minor loop가 실현될 수 있다.

5.2 SOME PROPERTIES OF THE PREISACH MODEL

(i) **계단선 $L(t)$, 물질의 전력**(*staircase line $L(t)$, prehistory of material*). 인가 자계가 시간에 따라 연속적인 변화를 가진다면, 정과 부 자화 입자의 분포가 그림 5.11과 같이 보여질 수 있다. 영역 $T^{(+)}(t)$와 $T^{(-)}(t)$ 사이의 계면(interface) $L(t)$는 좌표가 앞 순시(previous instant of time)에서 입력의 국부 최대 및 최소(local maxima and minima)와 일치하는 h_a, h_b인 계단선(staircase line)이다. 이 $L(t)$의 연결부(link)는 $h_a = h_b$의 선에 붙어있으며 입력이 변화될 때 움직인다. 입력이 증가된다면 연결부가 왼쪽에서 오른쪽으로 움직이며, 입력이 감소될 때에는 위에서 아래로 움직인다. 계면 $L(t)$의 특별한 형상은 입력의 지나간 극 값(past extreme value)에 종속한다. 그리고 이 방식으로 입자의 지나간 이력(past history)을 갖고 있으며 자화 과정 동안에 그것을 미래에 남긴다(*Bate*[20], *Atherton, Szpunar, Szpunar*[9], *Mayergoyz*[207], *Gilányi* [115], *Gilányi, Iványi*[116]).

(ii) **일소 성질**(*wiping out property*). *Preisach* diagram의 일소 성질(wiping out property)은 물질의 기억(memory)과 덮어 쓰는 과정(write over process)에 관련된다. '일소 성질(wiping out property)'이라는 용어는 *Mayergoyz*에 의해 도입되었으며, *Preisach* model에 대한 필요 조건(necessary condition)으로 밝혀졌다[207]. 물질의 전력(prehistory)으로 그림 5.12에 그려진 형상을 가지는 계단선 $L(t)$의 위치를 가정한다.

이제, 공급되는(feeding) 자계가 위치 h_{a1}에서 h_{a2}로 단조적으로(monotonously) 증가한다. 입력 $H(t)$의 이 단조 증가는, 절환 자계 h_a, h_b에서 수정된 diagram으로 되는, $L(t)$ 연결부의 오른쪽으로의 변위($h_{a2} > h_{a1}$)로 귀결한다. 좌표 h_{a1}이 h_{a2} 보다

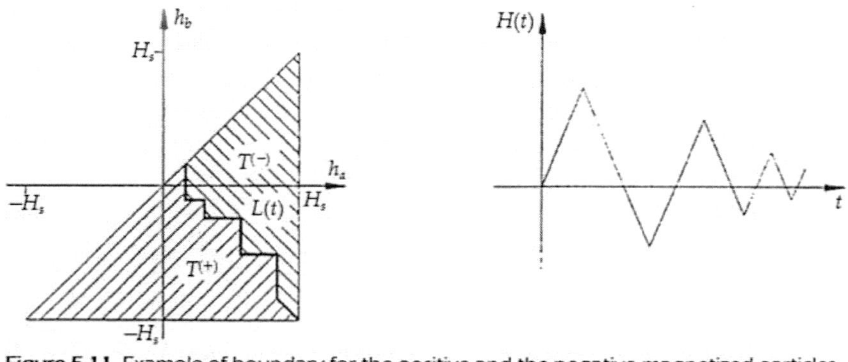

Figure 5.11 Example of boundary for the positive and the negative magnetized particles.

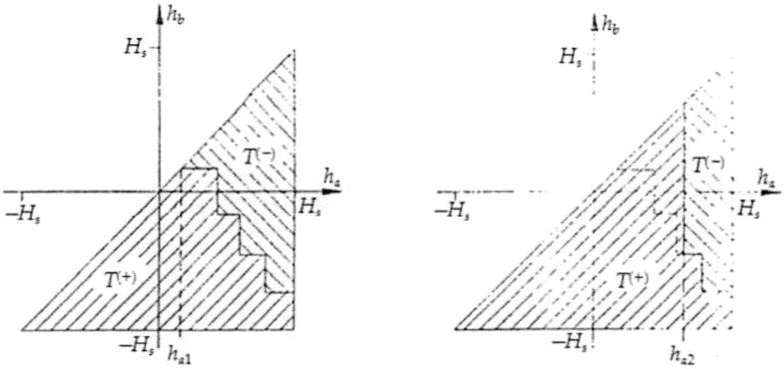

Figure 5.12 Demonstration of the wiping out of the Preisach model.

낮은 값을 가지는 모든 정점(vertex)이 일소됨이 명백하다. 그것은, 정점의 일소가, 이 값과 관련하여, 자성체의 전력을 소거하는 것(erasing)과 등가(equivalent)임을 의미한다. 그래서, 각각 좌표 h_a와 h_b 보다 작거나 같은 지나간 입력의 최대와 최소는 나타났다가 이것에 의하여 일소된다. 이 경우에서, '일소(wiping)'는 전의 h_b와는 무관하다. 단조적으로 감소하는 입력의 경우에 정점의 일소가 비슷한 방식으로 일어난다는 것이 명백할 뿐만 아니라 그것이 *Mayergoyz*[207], *Brokate*와 *Della Torre* [44]에 의해 입증되었으며, *Ványi*의 연구 집단에 의해 실현되었다[18].

(iii) ***Preisach*** **model의 대칭성**(*symmetry of Preisach model*). 일소 성질 외에 *Preisach* diagram은 특성의 대칭성(symmetry)도 역시 가지고 있다. 분포 함수의 대칭성은 절환 자계에 대하여 그리고 임계 및 상호 작용 자계에 대해서도 역시 입증될 수 있다(*Mayergoyz*[207]):

$$P(h_a, h_b) = P(-h_a, -h_b)\,,$$
$$P^*(h_c, h_m) = P^*(h_c, -h_m)\,. \tag{5.7}$$

Hysteresis loop의 대칭성에 따라, 물질이 포화 상태까지 자화된다면, 관계식 (5.2)는 정(양)의 포화 값

$$M^{(+)} = M_s = \iint_T P(h_a, h_b)\, dh_a\, dh_b \tag{5.8}$$

로 귀결하는 한편, 반대 방향 자화에 대한 부(음)의 포화 값은

$$M^{(-)} = -M_s = -\iint_T P(h_a, h_b)\, dh_a\, dh_b \tag{5.9}$$

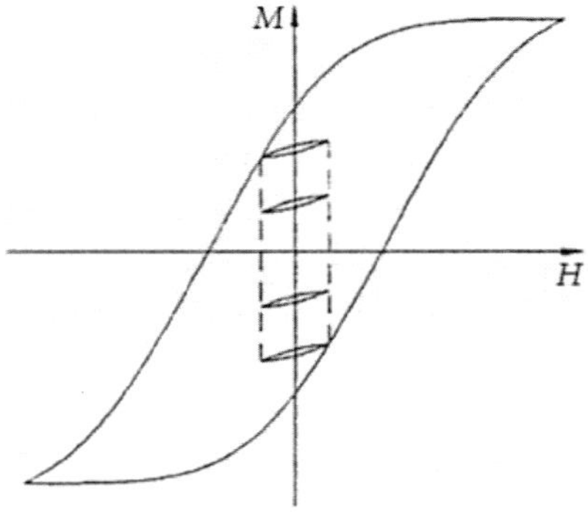

Figure 5.13 The congruency of the minor loops.

와 같이 표현될 수 있음으로써, hysteresis loop의 대칭 관계식 $M^{(+)} = -M^{(-)}$이 성립한다.

(iv) **Minor loop의 일치(합동)**(*congruency of minor loop*). 위의 대칭성을 기초로 하여, 같은 주기적 여자(cyclic excitation)의 경우 서로 다른 전력에 대한 고전적인 *Preisach* diagram이, 자화 과정의 실험적 관찰과 대비하여, 일치한다는 것이 입증될 수 있다. 그것은, 두 개의 동일한 입력(two identical input) 사이의 minor loop가 물질의 전력에 관계없이 같은 출력을 나타낸다는 것을 의미한다. 서로 다른 위치에서의 *Preisach* model의 minor loop가 그림 5.13에 보여져 있다.

5.3 THE DISTRIBUTION FUNCTION

자성체에서의 hysteresis의 simulation에 대한 *Preisach* model의 적용을 위해서는 밀도 분포(density distribution)에 대한 선택이 이루어져야 한다. 실제 물질에 대한 model의 정확함(correctness)과 상호 관계(correlation)는 이 분포 함수의 선택과 그것의 매개변수의 결정에 종속된다. Hysteresis의 simulation을 위하여 자성체의 표현에 대해 *Preisach* 삼각형에 걸친 적절한 이산화(discretization)가 효과적이 될 것으로 보인다.

0과 포화 사이의 자계의 세기에서 이산화가 n이라면, *Preisach* 삼각형의 변수 h_a, h_b에 대한 양 방향에서 자계의 세기가 $\Delta H = H_s/n$의 폭(step)인 $2n$ 개의 포체(cell)로 귀결한다. *Preisach* 삼각형을 망라하는 정사각형 망(square mesh)을 그림 5.14에서 볼 수 있다. 상승 가지에 대해 $h_{a,i} = H_i = i\Delta H$, $h_{a,i+1} = H_i + \Delta H$, $i = 0, 1, 2, \cdots, 2n-1$의 값과 하강 가지에 대해 $h_{b,j} = H_j = j\Delta H$, $h_{a,j+1} = H_j - \Delta H$, $j = 0, 1, 2, \cdots, 2n-1$의 값 사이의 cell에 대한 *Everett* 적분([99]-[102], *Del Vecchio*[71])은 다음과 같이 계산될 수 있다:

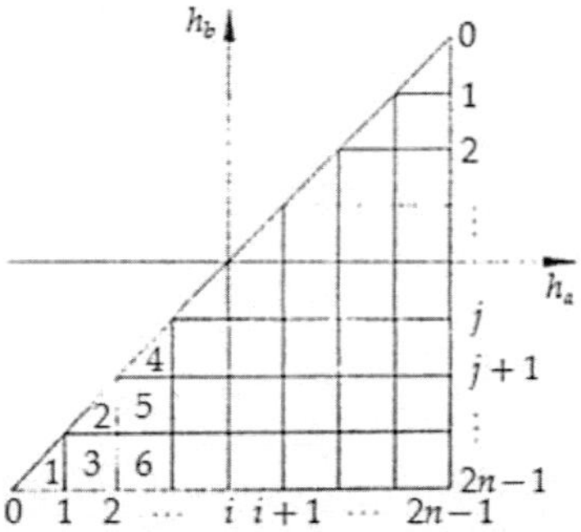

Figure 5.14 Square mesh over the Preisach triangle.

$$\Delta M = E(H_i, H_i + \Delta H) = \int_{h_a=H_i}^{h_a=H_i+\Delta H} \int_{h_b=H_i}^{h_b=h_a} P(h_a, h_b)\, dh_b\, dh_a\,, \tag{5.10a}$$

$$\Delta M = E(H_j, H_j - \Delta H) = \int_{h_b=H_j}^{h_b=H_j-\Delta H} \int_{h_a=H_j}^{h_a=h_b} P(h_a, h_b)\, dh_a\, dh_b\,. \tag{5.10b}$$

5.3.1 Experimental Determination of $P(h_a, h_b)$

분포 함수를 결정하기 위한 가장 간단한 방법은 실험적 방법(experimental method)이다. 상승 또는 하강 자계에서 유한한 변화(finite change)를 적용하면, 자화에서의 유한한 변화로 귀결한다. 절환 자계의 평면에서 이 변화를 계통적으로 생성하면, 자화에서의 이산 변화(discrete change)는 기본 정사각형(elementary square)에 걸친 분포 함수의 적분 (5.2)로 간주될 수 있다(*Mayergoyz*, 외[199], [206], [207], *Phillips, Delince*[238], *Gyímothy, Iványi*[120]). 측정의 실현은 그림 5.15에 그려진 1차 천이 (가역) 곡선의 집합(set of first order transition (reversal) curve)을 따라 계산될 수 있다.

먼저 인가 자계가 부(음)의 포화 값 $h_a = -H_s, h_b = -H_s$으로 감소된다. 그 다음, 입력 자계가 ΔH로 증가되면, *Preisach* diagram에서 h_a, h_b의 대응하는 값과 자화 $M_{i=1,j=0} = M_{1,0}$에 대응하는 $h_{a,1} = \Delta H, i = 1, j = 0$의 변화로 귀결한다. 여기서 i, j는 망

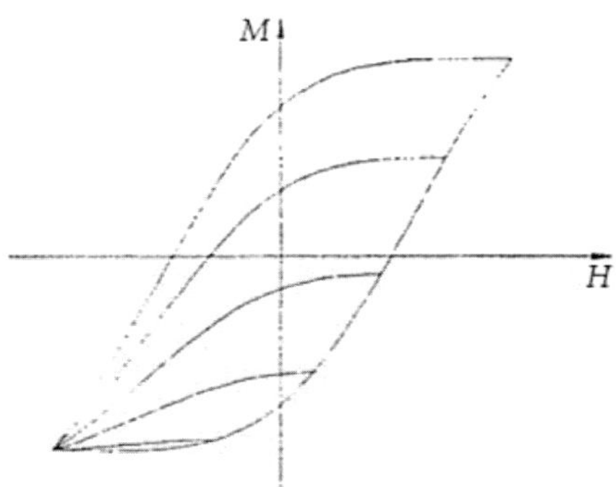

Figure 5.15 A set of transition curves in hysteresis.

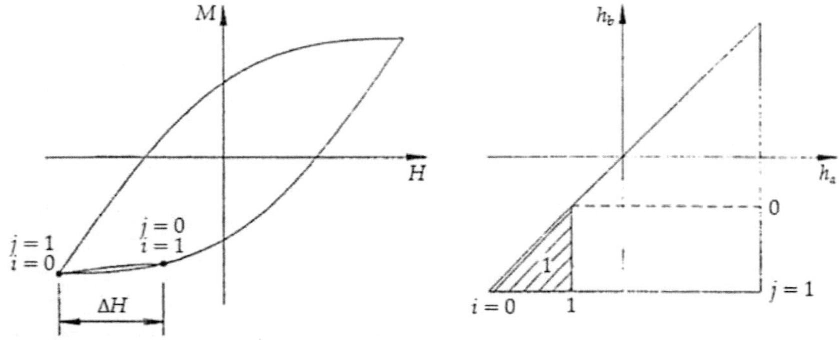

Figure 5.16 The measurement over the first cell.

좌표(mesh coordinate)를 나타낸다. 이제, 인가 자계를 부(음) 포화 $i=0, j=1$로 ΔH 만큼 감소시킴으로써, 첫 번째 곡선을 따라 생성되는 자화에서의 차이 $M_{1,0}-M_{0,1}$은 그림 5.16에서 살펴볼 수 있는 바와 같이 첫 번째 cell에 걸친 분포 함수의 적분으로 귀결한다.

다시 $i=2, j=0$ 까지 움직이는 과정을 반복하면, 자화는 $M_{2,0}$에 도달하며, 그 다음 인가 자계가 1차 천이 곡선을 따라 단조 감소하면, $i=1, j=1$에서, $M_{2,0}$과 $M_{1,1}$ 사이의 차이는 이산 cell 2에 대한 자화의 변화를 준다. 인가 자계가 $i=0, j=2$로 더 감소하면, 자화에서의 차이는 cell 1, 3에 걸친 적분 (5.2)로 귀결한다. Cell 1에 걸친 적분 값이 알려짐으로써, cell 3에 대한 식 (5.2)의 값은 필요하다면 뺄셈을 함으로써 결정될 수 있다. 그 과정을 그림 5.17에서 볼 수 있다. 천이 곡선을 따라 측정을 계속하면, 이산화된 Preisach 삼각형에 걸친 분포 함수의 적분 값이 결정될 수 있다. 실제에서는, $2n$개의 가역 곡선이 측정에 의해 계산되어야 하기 때문에, 분포 함수 $P(h_a, h_b)$의 추정(estimation)이 쉽지 않다. 그러한 특성의 큰 집합을 측정하는 것이 현실적이지 않음으로써, 그러므로 비선형 보간(nonlinear interpolation)이 *Benda*[26]에 의해 추천되었다. 측정의 상세한 묘사는 *Mayergoyz,* 외[206], [207]에

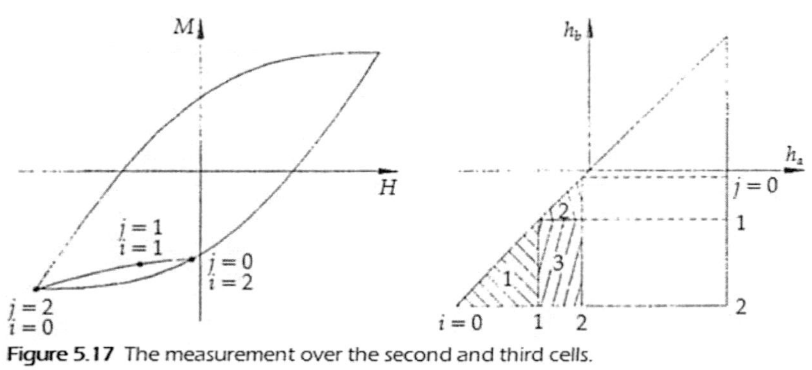

Figure 5.17 The measurement over the second and third cells.

서 찾아질 수 있다.

5.3.2 Analytical Approximation of $P(h_a, h_b)$

(i) ***Everett* 적분의 멱급수 근사화**(*power series approximation of Everett integral*). 측정된 값을 기초로 하여 분포 함수의 적분을 얻기 위하여 *Mayergoyz*는 그의 책[207]에서 *Preisach* 삼각형의 이산 cell에 걸쳐 *Everett* 적분의 멱급수 전개를 도입하였다:

$$E(h_a, h_b) = C_0 + C_1 h_a + C_2 h_b + C_3 h_a^2 + C_4 h_a h_b + C_5 h_b^2. \tag{5.11}$$

하지만, 식 (5.11)에서 자화 특성의 기대칭성(odd symmetry)을 고려하면 절환 자계의 우수 멱(even power)은 $C_3 = 0, C_5 = 0$과 같이 계수를 0으로 하는 선택으로 무시될 수 있다.

(ii) ***Gauss* 분포, 적 model**(*Gaussian distribution, product model*). *Preisach* model에 의한 hysteresis loop의 simulation에서 요점은 분포 함수의 선택이다. 서로 다른 분포 함수는 근사화에서 서로 다른 정확함(correctness)으로 귀결한다.

첫 번째 추정으로서, 분포 함수에 대한 *Preisach*의 원래 제안(original proposition)에 따라, *Preisach* 삼각형에 걸쳐 자구 자화에 대한 균일, 일정 분포(uniform, constant distribution) $P(h_a, h_b) = 1$가 도입되었으며, 주(major) 그리고 일치하는(합동인) minor loop를 가진 hysteresis가 그림 5.18에 그려져 있다. 측정된 실험을 기초로 한 분포 함수에 대한 적(product)의 도입은 *Kadar*, 외[169], [170]에 의해 추천되었다. 단일 자구 입자(single domain particle)의 자화에서 상호 작용을 고려하면(*Della Torre*[59], *Yin Dong Yan*과 *Della Torre*[320]), 하나는 자유 입자의 임계 자계 h_c 그리고 다른 하나는 상호 작용 자계 h_m에 대한, *Gauss* 분포 함수(*Gaussian* distribution function)의 쌍일차 적(bilinear product)이 도입된다:

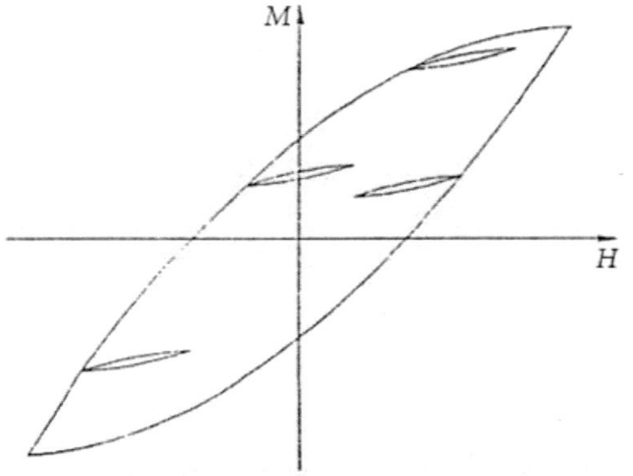

Figure 5.18 Hysteresis loops at constant distribution function.

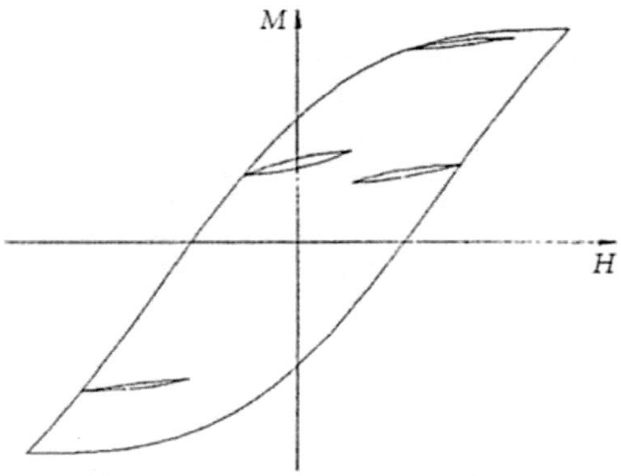

Figure 5.19 Hysteresis loop of product model.

$$P^*(h_c, h_m) = P_c(h_c)\, P_m(h_m)\,,$$
$$P^*(h_c, h_m) = \frac{k}{2\pi\sigma_c\sigma_m}\exp\left[-\frac{(h_c - H_c)^2}{2\sigma_c^2}\right]\exp\left[-\frac{h_m^2}{2\sigma_m^2}\right]. \tag{5.12}$$

여기서 σ_c, σ_m은 상수, H_c는 주(major) hysteresis loop의 항자계 값인 평균 임계 자계(average critical field)이다(*Vajda, Della Torre*[298], *Mayergoyz*[207]).

Preisach 변수 h_c, h_m를, 각각, 절환 자계 h_a, h_b로 대체하면, 식 (5.5)의 관계에 따라 적 분포 함수(product distribution function)가 얻어진다(*Mayergoyz*[207], *Papusoi, Stancu*[232]):

$$P(h_a, h_b) = \frac{k}{2\pi\sigma_c\sigma_m}\exp\left[-\frac{(h_a - h_b - 2H_c)^2}{4\sigma_c^2}\right]\exp\left[-\frac{(h_a + h_b)^2}{4\sigma_m^2}\right]. \tag{5.13}$$

식 (5.13)의 적(product) model로 된 hysteresis 특성과 일치하지 않는(합동이 아닌) minor loop가 그림 5.19에 그려져 있다. *Preisach* 삼각형에 걸친 분포 함수의 이산화된 값으로 인한 문제를 극복하기 위하여, 자계의 연속 변동(continuous variation)에 대하여 변수 분산(variable variance) *Preisach* model이 *Pardavi-Horvath, Della Torre, Vajda*와 *Vertesy*[233]의 논문에서 도입되었다.

5.4 GENERALIZED PREISACH MODEL, REVERSIBLE AND IRREVERSIBLE MAGNETIZATION

Preisach model은 기본적으로 비가역 자화 과정을 묘사하는데도 불구하고, 가역 자화 역시 model 내에서 유도될 수 있다. 비가역 자화는 자구와 자구벽에서의 비가역 자화 과정과 관련된 energy 손실의 원인이 된다. 가역 과정은 저장되고 되돌아가는 energy와 관련될 수 있다. 가역 자화의 경우에는 매질은 공급된 energy를 저장하며, 인가 자계가 0으로 줄어들 때, 물질은 이 energy를 되돌린다. 가역 자화는

자화 특성이 인가 자계의 단가 함수(single valued function)임을 의미한다. *Preisach* model에서는 가역 자화가 기본 hysteresis loop 내의 임계 자계가 $0(h_c = 0)$이라는 가정 하에서 나타내어진다면, 가역 변화는 선 $h_a = h_b$를 따라 집중된다. 하지만, 실제 물질에 대해서는 자화의 가역 성분이 인가 자계의 단가 함수이어야 하여, 물질의 잘 정의된 이력(well defined history)을 포함하는, 고전적인 *Preisach* diagram을 기초로 한 가역 자화 과정의 simulation은 자계는 물론 물질의 자화 이력에 의존하는 가역 부분(reversible part)으로 귀결한다(*Szpunar, Atherton, Szpunar*[289], *Salling, Schultz*[272], *Della Torre, Oti, Kadar*[63], *Benda, Bydzovsky*[24], *Benda*[25], *Vajda, Della Torre*[300]).

고전적인 *Preisach* model의 이 단점을 피하기 위하여, *Mayergoyz, Friedman*과 *Salling*[205]에 의해 추천된 바와 같이 부가 항(additional term)을 채움으로써 일반화될 수 있다:

$$M(t) = \iint_{h_a \geq h_b} P(h_a, h_b)\, \gamma(h_a, h_b)\, H(t)\, dh_a\, dh_b + \frac{M^+(H(t)) + M^-(H(t))}{2}. \quad (5.14)$$

여기서 $M^+(H(t))$와 $M^-(H(t))$는, 식 (5.8)과 (5.9)에서 $H(t)$의 입력 값에 대응하는, 주(major) loop의 상승과 하강 가지의 출력 값이다.

자화의 가역 성분의 더 정확한 model을 얻기 위하여 몇 가지 노력이 이루어졌다. 이 작업의 결과로서, *Adly*와 *Mayergoyz*에 의해 평균(average) *Preisach* model이 개발되었으며 실험적으로 검증되었다[2]. *Preisach* model에 대하여 가역 자화의 simulation을 위한 다른 제안(proposition)은 *Vajda, Della Torre*[299], *Della Torre*[65], *Benda, Bydzovsky*[29] 그리고 *Bertotti,* 외[37]에서 찾아질 수 있다. Hysteresis 특성의 가역 및 비가역 성분의 표현을 위한 *Della Torre*와 그의 공저자들의 작업을 기초로 하여 그림 5.20에 그려진 block diagram이 세워질 수 있다. *Benda*는, 0의 항자계 값에서, 축 h_m을 따른 지수 함수 근사화를 추천하였다. *Preisach* 변수의 값 $h_c = 0$에서 단가 분포 함수는 자기(magnetic) hysteresis의 가역 성분을 나타낸다:

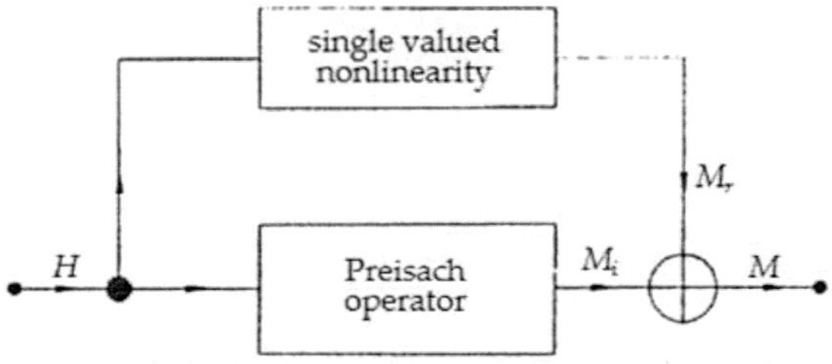

Figure 5.20 Block diagram for reversible and irreversible parts of the hysteresis.

$$M_{rev}(t) = \iint_T k \exp[-c_1 |h_m| / H_s] \, \delta(h_c) \, H(t) \, dh_m \,. \tag{5.15}$$

여기서 k와 c_1은 상수, $\delta(h_c)$는 *Dirac* delta이다.

*Bertotti*는 가역 및 비가역 자화율이 도입된 것과 같은 이론으로 자화의 가역 및 비가역 성분을 modeling하기 위한 제안을 안출하였다. 그것은 총 자화(total magnetization)가 자화의 가역 및 비가역 성분의 합(sum)으로 취해진다는 것을 의미한다:

$$M = M_{rev} + M_{irr}. \tag{5.16}$$

여기서 가역 항은 간단히 인가 자계 H의 기함수(odd function)이다.

5.5 THE MOVING AND THE COMPLETE MOVING PREISACH MODELS

고전적인 *Preisach* model에서는 분포 함수 $P(h_a, h_b)$가 지화 과정 동안에 변화하지 않는다. Model의 이 제한적 성질은 제안된 이동 model(moving model)에 의해 만회될 수 있다(*Della Torre,* 외[167], [64], [298], [299], [68], *Salling, Schultz*[271], *Mayergoyz, Adly* [209], *Papusoi, Stancu*[232]). 여기서 상호 작용 자계 h_m의 변화는 자화에 비례하는 항 $H_{ex} = \alpha M$에 의해 나타내어질 수 있다. 여기서 α는 적합 매개변수(fitting parameter)이다.

적(product) model에서는 임계 및 상호 작용 자계에 걸친 분포 함수가

$$P^*(h_m + \alpha M, h_c) = P_m(h_m + \alpha M) \cdot P_c(h_c) \tag{5.17}$$

로 적용될 수 있는 한편 절환 자계의 평면에서는 분포 함수가 수정된 절환 자계의 함수로써 표현될 수 있다:

$$P(h_a + \alpha M, h_b + \alpha M) \,. \tag{5.18}$$

수정된 model에 따라 상호 작용 자계의 존재는 그림 5.21에서 그려진 바와 같이 hysteresis 연산자의 입력에 대한 궤환(feedback)으로 나타내어질 수 있다.

자화의 가역 및 비가역 성분과 이 성분 사이의 관계를 모두 계산하기 위하여 완전 이동 *Preisach* model(complete moving *Preisach* model)이 *Della Torre,* 외[66]에 의해 개발되었다. 자화에서의 가역 및 비가역 항에 대한 분해(decomposition) 방법과 매개변수의 결정이 경(hard)은 물론 연(soft) 자성체에 대해 계산될 수 있다(*Mayergoyz*[207], *Della Torre,* 외[171], [302], [68], [172], [306]).

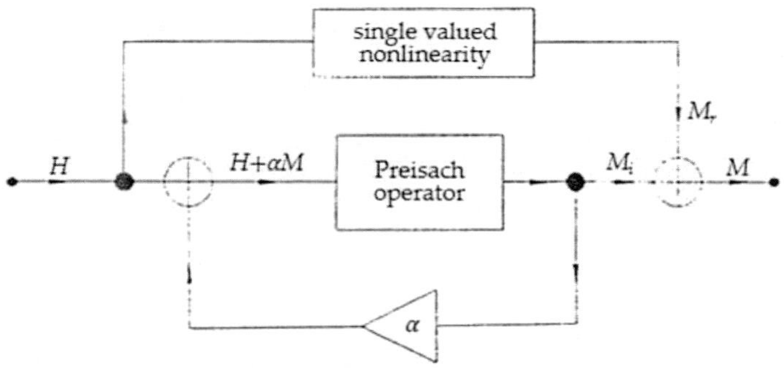

Figure 5.21 The hysteresis operator for moving Preisach model.

순응성(*accommodation property*). 적 model 또는 이동 model에서 출력 변수를 수정함으로써 상태 종속 자화 과정을 나타낸다는 것이 증명될 수 있으며, 그들 둘 다는 *Preisach* model의 순응성(accommodation property)을 입증한다. Minor loop의 순응은 이 model의 도움에 의해 modeling될 수 있다. 이 경우에는 위의 model에서 자화가 그림 5.22에서 볼 수 있는 바와 같이 minor loop가 안정 비순응 loop(stable non-accommodate loop)에 도달하지 않지만 거기를 향하여 점진적으로 움직이는 주기적 자화 하에서 계산된다. Minor loop는, *Della Torre,* 외[60], [301], [303], [67], [304], [69]에 의해 보여진 바와 같이, model의 적절한 매개변수에 대하여 비순응 loop에 도달하기 전에 안정화될 것이다.

5.6 DYNAMIC PREISACH MODELS OF HYSTERESIS

고전적인 그리고 일반화된 *Preisach* model이 정적(static) hysteresis loop를 simulation한다는 것이 알려졌다. 그것은 지나간 입력의 극값 만이 hysteresis 연산자에서 미래의 값으로 표시를 남긴다는 것을 의미한다. 이동 model에서는 궤환에 따라 출력이 자화 특성의 마지막 표현에 영향을 주지만, 입력과 출력 변수의 시간 비율

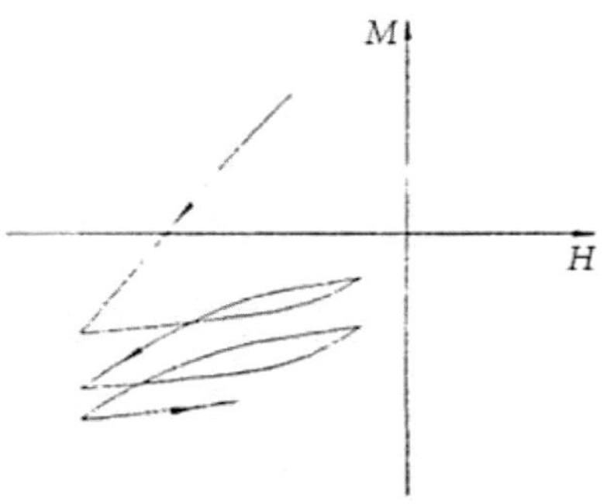

Figure 5.22 Illustration of the accommodation process of the moving model.

은 가지 위에서 영향력을 가지지 않는다. 앞의 model의 이 한계를 없애기 위하여 자화의 시간 비율을 *Preisach* 분포 함수의 변수로 포함시킨다: $P(h_a, h_b, dM/dt)$. 이것은 동적(dynamic) *Preisach* model로 이끌며 자화는 *Mayergoyz*[203], [207]에 의해 제안된 바와 같이 다음과 같이 결정될 수 있다:

$$M(t) = \iint_T P\left(h_a, h_b, \frac{dM}{dt}\right) \gamma(h_a, h_b)\, H(t)\, dh_a\, dh_b\,, \tag{5.19a}$$

$$\begin{aligned} M(t) = &\iint_T P\left(h_a, h_b, \frac{dM}{dt}\right) \gamma(h_a, h_b)\, H(t)\, dh_a\, dh_b \\ &+ \frac{M^+(H(t)) + M^-(H(t))}{2}. \end{aligned} \tag{5.19b}$$

위의 model의 직접 적용은 약간의 어려움을 가져온다. 그 중 한 가지는 *Preisach* 분포 함수가 출력 변수의 시간 도함수의 미지 량에 종속되어, model의 수치 이행(numerical implementation)에서의 어려움으로 귀결한다는 것이다. 다른 문제는 위의 동적 model의 확인(identification)에 관련된다. 이 어려움들은 자화의 시간 도함수 dM/dt에 관한 *Preisach* 분포 함수의 *Taylor* 급수 전개를 도입함으로써 극복될 수 있다(*Mayergoyz*[207]):

$$P\left(h_a, h_b, \frac{dM}{dt}\right) = P_0(h_a, h_b) + \frac{dM}{dt} P_1(h_a, h_b) + \cdots, \tag{5.20a}$$

$$P\left(h_a, h_b, H(t), \frac{dM}{dt}\right) = P_0(h_a, h_b, H(t)) + \frac{dM}{dt} P_1(h_a, h_b, H(t)) + \cdots. \tag{5.20b}$$

그 결과, 급수 전개의 첫 두 항을 가진 동적 자화는 다음의 형태에 도달한다:

$$\begin{aligned} M(t) = &\iint_T P_0(h_a, h_b)\, \gamma(h_a, h_b)\, H(t)\, dh_a\, dh_b \\ &+ \frac{dM}{dt} \iint_T P_1(h_a, h_b)\, \gamma(h_a, h_b)\, H(t)\, dh_a\, dh_b\,, \end{aligned} \tag{5.21a}$$

$$\begin{aligned} M(t) = &\iint_T P_0(h_a, h_b)\, \gamma(h_a, h_b)\, H(t)\, dh_a\, dh_b + \frac{M^+(H(t)) + M^-(H(t))}{2} \\ &+ \frac{dM}{dt} \iint_T P_1(h_a, h_b)\, \gamma(h_a, h_b)\, H(t)\, dh_a\, dh_b\,. \end{aligned} \tag{5.21b}$$

출력 변수의 매우 느린 변동의 경우에는 위의 model이 대응하는 정적 model로 줄어들어야 할 것이다. 그것은 dM/dt가 0이라면 *Preisach* 분포 함수가 정적 model의 *Preisach* 분포와 일치한다는 것을 의미한다: $P_0(h_a, h_b) = P(h_a, h_b)$.

동적 *Preisach* model에 대한 다른 접근법은, 각 기본 *Preisach* 직사각형 loop에서의 절환이 표준 *Preisach* model에서와 같이 동시에 일어날 수 없지만, 유한한 비율로 외부 자계에 의해 제어된다고 가정하는, *Bertotti*의 논문 [33], [34], [35], [36]에서 찾아질 수 있다.

이 가정의 기본적인 결과는, 각 기본 *Preisach* loop에서의 자속 변화의 유한한 비율과 외부 자계의 변화에서의 비율 사이의 경쟁으로 귀결하여, hysteresis loop의 폭이 자화 주파수의 증가에 따라 증가할 것이라는 것이다.

표준 *Preisach* model에서는 기본 *Preisach* 연산자의 상태가, 계통의 지나간 이력에 종속하여, ± 1 의 값인 $\gamma(h_a, h_b)$ 에 의해 묘사된다. 한편, *Bertotti* model에서는, $\gamma(h_a, h_b)$가, 유한한 시간 비율의 변화가 $H(t)$와 기본 loop 절환 자계 사이의 차이에 비례하는 것으로 가정되기 때문에, -1과 $+1$ 사이의 값을 가질 수 있다:

$$\frac{\partial \gamma}{\partial t} = \begin{cases} k \cdot [H(t) - h_a], & \text{if } H(t) > h_a, \\ k \cdot [H(t) - h_b], & \text{if } H(t) < h_b. \end{cases} \tag{5.22}$$

그래서, 함수 $\gamma(h_a, h_b)$는 식 (5.22)를 시간에 관하여 적분함으로써 얻어질 수 있다. 기본 hysteresis loop의 위의 표현에 기인한 것을 고려하면, 시간 비율은 $h_b < H(t) < h_a$이라면 영($\partial\gamma/\partial t = 0$)이며, 기본 hysteresis 연산자가 포화에 도달하면 ± 1이다. 동적 자계(magnetodynamic field) 계산에 대한 이 방법의 적용은 *Philips, Dupré*와 *Melkebeek*[239]의 논문에서 찾아질 수 있다.

5.7 PREISACH MODEL FOR *M–B* CHARACTERISTICS

Hysteresis 현상을 가진 실제 계통의 simulation을 위하여, 수치 장 해석 기법이 hysteresis 특성을 묘사하는 model에 편입되어야 할 것이다. 반복 계산에 관하여 세워진 방법의 유효성은 주로 방법이 어떻게 hysteresis 특성을 정확하게 묘사할 수 있는 지와 어떻게 효과적으로 해(solution)가 얻어지는지에 좌우된다. 약간의 제한에도 불구하고, *Preisach* model은 hysteresis 현상의 임의의 추적 특성(arbitrary tracing characteristics)을 묘사하는 가장 정확한 model 중 하나로 간주될 수 있지만, 약간의 불안정성(instability)이 반복 동안에 나타난다. 자화 특성의 simulation을 위한 *Preisach* model의 적용에 의한 수치 장 해석에서는 자화 M과 자계의 세기 H가 반복 동안에 약간의 수치적 불안정으로 귀결하는 이행 변수(implementation variable)로 다루어진다. 이 경우에는, M–H 곡선으로부터 얻어진 분포 함수가 항자계에 가까운 자화에서 갑작스러운 변화를 가진다. H에서의 작은 변동은 M에서의 큰 변화로 귀결할 수 있으며, 이것은 반복 과정 동안에 이행의 난점(implementation difficulty)으로 귀결할 수 있다.

위의 어려움을 피하기 위하여, 저자들 *Park, Hahn, Lee*와 *Jung*[235]은 *Preisach* model에서의 입력 변수가 H에서 B, $B=\mu_0(H+M)$로 바뀌어, *Preisach* model을 위해 M–B 변수가 제안된 방법을 개발하였다:

$$\mu_0 M = \iint_{B_a \geq B_b} P_B(B_a, B_b)\, s(B_a, B_b)\, dB_a\, dB_b\,. \tag{5.23}$$

여기서 B_a와 B_b는 절환 자속밀도의 값, $s(B_a, B_b)$는 ± 1의 값을 갖는 기본 hysteresis 연산자인 hysteron, 그리고 $P_B(B_a, B_b)$는 새로운 *Preisach* 분포 함수

$$P_B(B_a, B_b) = -\frac{\partial^2 \mu_0 M}{\partial B_a\, \partial B_b} \tag{5.24}$$

이다. 그림 5.23에 비교를 위하여 주(major) M–H 와 M–B loop가 그려져 있다.

그래서, 수치 장 해석에서는 자속밀도가 vector potential A로부터 쉽게 계산된다. 이 경우에는 자계의 세기를 먼저 계산할 필요 없이, 자화가 새로이 얻어진 *Preisach* 분포 함수에 의해 직접 이행될 수 있다.

H에 관한 M의 도함수는 다음과 같이 적어질 수 있다:

$$\frac{dM}{dH} = \frac{dM}{dB}\frac{dB}{dH} = \frac{dM}{dB}\mu_0\left(1 + \frac{dM}{dH}\right), \tag{5.25}$$

$$\frac{dM}{dB} = \frac{dM/dH}{\mu_0(1 + dM/dH)}. \tag{5.26}$$

반복 과정 동안에, M–H 변수의 경우에는, 항자계에 가까운 H에서의 작은 변동이 M에서의 큰 변화로 귀결할 수 있으며, 이것은 계통을 불안정하게 만들 수 있다. 식

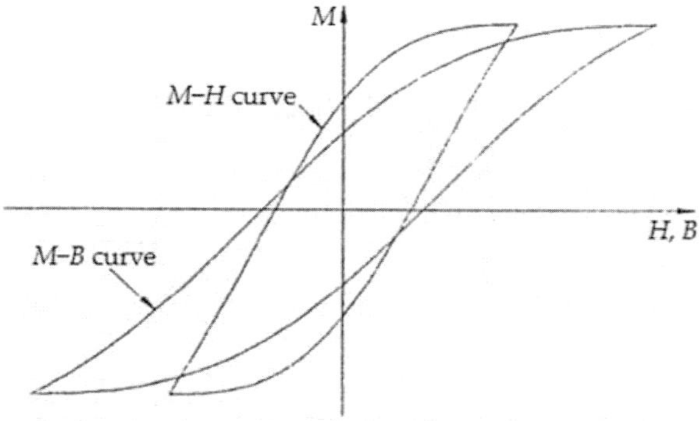

Figure 5.23 Comparison of the major M–H and M–B loops.

(5.26)에 따라, dM/dH가 무한대(infinity)로 가더라도, dM/dB는 유한하게 될 것이며, 그것에 의해서 $M–B$ 특성에 대해 안정하고 둔감한 계통(insensitive system)으로 개선된다.

위의 과정은 수치 장 해석에서 매우 매력적인 것으로 보여지기는 하지만, 위의 방법은, $H << M$인, 그리고 심하게 $B \approx \mu_0 M$인, 연자성체의 경우에는 편리하지 않다.

5.8 VECTOR PREISACH MODEL OF HYSTERESIS

다양한 장치의 자기 설계에서 몇 가지 문제는 자계와 자화의 vector 성질의 고려를 요구한다. 이것은 자기 연구에서의 초점이 vector hysteresis의 수학적 model로 바뀌는 것으로 귀결하였다. 큰 일반성의 첫 번째 vector *Preisach* model은 1986년에 *Mayergoyz*에 의해 도입되었다[197]. 이 논문은, hysteresis의 vector model에 대한 가역, 비가역 그리고 이동 표현의 묘사, 확인 그리고 확장에 대하여, *Mayergoyz*, 외[198], [200], [202], [204], [207], [210], [3], [4], [110], *Della Torre*, 외[62], [230], *Hoffened*와 *Vos*[131], *Charap*, 외[311], [313], [227], [228] 그리고 *Hong*, 외[132], [133]와 같은 몇몇 다른 이들에 의해 이어졌다.

자화에서의 vector hysteresis 비선형성은 자계의 세기 H의 vector 입력과, 자화 M의 vector 출력으로 특성지어질 수 있다. Vector hysteresis를 이해하기 위해서는 먼저 scalar hysteresis가 vector hysteresis의 특수한 경우로서 정의되어야 한다. 그래서, scalar hysteresis는, 고정된 방향을 따른 입력 변동에 대해 검출되는, vector hysteresis의 특별한 경우로서 나타내어질 수 있다. 위의 축소가 어느 방향으로든 취해질 수 있음으로써, vector hysteresis는, 모든 가능한 방향을 따라 계산된, scalar model과 입력 vector의 성분에 속하는 그들의 지나간 이력에 의해 영향을 받는다. 그래서, hysteresis의 vector *Preisach* model은 *Mayergoyz*[207]에 의해 소개된 바와 같이 모든 가능한 방향을 따라 분포된 scalar model의 vector 합(vectorial sum)으로써 나타내어질 수 있다(그림 5.24). 위의 관계는 수학적으로

$$M(t) = \int_{\varphi=0}^{2\pi} \int_{\vartheta=0}^{\pi/2} r(\vartheta, \varphi)\, M_r(\boldsymbol{r} \cdot \boldsymbol{H}(t)) \sin\vartheta \, d\vartheta \, d\varphi \tag{5.27}$$

과 같이 표현될 수 있다. 여기서 $M_r(\boldsymbol{r} \cdot \boldsymbol{H}(t))$는 특별한 방향의 scalar model

$$M_r = \iint_{T(h_a,\, h_b)} P_r(h_a, h_b, \vartheta, \varphi)\, \gamma(h_a, h_b)\, H_r \, dh_a \, dh_b \tag{5.28}$$

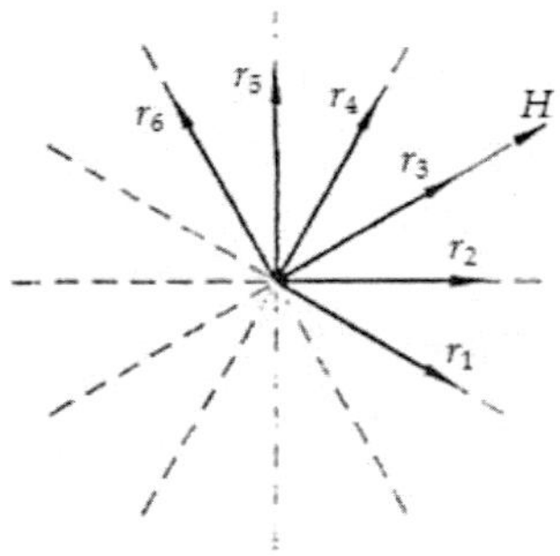

Figure 5.24 Decomposition of the input magnetic field along possible directions.

이며, $H_r = r(\vartheta, \varphi) \cdot H(t)$는 입력 vector의 성분인 한편, $P_r(h_a, h_b, \vartheta, \varphi)$는 선택된 방향에서의 특별한 분포 함수이다. 위의 model에서, 분포 함수가 어떤 방향을 향해서든 동일하게 선택된다면 귀결하는 vector hysteresis는 등방성 자성체를 나타낸다 [200], [210], [4], [227], [132], [133]. 분포 함수가 선택된 방향에 대하여 민감한 경우에는 *Mayergoyz*[204], [207]에 의해 추천된 바와 같이 이방성 vector *Preisach* model이 도입될 수 있다.

5.9 PREISACH MODELS IN FIELD ANALYSIS

Hysteresis 특성의 simulation을 위한 *Preisach* model에 의해 제공되는 이점이 매우 매력적이어서, 수치 장 해석에서 model의 이행에 대한 더욱 더 많은 예가 찾아질 수 있다. 첫 번째 논문 중의 하나는, 1982년에, *Everett* 적분의 계산에 의해 hysteresis simulation에 유한요소 적용을 이행한, *Del Vecchio*[72]에 의해 출판되었다. 교번전류(교류, alternating current) 여자 하에서의 공극을 포함하는 자기회로와 변압기 철심의 해석을 위한 유한요소 적용에 *Preisach* model을 이행한 논문이 다른 이들에 의해 이어졌다[107], [297], [128], [6], [7], [120], [219]. *Fetzer, Kurtz*와 *Lehner*[105], *Iványi,* 외[18], [19], [116], *Leonard, Rodger, Karagular*와 *Coles*[183]의 논문에서 hysteresis 전동기와 대형 발전기에서의 자계를 simulation하기 위하여, vector *Preisach* model이 서로 다른 수준의 유한요소법에서 도입되었다. 자성체의 절환 성질(switching property)의 결정에 대한 *Preisach* model의 더한 적용은 *Della Torre,* [231], [70], *Pardavi-Horvath, Vertesy*[234] 그리고 [57]의 저자에서 찾아질 수 있으며, 확률론적 입력 하에서의 거동이 *Korman*과 *Mayergoyz*[177]에 의해 조사되었을 뿐만 아니라, hysteresis model의 도움에 의한 자성체의 응력(stress)과 점성(viscosity)의 결정이 [208], [31], [252] 그리고 [117]의 논문에서 찾아질 수 있다. *Preisach* model을 기초로 하여 평가된, 자기 기록(magnetic recording)과 작은 입자 계통(fine particle system)에서의 자

화에 대한 연구는 논문 [61], [3], [283], [131]에서 출판되었다.

유한요소법의 뼈대(framework) 내에서 *Preisach* model의 문제를 조사하기 위하여 *Iványi, Gilányi, Barbarics*와 *Gyímothy*는 *Preisach* hysteresis model의 이행으로 program package를 평가하였다[15], [16], [17], [18], [19], [115], [119], [120]. *Preisach* model의 적용에서 일어나는 문제를 해석하기 위하여, 2차원적 장 문제가 강자성체의 존재 하에서 기계 내의 비균질 자계(inhomogeneous magnetic field)를 결정하는 hysteresis 전동기(hysteresis motor)에 대해 전개된다.

Hysteresis 전동기의 전기자(armature)는 비자성(nonmagnetic) 및 연자성체(soft magnetic material)와 결합된 강자성 ring으로 만들어진다. z-축을 따른 변동을 무시하면($\partial/\partial z = 0$), 장 문제는 그림 5.25에 그려진 2D model을 산출한다. 장 계산을 위하여, model은 4개의 영역으로 분리될 수 있다. 전기자의 내부 영역 Ω_1 ($r \le r_1$)과 전동기의 공극(air gap) Ω_3 ($r_2 \le r \le r_3$)은 $\mu = \mu_0$의 비자성체로 채워져 있다. 영역 Ω_2 ($r_1 \le r \le r_2$)는 넓은 hysteresis loop를 가지는 강자성 ring이다. 전동기의 고정자(stator)는 선형 특성 μ_{r4}를 가지는 연자성체의 영역 Ω_4 ($r_3 \le r \le r_4$)로 modelling된다. 영역 사이의 계면(interface)과 경계 면(boundary surface)은, 면의 반경이 r_1, r_2, r_3 그리고 r_4인 $\Gamma_1, \Gamma_2, \Gamma_3$ 그리고 Γ_4로 나타내어진다. 전동기의 여자(excitation)는, Γ_3를 따른 정현 분포의 면전류밀도(surface current density)로 귀결하는, 이상적인 coil(ideal coil)로 modeling된다:

$$K = \frac{I_m}{2\pi r_3} \sin \vartheta \, e_z. \tag{5.29}$$

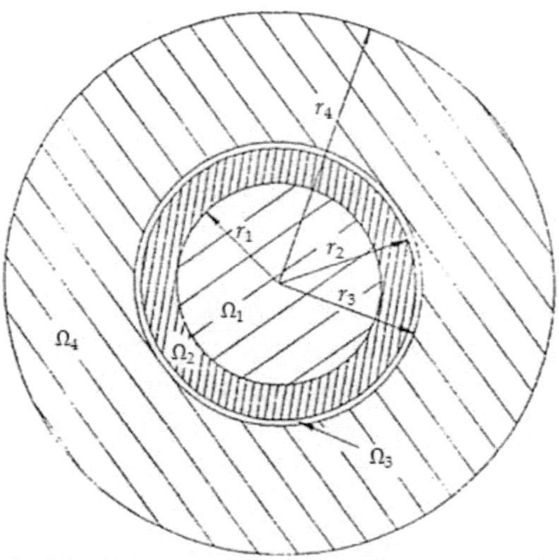

Figure 5.25 Cross section of the hysteresis motor, model for calculation.

정자계(static magnetic field)에서 와전류를 무시하고, 자화 vector M을 도입하면, 장방정식(field equation)은

$$\nabla \times H = J, \quad J = K\delta(r - r_3), \quad \nabla \cdot B = 0, \quad B = \mu(H + M) \tag{5.30}$$

의 형태를 가진다. 여기서 B는 자속밀도, H는 자계의 세기 그리고 μ는 비자성체 Ω_1, 공극 Ω_3 그리고 연자성체 Ω_4의 투자율이다. M은 넓은 hysteresis loop의 비선형 자성체 내에서 *Preisach* hysteresis 연산자에 의해 생성되는 자화 vector이다.

영역 Ω_1, Ω_3과 Ω_4 내에서의 물질의 선형 거동을 고려하면, 자화 vector는 0의 값 $M = 0$을 가지며 $\mu_i = \mu_0\mu_{ri}, i = 1, 3, 4$인 한편, 영역 Ω_2 내에서는 자화는 0이 아니고 $(M \neq 0)$, $\mu = \mu_0$이다. $B = \nabla \times A$와 같은 z-방향 자기 vector potential $A = A(x, y)\, e_z$, 그리고 면전류밀도를 modeling하기 위한 *Dirac* 분포(*Dirac* distribution) $\delta(r - r_3)$을 도입하면, 장 문제는, 아래에 나오는 경계조건(boundary condition)을 가진, 영역 $\Omega_i, i = 1, 2, 3, 4$ 내에서의 비선형 미분방정식의 풀이(solution)를 산출한다:

$$\nabla \times \left(\frac{\nabla \times A}{\mu} - M\right) = K\delta(r - r_3). \tag{5.31}$$

영역 $\Omega_1, \Omega_2, \Omega_3$과 Ω_4 사이의 계면 Γ_1, Γ_2와 Γ_3을 따라서는, 자속밀도의 법선 성분(normal component)이 연속이어야 한다. 자계의 세기의 접선 성분(tangential component)은 또한 면 Γ_1과 Γ_2를 따라서 연속인 한편, 계면 Γ_3을 따라서는 그 차이(difference)가 면전류밀도 K로 규정된다. 반경 방향 법선 vector $n = e_r$을 도입하면, 자기 vector potential에 대한 계면 조건은 다음과 같이 정식화된다:

$$A \cdot n|_{\Gamma_i \in \Omega_i} - A \cdot n|_{\Gamma_{i+1} \in \Omega_{i+1}} = 0, \quad i = 1, 2, 3, \tag{5.32a}$$

$$-\left[\frac{(\nabla \times A)}{\mu_i} - M_i\right] \times n\Bigg|_{\Gamma_i \in \Omega_i} + \left[\frac{(\nabla \times A)}{\mu_j} - M_{i+1}\right] \times n\Bigg|_{\Gamma_{i+1} \in \Omega_{i+1}} = \begin{cases} 0, & \text{if } i = 1, 2, \\ K, & \text{if } i = 3. \end{cases} \tag{5.32b}$$

전기기계의 외부 면(external surface)을 벗어나는 자속선(flux line)이 없다는 조건은 면 Γ_4를 따라 vector potential의 일정한 값으로 귀결한다. 이 상수를 0으로 선택하면, 경계조건은 Γ_4를 따른 제차(homogeneous) Dirichlet 경계조건으로 규정된다:

$$A|_{\Gamma_4} = 0. \tag{5.33}$$

2차원 문제의 풀이는, 그림 5.26에 그려진 삼각형 격자(triangular grid)의 도입으로, 유한요소법으로 이루어진다. 직각좌표계(Cartesian coordinates)에서 i-번째 요소에

Figure 5.26 Mesh and grid points of triangular finite elements.

대해 $A^i = \mathbf{F}_i^T \mathbf{A}_i$와 같이 선형으로 되는 형상 함수(shape function)를 선택하고, 절점(node)의 국부(local) 및 전역(global) 번호 사이의 상호 관계의 선언을 위한 $\mathbf{A}_i = \mathbf{C}\,\mathbf{A}$와 같은 일치 행렬(coincidence matrix) $\mathbf{C}$를 도입하면, energy 관련 범함수(energy related functional)

$$\mathcal{F}(A) = \int_{\Omega} \nabla \times A \left(\frac{\nabla \times A}{\mu} - 2M \right) d\Omega - \int_{\Gamma_3} 2A\,K\,d\Gamma, \quad \Omega = \bigcup_{i=1}^{4} \Omega_i \tag{5.34}$$

의 극치(extreme value)는 절점의 자기 vector potential에 대한 비선형 방정식 집합(nonlinear set of equations)을 산출한다:

$$\begin{aligned} \mathbf{S} &= \mathbf{C}^T \int_{\Omega_i} \frac{1}{\mu_i} (\nabla \times \mathbf{F}_i) \cdot (\nabla \times \mathbf{F}_i^T)\, d\Omega\, \mathbf{C}, \\ \mathbf{S}\,\mathbf{A} &= \mathbf{G}, \\ \mathbf{G} &= \mathbf{C}^T \int_{\Omega_i} (\nabla \times \mathbf{F}_i) \cdot \boldsymbol{M}_i\, d\Omega - \mathbf{C}^T \int_{\Gamma_i} \mathbf{F}_i \cdot \boldsymbol{K}_i\, \delta(r_3)\, d\Gamma . \end{aligned} \tag{5.35}$$

위의 비선형 방정식 계(nonlinear system of equation)의 풀이 동안에 첫 번째 자화 vector는 0으로 가정된다. 규정된 경계조건은 식 (5.35)의 풀이에 의해 자기 vector potential에 대한 첫 번째 근사화를 산출한다. 그 이상의 근사화는 앞의 vector potential과 *Preisach* hysteresis 연산자로부터 자화를 결정함으로써 수행될 수 있다.

수치적인 조사를 위하여 hysteresis 전동기에서의 자계가 결정되었다. 반경의 정규화한 값(normalized value)은 $r_1/r_2 = 0.82$, $r_3/r_2 = 1.01$ 그리고 $r_4/r_2 = 2.00$이다. 영역 Ω_4에서는 연자성체의 투자율이 $\mu_{r4} = 1000$으로 선택되었다. Γ_3에 따른 hysteresis 전동기의 여자를 고려하여 면전류의 최대 값은 $I_m = 1500$ [A]로 규정되었다. 유한요소 실현에 대해서는, $N_{\text{nodal points}} = 289$에서 삼각형 요소의 수는 $N_\Delta = 540$이다. 계산은 2극 권선 배치(two-pole winding configuration)에 대하여 자화 전류가 차례로 $\vartheta = 0, 30, 60$ [deg]에서 구해졌으며 자속선이 그림 5.27 (a)-(c)에 그려진 한편, 4극 배치의 경우에는 자속선의 분포가 같은 ϑ 값에 대하여 그림 5.28 (a)-(c)에 그려졌다. 그림에서 hysteresis 전동기 내에서 고정된 회전자 위치에서 회전 여자에 비하여 뒤지는(delay) 자속을 볼 수 있다.

Hysteresis 전동기에서의 자성체의 비선형 거동에 따라, 장 방정식의 풀이는 시간 영역에서 이루어진다. 수치적 취급은 배열(arrangement)에서 여자의 크기가 시간에 따라 변하지 않는다는 사실에도 불구하고, 무한히 짧은 시간 내의(within infinite short time) 원천 전류 또는 자계의 0에서 최대 값으로의 증가가 물질의 국부

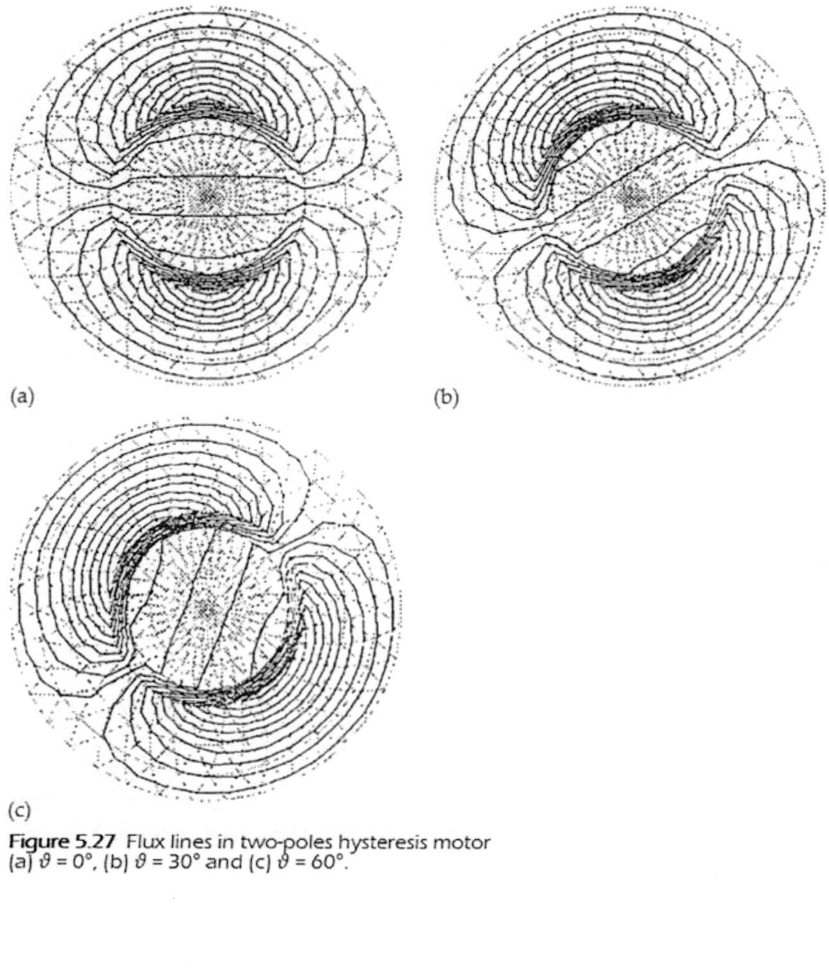

(a) (b) (c)

Figure 5.27 Flux lines in two-poles hysteresis motor (a) $\vartheta = 0°$, (b) $\vartheta = 30°$ and (c) $\vartheta = 60°$.

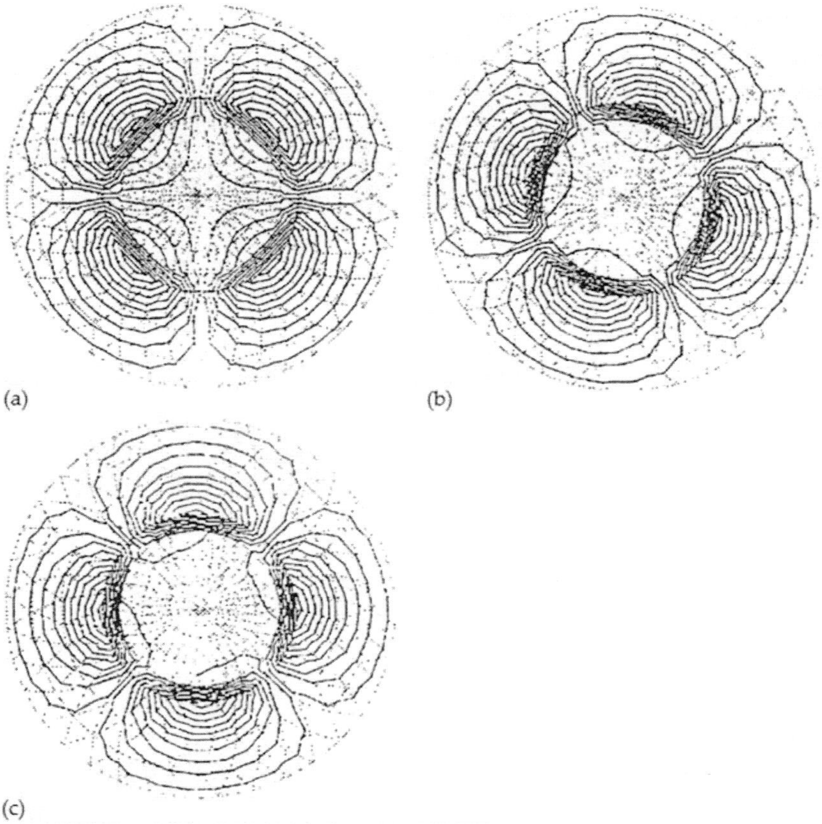

Figure 5.28 Flux lines in four-poles hysteresis motor (a) $\vartheta = 0°$, (b) $\vartheta = 30°$ and (c) $\vartheta = 60°$.

점(local point)에서의 포화로 귀결하며 안정적이지 않은(불안정한, non-stable) 진동을 산출하기 때문에, 여자의 총(total) 크기가 첫 순간(first moment)에 인가될 수 없다. 이 현상을 피하기 위하여, 여자는 격자 점(grid point)에서의 안정과 함께 단계적으로(step by step)증가된다. 이 방식으로 해의 수렴(convergence)이 보장될 수 있다.

수치 해석에서의 다음 문제는 막대한 수의 미지수(unknown)로부터 생겨, 반복과 시간 단계가 긴 CPU 시간으로 귀결한다. 방정식 계는 식 (5.35)의 형태를 가지는데, 여기서 **S**는 배열의 기하(geometry of arrangement)와 유한요소의 형상 함수에 종속되는 한편, **G**는 여자 전류와 앞의 안정한 반복에 의해 이루어지는 자화를 갖고 있다. 행렬 **S**의 역(inverse)을 만들면; 다음 단계의 결정에서 vector **G**의 새로운 값 만이 결정되어야 한다는 사실에 따라 반복이 더 빠르게 된다.

해의 정확도를 증가시키기 위해서 유한요소와 Preisach hysteresis 연산자에서의 이산화가 독립적으로 선택될 수는 없다.

6 STONER-WOHLFARTH MODEL

자기 hysteresis의 현상은 복잡하지만, 몇 가지 노력이 강자성체와 ferri-자성체에서의 비선형 특성의simulation 개발을 위해 이루어졌다. 순수 수학적인 묘사에서부터 물질 내에서의 미세 구조의 상세한 표현까지 많은 서로 다른 접근법이 다루어졌다. 알려진 바와 같이, hysteresis는 물리적인 근원을 가진다. 물질 내에서 열적 또는 다른 내부 상태 변수의 변동은 준안정 상태(metastable state)에서 다른 상태로의 hysteresis가 있는 계통(hysteretic system)의 이동으로 귀결한다. 자성체에서의 거시적 거동 또는 자구 구조의 해석을 기초로 하여, 비선형 특성의 몇 가지 표현을 논의한 후에, *Stoner-Wohlfarth* model이 비선형 계통에 있어서의 hysteresis 특성의 vector simulation을 위해 도입된다[286].

Stoner-Wohlfarth model은 자화 과정을, 입자 형상, 자기 결정 이방성 또는 응력에 의해 귀결되는, 단일축 이방성(uniaxial anisotropy)를 가진 단일 자구 입자(single domain particle)에서의 자기 moment의 회전의 조합(assemble)으로써 묘사한다. 가역 및 비가역 자화는 둘 다, 이 회전에 의하여 표현된다. *Stoner-Wohlfarth* model은 시간 독립 model이며, 물리적인 model로서 특정될 수 있다. Model의 이점으로서는, 이방성의 쉬운 표현과 model의 고유의 3차원적인 vector적인 성질이 관련될 수 있다는 점이다. Model의 불편한 점은 자기 moment 사이의 상호 작용을 무시하여 고려된다는 점이다.

Stoner-Wohlfarth model의 중요성은 model의 주된 성질을 설명하는 여러 저자들의 노력으로 증명될 수 있다. Model의 상세한 설명과 특성을 실현하는 방식은 *Stoner-Wohlfarth*[286]의 처음 논문과 *Cullity*[55], *Chikazumi*, *Charap*[50] 그리고 *Mayergoyz*[207]의 책에서 찾아질 수 있다. Model의 일부 또는 *Stoner-Wohlfarth* model의 주 개념(main idea)은 *Bozorth*[41], *Brown*[45]과 *Jiles*[158] 같은 다른 저자에서 찾아질 수 있다. 위에서 언급된 연구를 기초로 하여, 완성된 *Atherton*, *Beattie*[14], *Beardsley* [21], *Koehler*[176] 그리고 *Friedman*, *Mayergoyz*[109]의 논문에서는 model의 묘사와 실현이 논의되었다.

6.1 MAGNETIZATION OF AN ELLIPSOID SHAPE PARTICLE

Stoner-Wohlfarth model에서는 자성체가 그것의 응력, 결정 구조 또는 입자 형상에

관하여 이방성을 가진, 상호 작용 하지 않는 작은 입자로서 고려된다. 포화 M_s로 균일하게 자화된 각 입자는, 자구벽이 없는 것으로 고려된다면, 어떤 방향으로 자유롭게 회전하는 자구를 나타낸다. 일정한 자계 H가 자화 M_s인 한 개의 단일축 자기 입자(single uniaxial magnetic particle)에 인가된다면, 자기 moment는 그림 6.1에서 보여지는 바와 같이 용이축(easy axis)과 인가 자계에 의해 정의되는 평면 내에서 그 배향(orientation)이 바뀐다. 작은 자계에서는, 입자 자화가 용이축 주위에서 약간 교란되며 두 개의 energy 최소 중 하나에 위치한다. 자계가 증가하면 이 energy 최소의 위치가 바뀐다. 약한 자계에서 이 변화는 전적으로 가역이다. 하지만, 자계가 어떤, 임계 자계 값 H_c를 초과한다면, energy 최소 중 하나는 불안정하게 되고 자구 자화는, 동시에 계통의 전역 energy 최소이기도 한, 다른 최소로 갑자기 회전한다. 입자 자화의 방향에서의 이 갑작스러운 변화는 바가역 자화 과정을 나타내고, 자기 moment는 자계가 없어지더라도 전의 배향으로 돌아가지 않을 것이다.

포화 자기 moment M_s인 단일 자구의 총 energy는

$$w = K\sin^2\vartheta - \mu_0 H M_s \cos(\vartheta_0 - \vartheta) \tag{6.1}$$

이다. 여기서 K는 자기 입자의 단위 체적에 대한 이방성 상수(anisotropy constant)이며 ϑ는 용이축과 자구 자화 사이의 각도이다. 식 (6.1)에서 첫째 항은 이방성 energy인 한편, 둘째 항은 자기 potential energy 또는 인가 자계 H에 대해 자화 M_s인 자기 moment의 상호 작용에 기인하는 상호 작용 energy이다. 일정한 자계 값에서 자계의 배향에 관한 총 energy의 변동이 그림 6.2에 $\vartheta_0 = 30°$에 대하여 그려져 있다.

그림에서 energy의 국부 및 전역 최소가 상당하게 구별될 수 있다. Energy 최소에 도달하기 위하여 이방성 자계는 torque를 통하여 각도 ϑ를 감소시키는 한편, 인가 자계는 그것이 증가하도록 작용한다. M_s의 평형 위치는 energy 극 값 조건(extreme energy condition) 하에서 얻어질 수 있다:

$$\partial w/\partial\vartheta = 0. \tag{6.2}$$

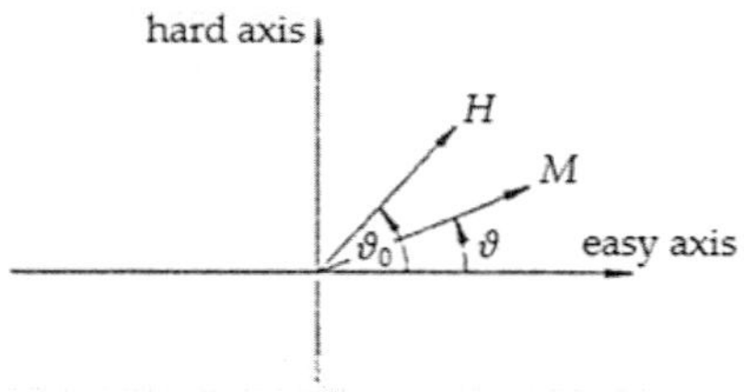

Figure 6.1 Magnetization of single magnetic particle.

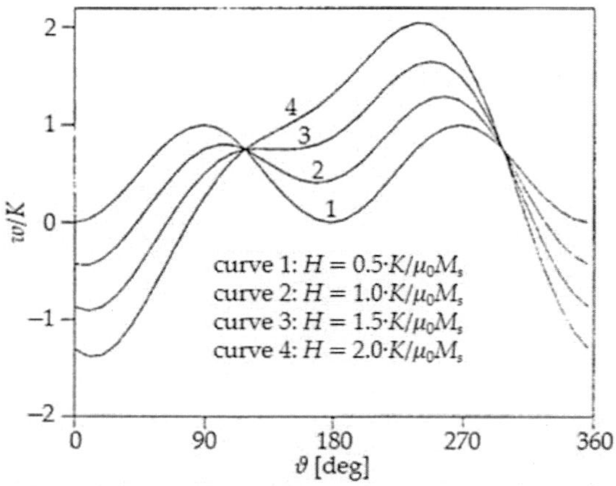

Figure 6.2 The relation between the energy and the direction of the magnetization at constant field intensity with $\vartheta_0 = 30°$ inclination to the easy axis.

이 평형은 극 값이 최소 energy $\partial^2 w/\partial\vartheta^2 \geq 0$에 속한다면 안정하며 그렇지 않으면 불안정하다. 평형 위치에 속하는 경사각(inclination angle) ϑ는 방정식

$$\partial w/\partial\vartheta = 2K\sin\vartheta\cos\vartheta - \mu_0 HM_s\sin(\vartheta_0 - \vartheta) \tag{6.3}$$

으로부터 결정될 수 있다. $\alpha = 2K/\mu_0 M_s$로 절환 자계를 도입하면, 표현식 (6.3)은

$$\sin\vartheta\cos\vartheta - (H/\alpha)\sin(\vartheta_0 - \vartheta) = 0 \tag{6.4}$$

의 형태를 가진다. 식 (6.4)로부터 용이축과 자기 moment 사이의 각도를 결정한 후에, hysteresis 특성에서 인가 자계에 평행한 자구 자화의 성분은 다음의 형태를 가진다:

$$M = M_s\cos(\vartheta_0 - \vartheta)\,. \tag{6.5}$$

정규화된 자계의 세기 $h = H/\alpha$와 직각 좌표계에서 그것의 성분 $h_x = h\cos\vartheta_0$, $h_y = h\sin\vartheta_0$을 도입하면 방정식 (6.4)는 $\cos\vartheta$에 대하여 둘 또는 네 개의 실해(real solution)를 갖는 4차 선형 방정식을 나타내는

$$\sin\vartheta\cos\vartheta + h_x\sin\vartheta - h_y\cos\vartheta = 0 \tag{6.6}$$

의 형태를 가진다. 해(solution)의 수에 따라, 인가 자계의 크기에 종속하여 두 경우가 구별된다. 첫 번째 경우에는 energy가 단지 한 개의 최소 만을 가진다. 그것은 자기 moment M_s의 오직 하나의 평형 배향(equilibrium orientation)을 나타낸다. 다른 경우에는 자화의 두 개의 평형 배향으로 귀결하는 두 개의 최소 값이 있다.

이 두 번째 경우는 특성의 hysteresis 성질로 귀결한다.

인가 자계가 용이축 $h_y = 0, h_x = h$에 평행인 경우에는($\vartheta_0 = 0$), 방정식 $\cos\vartheta + h = 0$은 $-1 \le h \le 1$인 모든 값에 대해 두 개의 실해를 가지며 $|h| > 1$이면 단지 한 개의 해를 가진다. 그것은, 자구 자화와 인가 자계가 용이축의 정(양) 방향($\vartheta_0 = 0, \vartheta = 0$)에 평행인 경우에는, energy의 1계 도함수(first derivative)가 안정 위치 $\partial^2 w/\partial\vartheta^2 = 0$에서 정(양)의 값을 가진다는 것을 의미한다. 이제, 인가 자계가 0으로 감소하며 그 다음 부(음) 방향 $\vartheta_0 = 180°$으로 증가된다. 인가 자계의 단조 증가 값이 용이축에 역평행(antiparallel)이며 절환 자계를 초과하지 않을 때까지($-1 \le h$), 자구 자화는, 용이축의 정(양) 방향으로 정렬된, 그것의 포화 자화 값 M_s를 가진다. 인가 자계가 증가함에 따라 energy의 1계 도함수는 감소하여, 자구의 총 energy는 국부극 값(local extremum)에 접근한다. 인가 자계가 절환 자계의 값을 초과하자 마자, 1계 도함수의 부호(sign)가 바뀌고, 인가 자계의 torque가 이방성 자계에 속하는 torque 보다 더 크게 되는 것을 나타내어, 그러므로 자구 자화의 위치가 불안정하게 된다. Torque는 자구 자화의 배향에서 갑작스러운 절환으로 귀결하여, 외부 자계의 방향으로 돌아, 자화가 정(양)의 값에서 부(음)의 값으로 절환된다. 위의 과정은 그림 6.3 (a)에서 볼 수 있는 바와 같이 완전하게 비가역 자화이다.

이제, 인가 자계가 이방성 자계에 수직인 것으로 가정한다($\vartheta_0 = 90°, h_x = 0, h_y = h$). 이 경우에는, 식 (6.6)에 따라 $\sin\vartheta - h = 0$이다. 이 값을 식 (6.5)에 대입하면 자화가 인가 자계의 선형 함수 $M = M_s h$인 것으로 나타난다. 거기에는 hysteresis가 없으며, 자화는 완전히 가역적이다. 포화는 자계 값이 절환 자계를 초과하면 이루어진다. Energy의 1계 도함수의 부호가 바뀌는 한편, 자구 자화는 인가 자계의 방향으로 돈다. 줄어든 자화(reduced magnetization) $m = M/M_s$를 도입하여, 정규화된(normalized) 값에 대한 선형 자화 곡선 $m = h$가 그림 6.3 (b)에 그려져 있다.

인가 자계가 용이축에 대하여 각도 ϑ_0로 임의의 방향을 가리킨다면, 그러면 자화

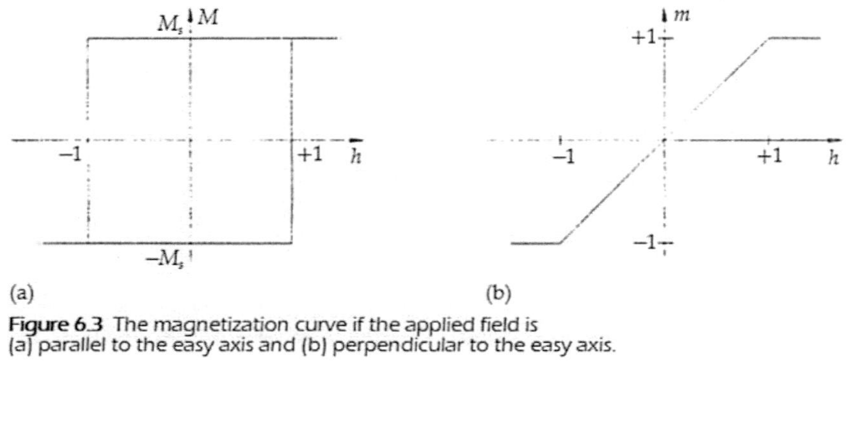

Figure 6.3 The magnetization curve if the applied field is (a) parallel to the easy axis and (b) perpendicular to the easy axis.

는 부분적으로 가역이며 부분적으로 비가역이다. 일반적으로는, 자구 자화가 하나의 안정 위치로부터 다른 안정 위치로 휙 위치를 바꾸는 ϑ의 임계 값이 식 (6.6)으로부터 결정될 수 있다. 이 각도의 임계 값은 안정 평형의 점에서는 총 energy의 최소에 대응할 필요는 없다. 그것은 2계 도함수에 관하여 energy 최대와 일치했을 수 있다. $\partial^2 w/\partial\vartheta^2$가 양(정)이라면 평형은 안정이며, 음(부)라면 평형은 불안정이다. 2계 도함수가 0의 값에서는 안정성의 조건이 바로 불안정성의 조건으로 된다.

6.2 CRITICAL VALUES

인가 자계의 연속 변화로 자화의 평형 방향이 불연속으로 되는 h-평면 내의 영역의 경계는 조건

$$\partial w/\partial\vartheta = 0, \quad \partial^2 w/\partial\vartheta^2 = 0 \tag{6.7}$$

하에서 결정될 수 있다. 식 (6.6)의 1계 도함수에 대한 조건은 다음의 형태와 등가이다:

$$1 + h_x/\cos\vartheta - h_y/\sin\vartheta = 0. \tag{6.8}$$

위 식의 도함수를 경사각 ϑ로 다시 정리하고, 약간의 재배열 후에

$$h_x/\cos^3\vartheta + h_y/\sin^3\vartheta = 0 \tag{6.9}$$

로 귀결한다. 그래서, 한 개와 두 개의 최소 값을 가진 영역의 경계는 식 (6.8)과 (6.9)에 의해 정의된다. h_x와 h_y에 관한 두 개의 선형 방정식의 풀이는 다음을 산출한다:

$$h_x = -\cos^3\vartheta\,, \quad h_y = \sin^3\vartheta\,. \tag{6.10}$$

식 (6.10)으로부터 하나의 안정 방향에서 다른 안정 방향으로 휙 위치를 바꾸는 자구 자화의 배향의 임계 값 ϑ_c는 다음과 같이 결정될 수 있다:

$$h_y/h_x = \tan\vartheta_0 = -\tan^3\vartheta_c\,. \tag{6.11}$$

자계의 세기와 용이축으로 정의된 평면 내에서 같은 방정식 (6.10)으로부터, 한 개와 두 개의 최소 값을 갖는 영역의 경계는 다음과 같이 결정될 수 있으며 그림 6.4에 그려져 있다:

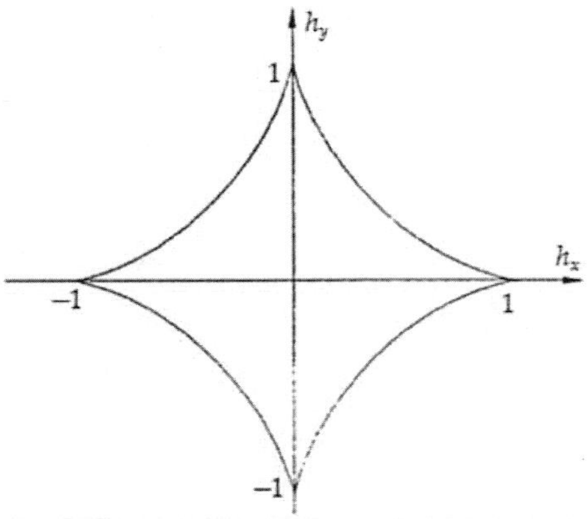

Figure 6.4 Stoner-Wohlfarth switching asteroid.

$$h_x^{2/3} + h_y^{2/3} = 1. \tag{6.12}$$

이 별 모양(성형, asteroid shape) 경계[207]를 따라 자계는, 용이축과의 각도에 관하여, 국부 평형이 불안정해지고 자구 자화가 그 배향을 바꾸는, 임계 값 h_c에 도달한다. 인가 자계의 배향이 ϑ_0이라면, 식 (6.12)는 자계의 세기의 임계 값에 대한 관계식으로 귀결한다:

$$h_c^{2/3}(1 + \tan^{2/3}\vartheta_0) = 1. \tag{6.13}$$

6.3 GRAPHICAL REPRESENTATION OF THE ENERGY MINIMUM

식 (6.6)의 해(solution)는 위에 그려진 성형 곡선(asteroid curve)의 도움에 의해 가장 쉽게 시각화될 수 있다. 식 (6.6)을 만족하는 자기 moment의 평형 방향은 그림

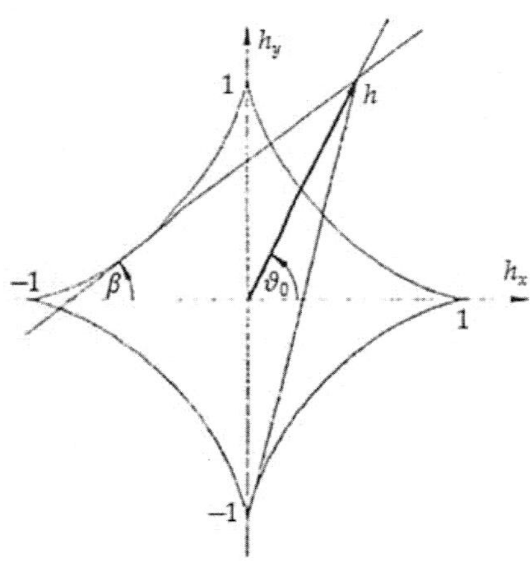

Figure 6.5 Asteroid curve with one equilibrium position of Stoner-Wohlfarth particle.

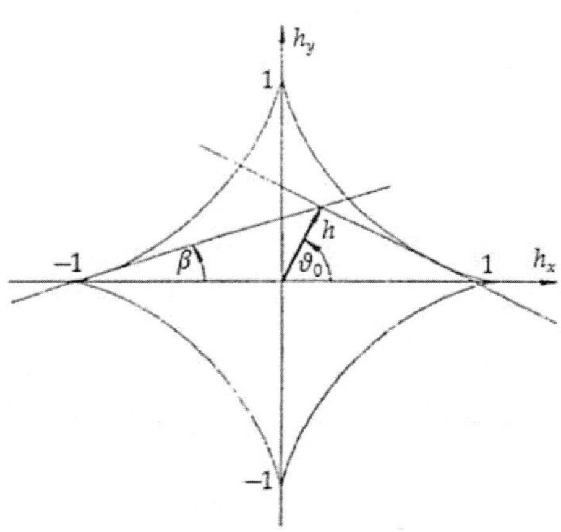

Figure 6.6 Asteroid curve with two equilibrium position of Stoner-Wohlfarth particle.

6.5와 6.6에서 볼 수 있는 바와 같이 성형의 접선 중 하나를 따르며 인가 자계의 끝점(tip point)을 통하여 지나간다.

*H*가 성형의 외부에 있다면, 두 개의 접선이 그려질 수 있으며 그러므로 하나의 안정 해(stable solution)가 가능하다. 자기 moment의 평형 위치는 이방성 축과의 각도 ϑ가 더 작은 접선에 평행이다. *H*가 성형 내부에 있을 때에는, 4개의 접선이 있으며 자기 moment에 대하여 가능한 평형이 2개가 있다. 평형 상태는 용이축과 가장 작은 각도 ϑ를 나타내는 선에 평행이다.

접선과 입자 자화 사이의 관계를 확인하기 위하여, 성형과 좌표 h_{x1}, h_{y1}인 점 P_1과 접하며 인가 자계의 끝점을 통과하는 접선을 고려한다(그림 6.7).

위의 접선과 입자의 용이축 사이의 각도를 β로 나타낸다면, 이 접선의 기울기는 만나는 점(matching point) $P_1(h_{x1}, h_{y1})$에서 성형 (6.12)의 구배(경도, gradient)로부터 결정될 수 있다:

$$\left[h_x{}^{-1/3} + h_y{}^{-1/3}\frac{dh_y}{dh_x}\right]\Bigg|_{P_1} = 0, \quad \frac{dh_y}{dh_x}\Bigg|_{P_1} = \tan\beta = -\left(\frac{h_{y1}}{h_{x1}}\right)^{1/3}. \tag{6.14}$$

점 P_1이 성형의 점일 뿐만 아니라 $h_{x1}{}^{2/3} + h_{y1}{}^{2/3} = 1$임으로써, 점의 좌표는 식 (6.14)의 도움으로 결정될 수 있다:

$$h_{x1} = -\cos^3\beta, \quad h_{y1} = \sin^3\beta. \tag{6.15}$$

이를 접선의 방정식 $(h_y - h_{y1})/(h_x - h_{x1}) = \tan\beta$에 대입하고, 약간의 재정식화 후에, $\beta = \vartheta$의 조건 하에서 식 (6.6)이 만족됨을 보이는

$$\sin\beta\cos\beta + h_x\sin\beta - h_y\cos\beta = 0 \tag{6.16}$$

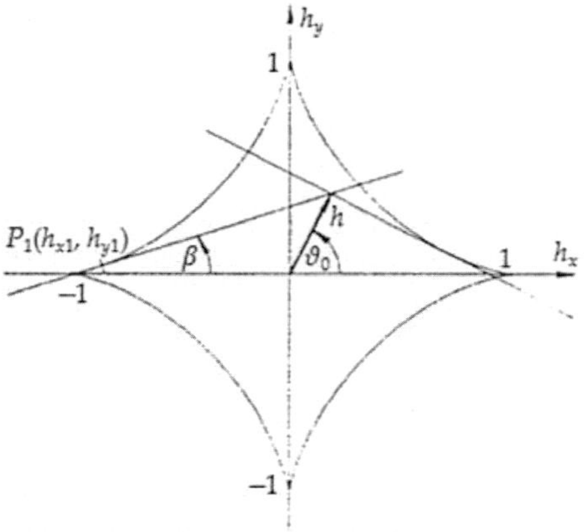

Figure 6.7 Asteroid curve and the tangent line of equilibrium position.

의 형태로 귀결한다.

6.4 HYSTERESIS OF THE STONER-WOHLFARTH PARTICLE

위에서 논의된 기하학적 관계식은 인가 자계의 세기가 임의의 방향을 따라 변화하는 경우에 대한 *Stoner-Wohlfarth* 입자의 hysteresis loop를 생성하는 가능성을 제공한다[207]. 그림 6.8에서 볼 수 있는 바와 같이 자구 자화 M_s를 가진 자기 입자에 작용하는 자계의 세기가 ξ–ξ'의 방향을 가지며, 이 자계가 1에서 6까지 기호가 붙은 $-h$와 $+h$의 값 사이에서 변화한다고 가정한다.

자화가 점 1로 표시된 값 $-h$에서 출발하며, 그 값이 점 2~5를 따라 점 6으로 표시된 값 $+h$ 까지 단조 증가한 다음, 그 값이 $-h$로 돌아가도록 단조 감소하면 *Stoner-Wohlfarth* 입자에서 총(total) hysteresis loop를 나타낸다. 인가 자계의 값이 선 ξ–ξ'를 따라 움직임으로써, M의 평형 배향은 점 5 까지 성형의 오른쪽 변(right side)에서의 접선의 방향을 따라 변화한다. 이 점에서 자기 moment가 휙 바뀌고, 접선은 성형의 오른쪽 변에서 왼쪽 변으로 절환된다. 자화의 안정 방향은 마지막 점 6에서의 접선에 의해 결정된다. 인가 자계가 선 ξ–ξ'를 따라 되돌아가면, 안정 평형은 성형의 왼쪽 변의 접선에 속한다. 점 2에서 안정 위치는 불안정하게 되고 자기 moment는 다시 휙 바뀌며, 접선은 성형의 왼쪽 변에서 오른쪽 변으로 돌아간다. 그래서, 인가 자계가 성형의 외부에서 내부로 움직인다면 자구 자화의 평형 방향이 연속적으로 바뀌며, 자계가 내부에서 외부 영역으로 통과한다면 자화의 배향에서 갑작스러운 변화가 생긴다. 그것은 성형의 내부에 있는 선 ξ–ξ'의 점이 자기 moment에 대한 두 개의 안정 배향을 나타내어, 그림 6.9에 그려진 hysteresis loop의 두 개의 서로 다른 가지로 귀결함을 의미한다.

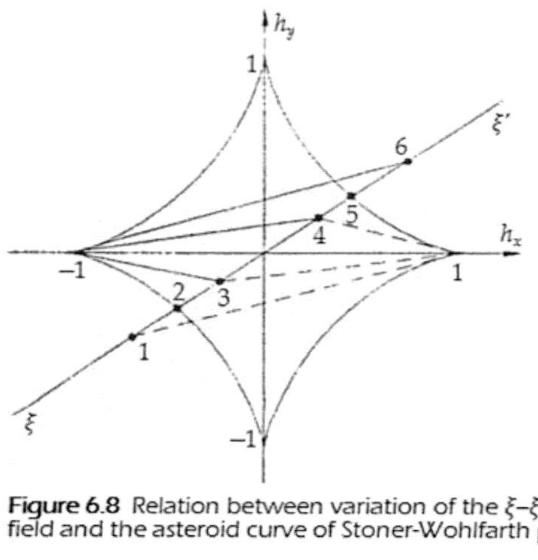

Figure 6.8 Relation between variation of the ξ–ξ' directed magnetic field and the asteroid curve of Stoner-Wohlfarth particle.

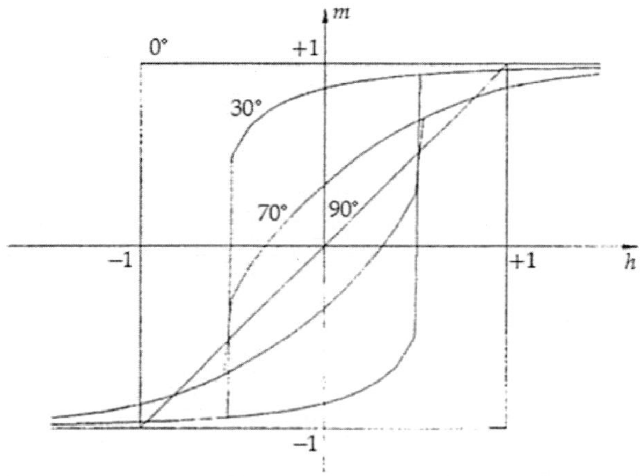

Figure 6.9 Magnetization curves of Stoner-Wohlfarth particle under $\vartheta_0 = 30°$ and $\vartheta_0 = 70°$.

Hysteresis의 초기 부분(initial part)의 경우, 입자 자화의 안정 배향은 성형의 왼쪽 변에서의 접선으로 나타내어진다.

이 방식으로 *Stoner-Wohlfarth* 입자의 자기 moment는 기본 vector hysteresis 연산자의 출력으로 간주될 수 있다. 각 연산자는 입자 자화의 두 개의 평형 배향과 일치하는 두 개의 상태를 가진다. 그래서, 덩어리(bulk) 물질의 자화는 동일한 입자의 수집(collection)에 의해 modeling될 수 있으며, 따라서 인가 자계에 정렬된 입자 자화의 조합(assembly)에 의해 나타내어질 수 있다. 그래서, 자화는 체적 V의 표본 위에서 H의 자계에 의해 생성되며, 원통 좌표계에서 용이축의 분포 $\rho(\vartheta_0, \varphi)$로

$$M = \frac{1}{V}\int_{\varphi=0}^{\varphi=2\pi}\int_{\vartheta_0=0}^{\vartheta_0=\pi} M_s \cos(\vartheta_0 - \vartheta)\,\rho(\vartheta_0, \varphi)\sin\vartheta_0\, d\vartheta_0\, d\varphi \tag{6.17}$$

와 같이 결정될 수 있다. 여기서 확률 분포는 다음의 조건을 만족해야 한다:

$$\int_{\varphi=0}^{\varphi=2\pi}\int_{\vartheta_0=0}^{\vartheta_0=\pi} \rho(\vartheta_0, \varphi)\sin\vartheta_0\, d\vartheta_0\, d\varphi = 1. \tag{6.18}$$

무작위적으로 배향된 용이축의 균일 분포로 단일축 입자(uniaxial particle)의 단일 자구의 조합으로써 하나의 hysteresis loop가 그림 6.10에 그려져 있다.

등방성 물질의 경우, 자구에서의 용이축의 무작위 분포는 균일한 것으로 간주될 수 있는 한편, 거시적 이방성(macroscopic anisotropy)을 가진 물질의 경우에는, 용이축 배향의 불균일 분포가 고려되어야 한다.

Stoner-Wohlfarth model의 더 나아간 연구에서는, 이방성 자계가 용이축과 자기

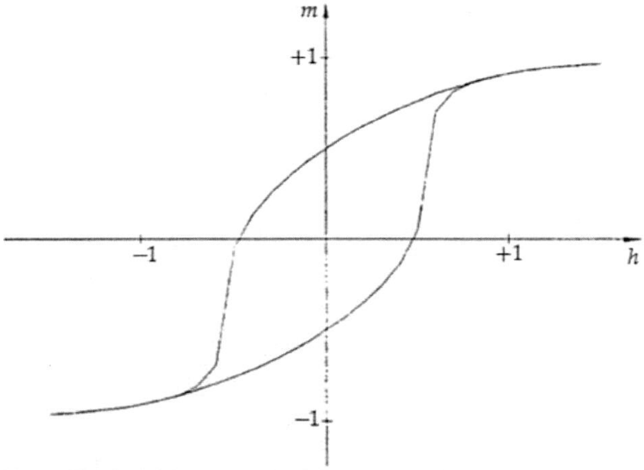

Figure 6.10 Hysteresis loop of an assembly of single domains of uniaxial particles.

moment 사이의 각도 ϑ의 2차와 4차 멱(second and fourth power)의 두 개의 항으로 나타내어지는, 단일축 결정에 대한 자화 특성의 결정에 관심을 가질 수 있다:

$$w = K_1 \sin^2 \vartheta + K_2 \sin^4 \vartheta - \mu_0 H M_s \cos(\vartheta_0 - \vartheta)\,. \qquad (6.19)$$

Cullity[55]에 의해 보여진 바와 같이, 이 경우에는 $\vartheta_0 = 90°$ 하에서 가역 자화의 직선이 수정된다. 총 energy의 최소화를 위한 조건은 식 (6.19)에 따라

$$2K_1 \sin \vartheta \cos \vartheta + 4K_2 \sin^3 \vartheta \cos \vartheta - \mu_0 H M_s \sin(90° - \vartheta) = 0 \qquad (6.20)$$

과 같이 정식화될 수 있으며, 인가 자계에 평행인 입자 자화 $M = M_s \cos(\vartheta_0 - \vartheta)$는 가역 자화에 대한 관계식

$$h = m + 2\,K_2/K_1 m^3 \qquad (6.21)$$

을 산출한다. 여기서 상대적인 자계의 세기와 자화는 $h = \mu_0 H M_s / 2K_1$, $m = M_s$ 와 같이 도입되었다. 이방성 상수의 값 $K_1 = 4.5{\cdot}10^5$ [J/m^3]와 $K_2 = K_1/3$ 에 대한 자화 곡선이 그림 6.11에 그려져 있다.

K_2가 0이라면, 정규화된 자화 곡선은 직선 $m = h$로 되는 한편, 포화 자화에서는 자계의 세기가 $H = 2K_1/\mu_0 M_s$의 형태를 가진다.

6.5 APPLICATION OF THE MODEL FOR MAGNETIC MATERIALS

Stoner-Wohlfarth model의 확인(identification) 문제는 실제 문제의 simulation에서 방법의 적용의 요점 중 한 가지이다. 주된 문제는 절환 자계의 분포 함수와 model

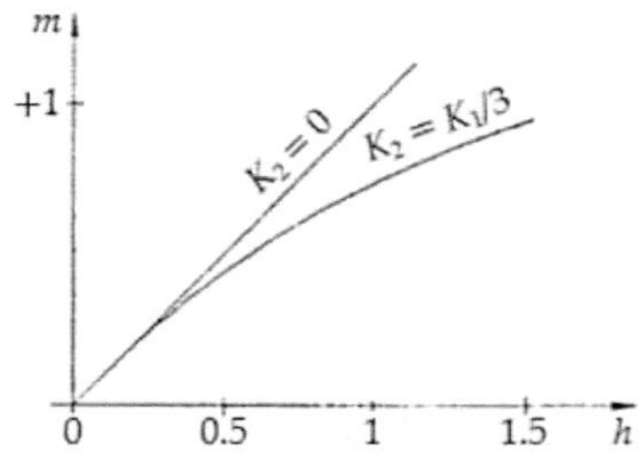

Figure 6.11 Magnetization characteristic at higher order anisotropy.

을 실험 data에 적합시키는 *Stoner-Wohlfarth* 입자에 대한 용이축의 방향의 선택이다. *Del Vecchio*와 *Charap*[74] 그리고 *Friedman*[108], *Friedman*과 *Mayergoyz*[109]는 *Stoner-Wohlfarth* 입자와 *Preisach* model의 분포 함수 사이의 관계를 보였다. *Stoner-Wohlfarth* 입자 자화의 새로운 정식화가 *Friedman*[108]에 의해 도입되었다:

$$\boldsymbol{m} = \boldsymbol{\delta}_\vartheta(\vartheta_0, h) \cdot \gamma(\xi, \xi')\, u(\vartheta_0, h) + \boldsymbol{\rho}_\vartheta(\vartheta_0, h) \tag{6.22}$$

여기서 h, m은 줄어든(reduced) 자계와 자화이다. 인가 자계의 용이축 방향 성분은 $u(\vartheta_0, h) = h\cos\vartheta_0\left(1 + \tan^{2/3}\vartheta_0\right)^{3/2}$에 의해 나타내어지는 한편, $\gamma(\xi, \xi')$는 입력 $u(\vartheta_0, h)$가 $+1$ 위로 증가하고 -1 아래로 감소함에 따라 -1에서 $+1$로 그리고 $+1$에서 -1로 절환하는 기본 hysteresis 연산자이다. 함수 $\boldsymbol{\delta}_\vartheta$와 $\boldsymbol{\rho}_\vartheta$는, 성형의 두 개의 접선을 따르는 방향인 단위 vector $\boldsymbol{m}_1, \boldsymbol{m}_2$로, 자계 vector의 끝(tip)에서 그은 성형의 접선으로부터 결정될 수 있다:

$$\boldsymbol{\delta}_\vartheta(\vartheta_0, h) = \frac{1}{2}[\boldsymbol{m}_1(\vartheta_0, h) - \boldsymbol{m}_2(\vartheta_0, h)], \tag{6.23}$$

$$\boldsymbol{\rho}_\vartheta(\vartheta_0, h) = \frac{1}{2}[\boldsymbol{m}_1(\vartheta_0, h) + \boldsymbol{m}_2(\vartheta_0, h)]. \tag{6.24}$$

식 (6.22)에서 첫 번째 항 만이 자계 변동의 이력에 종속되어서, 그것은 *Stoner-Wohlfarth* 비선형성의 비가역 성분을 나타낸다. 두 번째 항은 자계의 세기의 단가 함수로서, hysteresis의 가역 성분으로 귀결한다. 자화 과정에 미치는 이방성 상수 분포의 효과를 표현하기 위한 몇 가지 다른 노력이 *Berkov, Petinov*[32]에 의해 연구되었다.

Stoner-Wohlfarth 입자 자화에 미치는 감자 자계의 영향이 *Wuori*와 *Judy*[317]에 의해 조사되었다. 그들은 입자의 이방성이 소멸됨으로써 가역 및 비가역 자화 둘 다가 0으로 됨을 찾았다.

자구 사이의 상호 작용이 무시되는 *Stoner-Wohlfarth* 이론에서는, 각 입자가 단일의 균일하게 자화된 자구로서 고려된다. 하지만, 이 model은 작은 입상 크기(grain size)를 가지는 물질에 대해 타당하며, 많은 강자성체에서는 자구 사이의 상호 작용이 무시될 수 없다. Model의 이러한 결점을 만회하기 위하여, *Atherton*과 *Beattie* [14]는 평균 자계(mean field) 항의 부가에 의해 입자 상호 작용을 도입하였다. 그래서, 입자가 겪는 자계는 $H_{eff} = H + \alpha M$이 되어, energy를 수정한다. 이 관계식을 식 (6.17)에 대입하면, 수치적으로만 풀어질 수 있는, 자계의 세기에 관한 음함수 방정식(implicit equation)으로 귀결한다. *Hejda, Petrovsky*와 *Zelinka*[127]는, 평균 상호 작용 자계의 도입은 *Preisach* model로 움직이며, 어떤 경우에는 불안정성을 개선하는 것이 평균 자계 *Stoner-Wohlfarth* model에서 설명될 수 있음을 보였으며 실험 data로 입증하였다.

Stoner-Wohlfarth model의 주된 적용은 자구 크기에서 적어도 한 개의 매개변수를 갖는 물질의 자기 hysteresis의 표현에서 찾아질 수 있다. 그래서, *Stoner-Wohlfarth* model은 *Beardsley*[21], *Okada*와 *Inoue*[224], *Tsutsumi, Kugiya, Akagi*와 *Matsuyama* [294], *Potter*와 *Beardsley*[243], *Stancu*와 *Papusoi*[284], *He, Doyle*과 *Fujiwara*[126]의 논문에서 읽을 수 있는 바와 같이 기록 과정(recording process)에서 비선형성의 simulation에 잘 맞는다.

수치 장 해석, 유한요소법은 물론 혼성 경계요소-유한요소법(hybrid boundary element-finite element method)에서 *Stoner-Wohlfarth* model의 성공적인 적용은 *Feliachi, Meunier*[104]와 *Fredkin, Koehler*[106]의 논문으로 보고되었다.

7 CHUA-TYPE MODELS

Hysteresis의 현상은 많은 서로 다른 물질과 과정에서 관찰될 수 있다. 강자성체와 ferri-자성체에서 검출되는 hysteresis적인 효과는 매우 익숙한 예이지만, 유전체(dielectric), 소성 변형(plastic deformation)은 물론 인간 호흡기 계통에서와 같은 과학(이학, science)의 몇 가지 다른 분야에서도 hysteresis적인 거동이 검출될 수 있다. Hysteresis적인 거동을 가진 요소를 내포하는 계통을 해석하기 위해서는 hysteresis 현상을 simulation하기 위한 수학적 model이 필요하다.

앞의 chapter들에서, modeling 문제에서 두 가지 기본적인 접근법이 보여졌다. 한 가지 접근법은, hysteresis적인 거동을 지배하는, 물리적 원리를 기초로 한다. 유감스럽게도, 나타나는 hysteresis의 합리적으로 좋은 물리적 묘사가 있는 경우에는, 보통 물리적 원리를 적절한 수학적 형태로 변환하기 위하여 다양한 단순화를 하는 것이 강제된다. 더 실제적인 model을 얻기 위하여, *Langevin*형과 *Preisach*형 model에서 실현된 바와 같이, 더욱 더 일반화된 model의 더 진보된 개발을 위한 가능성이 주어져야 한다. 다른 접근법은 hysteresis 현상을 나타낼 수 있는 적합한 수학적 표현을 기초로 한다. Hysteresis를 나타내는 계통은 비선형이기 때문에, 수학적 표현 역시 필연적으로 비선형이어야 한다. Modeling 과정의 특성화의 주된 어려움은 model의 정당성이 입증되어야 한다는 것이다. 그것은 첫째로 수학적 표현의 적절한 매개변수에 대하여 hysteresis 요소가 가진 것과 같은 중요한 성질을 나타내는지를 보이는 것이며, 둘째로는 model이 어떻게 정확하게 simulation하는지, 그것이 내부와 외부 매개변수의 서로 다른 변동에 대해 어떻게 민감하게 반응하는지에 대한 예측을 만드는 것이다.

본래 ***Chua*-형 model**(*Chua-type model*)은 두 번째 접근법을 기초로 하며, *Chua*와 *Stromsmoe*[51] 그리고 *Chua, Bass*[52]에 의해 강자성체의 순수 현상학적인 거동에서 유도되었다. *Chua*-형 model의 핵심 개념은 자계를 배경으로 자속밀도의 궤적(trajectory)이 자속밀도의 시간 도함수가 부호를 바꾼 마지막 점에 의해 유일하게 결정된다는 것이다. 더 나아간 개발로 *Saito,* 외[254], [255], [257]는, *Chua*-형 model이 minor loop의 존재와 그 loop의 면적이 주파수에 따라 증가되는 것과 같은 많은 중요한 성질을 나타냄을 보였다[260], [264]. Model의 *Chua*-형은 정현 시변(sinusoidal time varying) 자속밀도 하에서 자계의 세기의 *Fourier* 급수 전개에 의해 유도될 수 있으며(*Saito,* 외[263]), 그것이 자화의 정적 및 동적 거동을 묘사하는 성분으로 고려될 수 있음이 *Saito,* 외[254], [255]에 의해 입증되었다. *Preisach* model과 *Chua*-형 model 사이의 관계는 *Saito,* 외[263]에 의해 보여졌으며, 특정한 *Chua*-형 model이 *Rayleigh*의 관계식, 잔존 효과(aftereffect) 그리고 철손을 나타낼 수 있다([260], [262]). *Sakaki,* 외[267], [268], [264]는 *Chua*-형 model의 매개변수가 자구벽(domain wall)의 이동과 밀접하게 관련된다는 것을 지적하였으며, 주파수 종속성, minor loop 그리고 과도 자화가 *Chua*-형 model에 의해 만족스럽게 다시 만들어질 수 있음을 확인하였다.

7.1 THE CLASSICAL CHUA MODEL

고전적인 *Chua* model은 입력 변수 $x(t)$와 출력 변수 $y(t)$ 사이에 관련된 자기 hysteresis 연산자의 수학적 model이다:

$$\frac{dy}{dt} = g\big(x(t) - f(y(t))\big)\,. \tag{7.1}$$

여기서 $g(\cdot)$와 $f(\cdot)$는 모든 점에서 0이 아닌 기울기를 가지며 $f(0) = g(0) = 0$의 성질을 만족하는 엄밀히 단조 증가하는 미분 가능한 함수이다. Model의 물리적인 표현으로서, 함수 $g(\cdot)$는 energy 소산(dissipation)의 원인이 되는 한편, 함수 $f(\cdot)$는 자성 요소 내에서의 energy 저장의 원인이 된다. 그래서, *Chua*의 표현에 따라, $g(\cdot)$는 **소산 함수**(*dissipation function*)이며 $f(\cdot)$는 **복원 함수**(*restoring function*)로 불릴 수 있다[51], [52].

주어진 단자 변수 $x(t)$, $y(t)$에 대하여, 소산 함수 $g(\cdot)$와 복원 함수 $f(\cdot)$를 세우기 위한 간단한 기하학적 과정이 주어진 hysteresis loop를 simulation하기 위해 사용될 수 있다. 어떤 대수 방정식(algebraic equation)을 hysteresis 특성에 맞춤이 없이, model이 동적 과정, 즉 Chapter 3에서 논의된, 동적 hysteresis loop의 특성에 현저하게 비슷하게 되는 비선형 미분방정식을 나타내는 것을 보일 수 있다. Model은, 동작 주파수의 증가에 따라 결과적인 hysteresis loop의 면적이 증가하는 동적 과정을 나타낸다. 더욱이, 여자가 직류(DC) 성분을 내포할 때, model은 대칭이 아닌 (비대칭, nonsymmetrical) minor loop를 나타낸다.

소산 함수 $g(\cdot)$가 단가 함수라는 사실에 따라, 특성 (7.1)은 다음과 같이 재배열될 수 있다:

$$x(t) = g^{-1}\left(\frac{dy(t)}{dt}\right) - f(y(t))\,. \tag{7.2}$$

강자성 hysteresis의 표현을 위하여, 단자 변수는 자계의 세기와 자속밀도이다. 여기서 특성의 표현을 위한 등가 $x(t) = H(t)$, $y(t) = B(t)$가 도입될 수 있다.

7.2 DETERMINATION OF THE DISSIPATION AND THE RESTORING FUNCTIONS

소산 및 복원 함수 $g(\cdot)$, $f(\cdot)$를 확인하기 위하여, 파형 쌍(pair for of wave) $H(t)$, $B(t)$가 측정되어야 한다. 가장 간단한 과정은, 자속밀도 $B(t)$로서 정현파형을 공급하고 대응하는 자계의 세기 $H(t)$가 측정되는, 공학적인 관점으로부터 측정을 평가하는 것이다. 자속밀도가 정현파형을 가짐으로써, 그것의 시간 도함수 $\dot{B}(t)$가 알려지고, 그래서 식 (7.1)은 대수적인 관계(algebraic relationship)로 줄어들 수 있다. 대칭 hysteresis loop의 경우에는 함수 $g(\cdot)$와 $f(\cdot)$가 기함수(odd function)이여야 한다. 특성의 비선형성에 따라, 자계의 세기 $H(t)$는 기수 고조파(odd upper harmonics)를 가진 비정현 대칭 주기파(nonsinusoidal symmetrical periodic wave)로 되고, 그래서 자계의 세기는 *Fourier* 급수 표현에서 cos과 sin 항에 관련된 우함수 $H_e(t)$와 기함수 $H_o(t)$의 합으로 표현될 수 있다:

$$H(t) = H_e(t) + H_o(t)\,. \tag{7.3}$$

$g(\cdot)$와 $f(\cdot)$의 기 대칭성(odd symmetry)을 고려하고, 식 (7.2)를 (7.3)에 대입하면 다음의 두 개의 유일 관계식으로 귀결한다:

$$H_e(t) = f(B(t)), \quad H_o(t) = g^{-1}\big(\dot{B}(t)\big)\,. \tag{7.4}$$

자속밀도 $B(t)$는 정현파형을 가지기 때문에, $B(t)$의 범위 내에서 B의 각 값에 대하여 주기 내에서 같은 자속밀도와 다른 자계의 세기를 갖는 두 개의 순시(two time instant) t_1과 t_2가 존재함이 따라온다:

$$B(t_1) = B(t_2) = B, \quad \dot{B}(t_1) = -\dot{B}(t_2)\,. \tag{7.5}$$

$g(\cdot)$는 기함수이기 때문에, 그래서

$$g^{-1}\big(\dot{B}(t_1)\big) = -g^{-1}\big(\dot{B}(t_2)\big) = d, \quad H_o(t_1) = -H_o(t_2) = d \tag{7.6}$$

이다. 자속밀도가 시간 t_1과 t_2에서 같은 값을 가진다는 것을 고려하면,

$$H_o(t_1) = -H_o(t_2) = \frac{H(t_1) - H(t_2)}{2} = d \tag{7.7}$$

이다. 위의 관계식은, d가 hysteresis의 단부(edge)에서 중점(midpoint) 까지의 수평

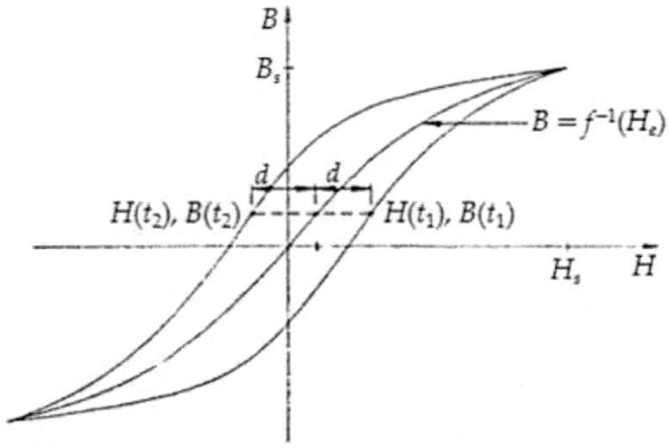

Figure 7.1 The hysteresis characteristic and the functions of g(·) and f(·).

거리임을 의미한다. 더욱이, 시간 t_1과 t_2의 값에 대응하는 hysteresis loop 위의 중점은 관계식 (7.4)를 만족한다:

$$B(t_1) = B(t_2) = f^{-1}(H_e(t_1)) = f^{-1}(H_e(t_2))\,. \tag{7.8}$$

위의 묘사와 일치하는 hysteresis loop 위의 점이 그림 7.1에 그려져 있다.

함수 $g(\cdot)$와 $f(\cdot)$가 유일하다는 수학적 성질과 그 증명은 *Chua,* 외[51], [52]의 원래의 논문에서 찾아질 수 있다.

7.3 REALIZATION OF THE MODEL

앞의 논점의 결과로서, 자계의 세기의 기 성분(odd component) H_o와 정현파형을 가진 자속밀도 B의 결합은 포화 곡선의 하나를 산출하는 한편, 자계의 세기의 우 성분(even component) H_e와 자속밀도의 시간 도함수 dB/dt의 결합은 hysteresis 성질을 나타내는 곡선을 산출함이 명백하다. 여기서 $H_e \cdot dB/dt$는 단위 체적 내에서의 전력 손실(power loss)을 준다.

동적 자기 hysteresis loop의 다른 관점으로부터 식 (7.2)는 우 및 기 자계 성분 $H(t) = H_e(t) + H_o(t)$으로

$$H(t) = \frac{1}{\mu}B(t) + \frac{1}{s}\frac{dB(t)}{dt} \tag{7.9}$$

와 같이 나타내어질 수 있다[254], [255], [263]. 여기서 동적 자기 hysteresis 특성의 매개변수를 나타내는 단가 함수 $f(B(t)) = \mu(B(t))$와 $g^{-1}(dB/dt) = 1/s\,(dB/dt)$는 다음과 같은 투자율과 hysteresis 계수를 표시한다:

$$\mu = \frac{B}{H_o}, \quad s = \frac{dB/dt}{H_e}. \tag{7.10}$$

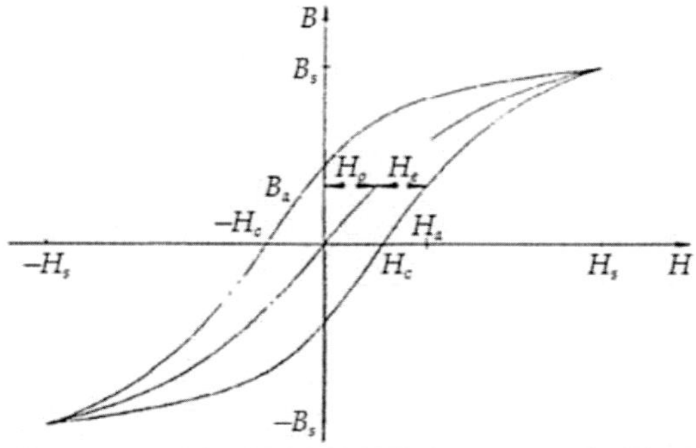

Figure 7.2 The magnetic hysteresis loop and the field components.

그림 7.2에 그려진 자기 hysteresis에서 임의의 점 H_a, B_a를 고려하면, 도입된 자기 투자율 μ는 자계의 세기 H 또는 자속밀도 B의 함수이며, 철(iron)의 자기 포화 성질을 나타낸다. 자계의 세기 (7.9)에 있는 두 번째 항은 hysteresis의 동적 성질의 원인이 된다. 그러므로, 자계의 세기 H_e는 *Saito*[254]에 의해 정의된 다음의 조건을 만족해야 한다: (i) 자속밀도 B가 부(음) 포화 $-B_s$에서 정(양) 포화 $+B_s$로 증가할 때에는, H_e는 정(양)의 값을 취해야 하고, (ii) 자속밀도가 $+B_s$에서 $-B_s$로 감소할 때에는, H_e는 부(음)의 값을 취해야 하며, (iii) 자속밀도가 정 또는 부 포화 값 $\pm B_s$에 도달하면, H_e는 없어져야 한다. 그리고 (iv) hysteresis loop에 의해 제한되는 면적은 단위 체적의 hysteresis 손실과 등가이어야 한다.

자계의 세기와 자속밀도의 시간 도함수 사이의 관계가 그림 7.3에 그려진 한편, 자계의 세기의 기(odd) 및 우(even) 성분에 따른 투자율과 hysteresis 계수의 변동이 그림 7.4에 그려져 있다.

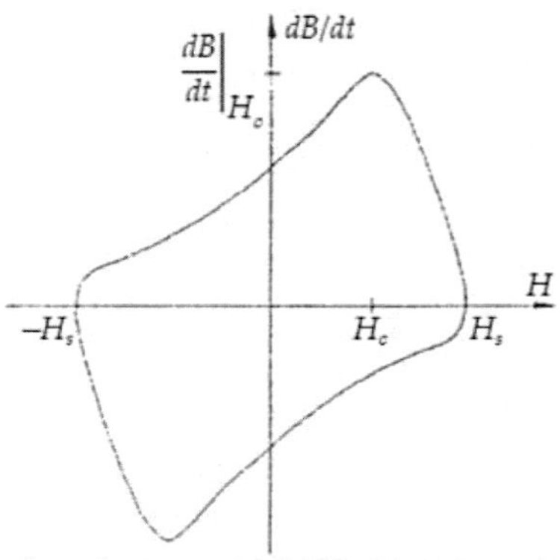

Figure 7.3 The relation between H and dB/dt.

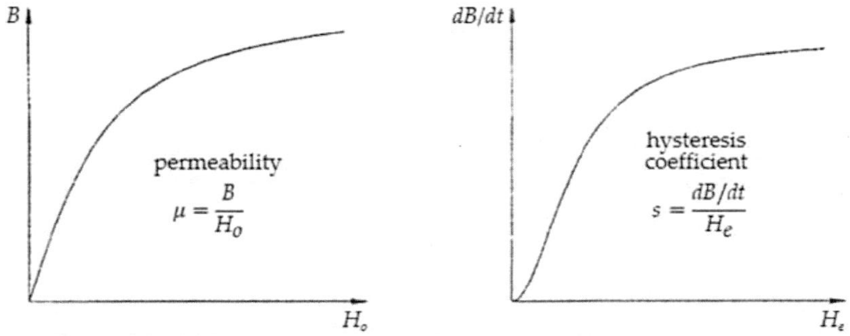

Figure 7.4 Variation of the parameter in the Chua-type model.

7.4 COMPARISON OF THE CHUA-TYPE AND THE PREISACH-TYPE MODELS

Chua-형 hysteresis model에서는 자화 과정이 시변 자속밀도 (7.9)를 통하여 나타내어진다. 자기적인 이력은, hysteresis loop의 상승과 하강 가지를 따라 서로 다른 부호를 가지며 변화율 dB/dt에 종속하여 서로 다른 값을 나타내는 자속밀도의 시간 도함수로써, 자속밀도의 값을 통하여 이행된다. 이것은 자화 궤적(magnetization trajectory)이 dB/dt에서의 부호와 변화율에 의해 유일하게 결정됨을 의미한다. 그림 7.5에서는 전환점(turning point)의 자계의 세기 H_n과 인가 자계의 세기 H_p인 1차 반전 곡선(first order reversal curve)[207]이 그려져 있다.

1차 천이 곡선(first order transition curve)에서의 B–H 궤적이 전환점의 자계의 세기 H_n에 종속하여 다른 경로를 가짐으로써, 그러므로 자속밀도 B는 인가 자계의 세기 H_p는 물론 반전점의 자계의 세기 H_n의 함수로써 나타내어질 수 있다:

$$B = B(H_n, H_p)\,. \tag{7.11}$$

Hysteresis 곡선의 궤적에서 포화와 반전점을 고려하면, $|B| < B_s$의 영역 내에서 반전점 H_n에서의 dB/dH_p의 기울기인 변화율은 0이 아닌 값을 가진다. 인가 자계와 반전 자계의 세기에 관한 이 변화율은 *Preisach* model의 분포 함수와 일치한다:

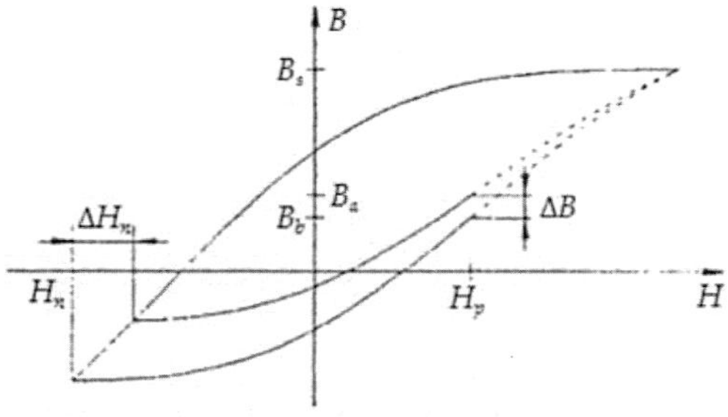

Figure 7.5 The trajectories of the first order reversal curves.

$$P = P(H_n, H_p) = \frac{\partial^2 B(H_n, H_p)}{\partial H_n \, \partial H_p}. \tag{7.12}$$

Chua-형 model과 *Preisach*-형 model 사이의 관계를 찾기 위하여[257], 그림 7.5와 대응하여 H_p의 상태에 식 (7.9)를 적용하면 다음의 관계식을 준다:

$$H_p = \frac{1}{\mu} B_a + \frac{1}{s} \frac{\partial B_a}{\partial t}, \tag{7.13}$$

$$H_p = \frac{1}{\mu} B_b + \frac{1}{s} \frac{\partial B_b}{\partial t}. \tag{7.14}$$

그림 7.5에서 자계의 세기에서의 차이 $\Delta H_n \approx 0$은 매우 작아서 투자율 μ와 hysteresis 계수 s는 상수인 것으로 가정될 수 있다. 식 (7.14)에서 (7.13)을 뺌으로써

$$\frac{1}{\mu}(B_a - B_b) = \frac{1}{s}\left[\frac{\partial B_b}{\partial t} - \frac{\partial B_a}{\partial t}\right] \tag{7.15}$$

와 이것을 다시 배열하면 관계식

$$\frac{\Delta B}{\mu} = \frac{1}{s}\left[\frac{\partial B_b}{\partial H_p} - \frac{\partial B_a}{\partial H_p}\right]\frac{\partial H_p}{\partial t} \tag{7.16}$$

을 산출한다. 위의 식을 다시 재배열하면 다음과 같은 형태로 귀결한다:

$$\frac{s}{\partial H_p / \partial t} = \frac{\mu}{\Delta B}\left[\frac{\partial B_b}{\partial H_p} - \frac{\partial B_a}{\partial H_p}\right]. \tag{7.17}$$

ΔH_n이 0으로 줄어든다면, 그림 7.5에 따라 식 (7.17)에서 ΔB와 결과적으로 $\Delta B/\mu$는 동시에 0으로 접근한다. 그래서, $\Delta H_n = \Delta B/\mu$에 대한 위의 가정으로 식 (7.17)은

$$\lim_{\Delta H_n \to 0}\left(\frac{1}{\Delta H_n}\right)\left[\frac{\partial B_b}{\partial H_p} - \frac{\partial B_a}{\partial H_p}\right] = \frac{\partial^2 B}{\partial H_n \, \partial H_p} \tag{7.18}$$

의 형태를 이끈다. 식 (7.12), (7.17) 그리고 (7.18)로부터 hysteresis 계수 s와 *Preisach* 분포 함수 $P(H_n, H_p)$ 사이의 관계식이 얻어질 수 있다:

$$s = P(H_n, H_p)\frac{\partial H}{\partial t}. \tag{7.19}$$

7.5 GENERALIZED CHUA MODEL

자기 hysteresis의 simulation에 있어서 가장 중요한 요구 조건 중 한 가지는 model이 물질의 지나간 이력을 나타낼 수 있어야 하지만, 매개변수가 지나간 자화 이력에 의해 영향을 받지 않아야 한다는 것이다. Hysteresis에 의해 영향을 받지 않는 특성 중 한 가지와 매개변수는 hysteresis가 없는(anhysteretic) 자화 곡선과 그에 관련된 매개변수이다. 그림 7.6에 그려진 hysteresis가 없는 자화 곡선은 투자율 μ와 $\mu_{rev} = \Delta B/\Delta H$로 정의되는 가역 투자율로 묘사될 수 있다. 여기서 ΔB와 ΔH는 이상화된(idealized) 자화 곡선의 무한히 작은 교번(alternating) 자속밀도와 자계의 세기이다. 자화 과정이 자속밀도와 자계의 세기의 시간 변화를 통하여 이루어짐으로써, 가역 투자율은

$$\frac{\partial H}{\partial t} = \frac{1}{\mu_{rev}} \frac{\partial B}{\partial t} \tag{7.20}$$

과 같이 다시 정식화될 수 있다. Hysteresis 계수 s를 도입한 후, 정적(static) 및 동적(dynamic) 특성에 기인한 총(total) 자계의 세기는 다음의 관계식을 산출한다:

$$H + \frac{\mu_{rev}}{s} \frac{\partial H}{\partial t} = \frac{1}{\mu} B + \frac{1}{s} \frac{\partial B}{\partial t}. \tag{7.21}$$

식 (7.21)의 재정식화된 형태를 고려하면, 자성체에 대한 일반화된 *Chua*-형 model로 귀결한다:

$$H = \frac{1}{\mu} B + \frac{1}{s} \left[\frac{\partial B}{\partial t} - \mu_{rev} \frac{\partial H}{\partial t} \right]. \tag{7.22}$$

여기서 μ, μ_{rev}와 s는 *Saito, Namiki, Hayano*와 *Tsuya*[165] 이후 다음과 같은 범함수형(functional form)으로 나타내어질 수 있다:

$$\mu = f_{\mu}(B), \quad \mu_{rev} = f_r(B), \quad s = f_s(B,\ dB/dt,\ dH/dt). \tag{7.23}$$

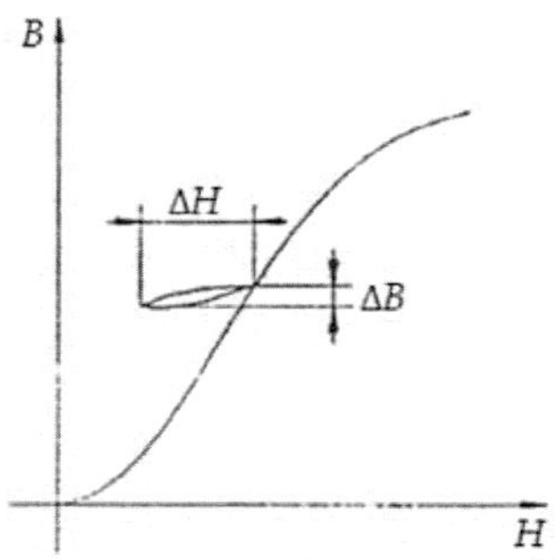

Figure 7.6 Anhysteretic magnetization.

식 (7.19)를 (7.22)에 대입하면 일반화된 *Chua*-형 model을 산출한다[52], [260]:

$$H + \frac{\mu_{rev}}{P} = \frac{1}{\mu}B + \frac{1}{P}\frac{\partial B}{\partial H}. \tag{7.24}$$

여기서 P는 *Preisach* 분포 (7.19)이다.

7.6 INITIAL PORTION OF THE MAGNETIZATION CURVE

Rayleigh 영역으로 불리는 약하게 자화된 영역 내에서, 일반화된 *Chua*-형 model의 매개변수 μ, μ_{rev}, P가 일정한 값을 갖는 것으로 가정될 수 있다면, 초기 자화 곡선은 미분 방정식 (7.24)의 해(solution)로 묘사될 수 있다:

$$B = \mu H + \frac{\mu}{P}(\mu_{rev} - \mu)[1 - \exp(-PH/\mu)]. \tag{7.25}$$

자화 곡선의 초기 부분(initial part)에서 자계의 세기는 매우 작다고 가정될 수 있어서,

$$\exp(-PH/\mu) \approx 1 - PH/\mu + \frac{1}{2}(PH/\mu)^2 \tag{7.26}$$

의 가정이 정당하며, 그래서 초기 자화(initial magnetization)는 다음의 형태를 가질 수 있다:

$$B \approx \mu_{rev}H + \frac{1}{2}PH^2(1 - \mu_{rev}/\mu) \approx \mu_{rev}H + \frac{1}{2}PH^2. \tag{7.27}$$

여기서 $\mu >> \mu_{rev}$가 가정되었다. *Rayleigh* 초기 자화 곡선에 따르는 약하게 자화된 영역에서는, 그것이 초기 투자율과 *Rayleigh* 상수 μ_{in}, η로

$$B = \mu_{in}H + \eta H^2/2 \tag{7.28}$$

의 형태를 가진다. 식 (7.28)을 (7.27)과 비교하면, *Saito,* 외[262], [263]에 의해 입증된 바와 같이, 초기 투자율 μ_{in} 및 *Rayleigh* 상수 η가 가역 투자율 μ_{rev} 및 *Preisach* 함수 P와 등가일 때 일반화된 *Chua*-형 model (7.24)는 *Rayleigh* 초기 자화 곡선으로 귀결한다는 것이 찾아질 수 있다.

7.7 FREQUENCY DEPENDENCE OF THE CHUA-TYPE MODEL

Chua-형 model의 주파수 독립 항(frequency independent term)은 일반화된 *Chua* model (7.24)에서 좌변에 있는 둘째 항이다. 이 항은

$$\frac{\mu_{rev}}{P} = \frac{\mu_{rev}}{s}\frac{dH}{dt} = H_i \tag{7.29}$$

로 다시 써질 수 있다. 여기서 H_i는 주파수 독립 자계(frequency independent field)를 나타낸다. 위의 관계로, *Chua* model (7.22)는

$$H + H_i = B/\mu + 1/s \cdot dB/dt \tag{7.30}$$

의 형태를 가진다. 자속밀도 B가 시간에 따라 정현적으로 변화한다면, 관련된 총 자계 $H_t = H + H_i$는 대칭 비정현 주기파(symmetrical nonsinusoidal periodic wave)가 된다. *Fourier* 급수 전개

$$H = \sum_{n=0}^{\infty} H_{sn}\sin(2n+1)\omega t + \sum_{n=0}^{\infty} H_{cn}\cos(2n+1)\omega t \tag{7.31}$$

에 의해[261], 식 (7.3)에 따른 자계는 시간의 기함수 $H_o(t)$와 우함수 $H_e(t)$의 성분으로 분류될 수 있다:

$$H_t = H_o + H_e. \tag{7.32}$$

자속밀도의 시간 도함수 dB/dt와 자계의 세기의 우 성분(even component) H_e가 그 최대 값에 도달한다면, 자속밀도 B는 0으로 가며, 그래서 식 (7.30)의 관계식은

$$H_e = \frac{1}{s}\frac{dB}{dt} \tag{7.33}$$

으로 줄어든다. 위의 관계식의 도움에 의해, 식 (7.22)의 hysteresis 계수 s는 주기 신호(periodic signal)의 각주파수(angular frequency) ω에서 정의될 수 있는 한편, $f_s(dB/dt)$는 단가 함수이다[264]:

$$s = \frac{dB/dt - \mu\, dH_o/dt}{H_e} \approx \frac{\omega B_n}{H_e} = f_s\left(\frac{dB}{dt}\right). \tag{7.34}$$

7.8 THE DOMAIN WALL MOTION IN THE CHUA-TYPE MODEL

공급 자계가 봉 형태(barlike)의 영역에 평행으로 인가되면, 자계의 세기와 자화 사이에 다음과 같은 관계식이 세워질 수 있다:

$$B = \mu_0 H + nB_s. \tag{7.35}$$

여기서 n은 인가 자계 H에 평행으로 정렬된 자구의 수(number of domain)이다. 위의 관계식은 유일, 단가 관계식(unique, single valued relation)

$$B = \mu_0\left(1 + \frac{nB_s}{\mu_0 H}\right)H = \mu H \tag{7.36}$$

에 대응하는 정적(static) 자화 특성을 묘사한다. 180° 상태(position)의 봉 형태 자구벽 구조가 그림 7.7에 그려져 있다. 식 (7.35)를 시간에 대해 미분하면 다음의 관계식을 산출한다:

$$\frac{dB}{dt} = \mu_0\frac{dH}{dt} + B_s\frac{dn}{dt}. \tag{7.37}$$

자구벽이 자계의 변화율과 자구벽 운동에 의해 영향을 받는 것을 고려하면[267], [268], 위의 관계식은

$$\frac{dB}{dt} = \left(\mu_0 + B_s\frac{\partial n}{\partial H}\right)\frac{dH}{dt} + B_s\frac{\partial n}{\partial x}\frac{dx}{dt} \tag{7.38}$$

과 같이 다시 정식화될 수 있으며, 다음과 같은 형태로 표현될 수 있다:

$$\frac{dB}{dt} = \mu\frac{dH}{dt} + B_s\frac{\partial n}{\partial x}v. \tag{7.39}$$

여기서 v는 자구벽 운동의 속도(velocity)이다. 식 (7.39)는, 강자성체의 자화가 자계의 세기의 시간 변화 dH/dt와 자구벽 변위의 시간 변화 dx/dt에 의해 영향을 받는다는, 알려진 사실을 내포한다. Hysteresis 계수 s를 도입하면, 자구벽 운동에 기인한 자계는

$$\frac{1}{s}\left(\frac{dB}{dt} - \mu\frac{dH}{dt}\right) = \frac{1}{s}B_s\frac{\partial n}{\partial x}v \tag{7.40}$$

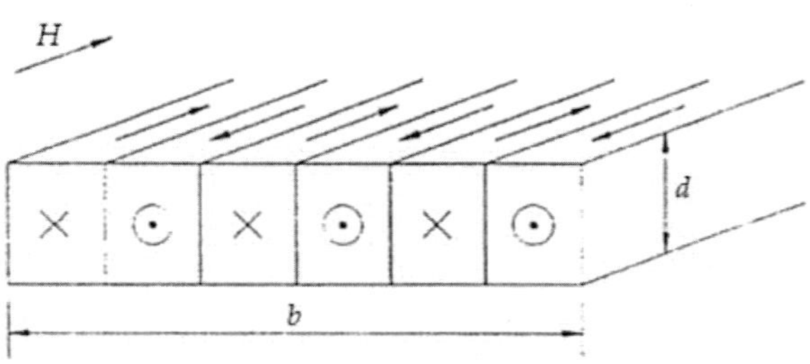

Figure 7.7 Domain walls model of 180°.

와 같이 다시 나타내어질 수 있다. 정적 자화 (7.36)과 동적 자화 (7.39), (7.40)에 기인한 총 자계의 세기를 고려하면, 다음과 같은 관계식을 산출한다[266]:

$$H = \frac{1}{\mu}B + \frac{1}{s}B_s\frac{\partial n}{\partial x}v. \tag{7.41}$$

장 해석에서의 model의 적용(*application of the model in field analysis*). 위에서 논의된 *Chua*-형 model의 총론(general summary)은 [125]에서 출판되었지만, 수치 장 해석에서의 model의 적용은 *Saito*[256], [258], [259]의 여러 논문에서 나타내어졌다. 2차원의 경우에는 조사 영역(examined region)이 기본적인 부분(elementary part)으로 분할되었다. 자성체로 채워진 영역에서는 *Chua* model이 *Ampère*의 법칙의 도움으로 적용되었다. 기본 영역의 경계 사이에서는 전류가 자계에 기인하는 것으로 가정되었다. 기본 영역의 상호 연결(interconnection)에 따라, 상호 연결된 경계를 따르는 전류가 맞추어졌다. 기본 영역에 대한 자기 scalar potential을 도입하여, 방정식 계(연립 방정식, system of equations)는 기하 종속 계수(geometry dependent coefficient)와 영역에 대한 미지 scalar potential로 분리될 수 있다. *Chua* model에서 매개변수의 공간 및 시간 변화로, 강자성 coil[254], 이방성 성층 자기 철심(anisotropic laminated magnetic core)[256], 환상 유도(용량)기(toroidal reactor)[258] 내에서의 자계와 같은, 다른 자기 문제가 결정될 수 있다. 위의 형식론(formalism)의 적용으로 문제의 보충 회로망 simulation(complementary network simulation) 역시 도입될 수 있다[259].

PART II

HYSTERESIS MODELS IN ELECTROMAGNETIC FIELD

8 ENERGY IN ORIENTED LAMINATION

오늘날에는, 선형 물질의 존재 내에서, 서로 다른 수치 해법의 많은 program code 가 전자장의 결정을 위하여 선택될 수 있다. 하지만, 공학 문제에서는, 비선형 물질의 존재 내에서의 장 방정식의 풀이는, 수치 해법에서 hysteresis loop의 simulation이 계산 시간의 현저한 상승을 주는, 비선형 특성의 이행을 요한다. 다음에서는, 전자장의 풀이에서 비선형 특성을 나타내는 본 저자의 연구는 물론 고려되는 문제의 수치적 실현 동안의 본 저자의 경험이 논의된다.

8.1 THE FIELD MODEL

규소 강(Si-steel)의 자기 박판(magnetic sheet)은 전기공학의 실제에서 가장 중요한 물질 중 한 가지이다. 박판에서의 자계의 결정을 위해서는 hysteresis가 있거나 없는 비선형성이 고려되어야 한다. *Slama*[281], *Moses*[214]와 *Mohri*[212]에 의해 관찰된 바와 같이, 압연 기술(rolling technology)에 따른 물질의 이방성 거동은 자계의 부가적인 수정으로 귀결한다.

실험이 보여주는 바와 같이, 압연 기술과 절단 각도(cutting angle)는 자기 박판에서의 저장 및 소산 energy에 영향을 미친다. Energy 손실의 변동은 절단 각도에 관한 압연 방향, 박판의 적층(stacking)은 물론 외부 자계에 기인한 자화 과정에 종속된다. 박판에서 배향 이방성(oriented anisotropy)의 영향을 조사하기 위하여 균일(homogeneous) 외부 자계에 의해 생성되는 자계가 수치 장 계산에 의해 결정된다. 압연 방향에 대한 절단 각도와 박판의 적층에 따른 energy 손실의 변동이 조사되었다. Energy 손실의 변동에 미치는 이방성과 자화 곡선의 포화의 영향도 또한 단일 판(single sheet)은 물론 이중 판(double sheet)에 대하여 조사되었다.

직사각형 박판의 기하학적 매개변수는 x_0, y_0 그리고 z_0이며, 박판 사이의 이격(separation)은 z_1이다. 공간에서 느리게 변화하는 균질 분포(homogeneous distribution)의 원천 자속밀도 $\boldsymbol{B}_0$은 x-방향인 박판의 긴 변(longer edge)에 평행이다. 물질의 자화의 성질의 차이를 나타내기 위하여 압연 기술에 따른 기하학적 이방성이 고려된다. 물질의 주축(main axis)은 외부 원천 자계에 대하여 경사각 β인 용이축 m_1이다. 2장의 판의 경우에는 용이축의 방향이 판 중의 한 장은 경사각 $\beta_1 = \beta$인 한편, 다른 한 장은 경사각이 평행 적층에서는 $\beta_2 = \beta$이며, 교차 적층(cross stacking)에서는 $\beta_2 = -\beta$이다. 곤란축의 하나인 m_2는 판의 평면 내에 있으며, 다른 축 m_3은 m_1, m_2 둘 다에 대해 수직이다. 장 계산에서는 외부 영역은 Ω_1로 나타내어졌으며, 내부 영역은 Ω_2이다. 직사각형 판의 경계 면은 그림 8.1에 그려진 바와 같이 Γ_s로 나타내어졌다. Vector적인 hysteresis model이 간략화된 3차원 장에서는, 자화가, 개별적으로 기하학적 이방성의 자기 축 m_1, m_2, m_3를 향하는, 장 량(field quantity)으로부터의 성분에 의해 결정된다. 이방성 자성체에서는 자계의 세기 H와 자속밀도 B 사이의 관계를 묘사하기 위하여 자화 vector M이 도입된다:

$$B = \mu_0(H + M). \tag{8.1}$$

여기서 물질의 이방성적인 거동은 이방성 tensor [**a**]와 자기 축에 관한 물질의 hysteresis 연산자에 의해 정의된 자화 사이의 관계로 나타내어진다:

$$\begin{bmatrix} M_{m_1} \\ M_{m_2} \\ M_{m_3} \end{bmatrix} = [\mathbf{a}] \begin{bmatrix} \mathcal{H}_{m_1}\{H_{m_1}, M_{m_1}\} \\ \mathcal{H}_{m_2}\{H_{m_2}, M_{m_2}\} \\ \mathcal{H}_{m_3}\{H_{m_3}, M_{m_3}\} \end{bmatrix}. \tag{8.2}$$

기하학적 이방성의 평면 내에서의 자계 성분 사이의 관계를 무시하면, 이방성 tensor는 0의 비대각(off-diagonal) $a_{ij}, i, j = 1, 2, 3, i \neq j$로 대각 요소(diagonal element) $a_{ii}, i = 1, 2, 3$만을 가진다. 압연 평면 내에서의 자계 성분의 상호 작용을 modeling하기 위해서는, 이방성 tensor의 주대각 요소(main-diagonal element)가 자성체의 model 내에서 0이 아닌 비대각 요소 $a_{12} \neq 0, a_{21} \neq 0$와 함께 완성된다.

자계의 느린 변동에 따른 3차원 문제의 결정에 있어서는 와전류가 무시되고 조사는 회전이 없는 정자계(*curl*-less static magnetic field)로서 평가된다. 균질 분포 원

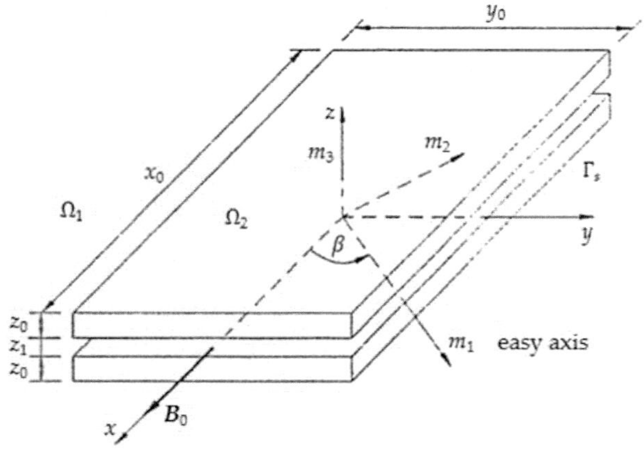

Figure 8.1 The easy and the hard axes of the anisotropic sheets with the position of the homogeneous distributed external magnetic field.

천 자속밀도 B_0은 자성체에 영향을 미치며 내부 영역 Ω_2 내에 자계의 세기 H_{in}을 생성한다. 이방성 자성체의 자계는 경계 조건을 통하여 인가 자계와 상호 작용하며 외부 영역 Ω_1에서의 자계 H_{ex}가 되도록 그것을 수정한다. 그래서, 영역 내에서의 장 방정식은, 영역의 계면을 따라 자속밀도의 법선(normal) 성분과 자계의 세기의 접선(tangential) 성분에 대해 미리 주어진 연속 조건으로 완성되는

$$\nabla \cdot \boldsymbol{B}_{ex} = 0, \quad \nabla \times \boldsymbol{H}_{ex} = \boldsymbol{0}, \quad \boldsymbol{B}_{ex} = \mu_0 \boldsymbol{H}_{ex}, \quad \text{in } \Omega_1, \tag{8.3}$$

$$\nabla \cdot \boldsymbol{B}_{in} = 0, \quad \nabla \times \boldsymbol{H}_{in} = \boldsymbol{0}, \quad \boldsymbol{B}_{in} = \mu_0(\boldsymbol{H}_{in} + \boldsymbol{M}), \quad \text{in } \Omega_2 \tag{8.4}$$

와 같이 정식화될 수 있다

문제의 두 가지 실현이 전역 변동(변분)법(global variation method)을 기초로 하여 *Iványi*에 의해 조사되고 전개되었다. 첫 번째 풀이에서는 비선형성의 해석적인 근사화가 역정접 함수(inverse tangent function)의 hysteresis가 없는 특성으로 나타내어졌으며, 자계는 자기 scalar potential에 의해 simulation되었다[135], [136], [138]. 문제의 다른 풀이는 자기 vector potential의 정식화로 평가되었으며, 물질의 hysteresis는 *Jiles-Langevin* hysteresis 연산자에 의해 나타내어졌다[139], [140], [141].

8.2 SINGLE VALUED NONLINEARITY WITH MAGNETIC SCALAR POTENTIAL

비선형성의 단가 표현(single valued representation)은 자성체에 대한 hysteresis가 없는 특성으로 귀결한다. 기하학적 이방성으로 정의된 자기 축을 향하는 자화의 성분 사이의 상호 작용을 무시하면, 이방성 tensor는 주대각 요소(main diagonal element) 만을 가진다:

$$\begin{bmatrix} M_{m_1} \\ M_{m_2} \\ M_{m_3} \end{bmatrix} = \begin{bmatrix} a_{11} & 0 & 0 \\ 0 & a_{22} & 0 \\ 0 & 0 & a_{33} \end{bmatrix} M_s \frac{2}{\pi} \tan^{-1} \left\{ \frac{1}{H_n} \begin{bmatrix} H_{m_1} \\ H_{m_2} \\ H_{m_3} \end{bmatrix} \right\}. \tag{8.5}$$

물질의 단가 특성에 따라, 자성 판 내에서의 저장 energy의 변동은 일정한 원천 자속밀도 B_0에서 결정된다.

내부와 외부 영역은 둘 다 전류가 없어(current free), 자계의 세기는 회전이 없으며(*curl*-less), 결과적으로 영역 내에서의 자계는 자기 scalar potential에 의해 나타내어질 수 있다:

$$\boldsymbol{H}_{ex} = -\nabla \Phi_{ex}, \quad \boldsymbol{H}_{in} = -\nabla \Phi_{in}. \tag{8.6}$$

내부와 외부 영역에서는 장 방정식 (8.3), (8.4)가 다음과 같은 potential에 관한 미

분 방정식으로 귀결한다:

$$-\Delta\Phi_{ex} = 0, \quad -\Delta\Phi_{in} + \nabla\cdot\boldsymbol{M} = 0. \tag{8.7}$$

외부 영역 Ω_1과 내부 영역 Ω_2를 분리하는 계면(interface) Γ_s를 따라, 자계의 세기의 접선 성분의 연속성과 자속밀도의 법선 성분의 연속성은 자기 scalar potential에 관한 계면 조건(interface condition)으로 귀결한다:

$$-\nabla\Phi_{ex}\times\boldsymbol{n}|_{\Gamma_s\in\Omega_1} = -\nabla\Phi_{in}\times\boldsymbol{n}|_{\Gamma_s\in\Omega_2}, \tag{8.8}$$

$$-\nabla\Phi_{ex}\cdot\boldsymbol{n}|_{\Gamma_s\in\Omega_1} = (-\nabla\Phi_{in}+\boldsymbol{M})\cdot\boldsymbol{n}|_{\Gamma_s\in\Omega_2}. \tag{8.9}$$

여기서 $\boldsymbol{n}$은 면 Γ_s의 단위 법선 vector이다. 알려진 바와 같이, 자계의 세기의 접선 성분의 연속성은 계면을 따른 자기 scalar potential Φ_{ex}, Φ_{in}의 연속성을 산출한다:

$$\Phi_{ex}|_{\Gamma_s\in\Omega_1} = \Phi_{in}|_{\Gamma_s\in\Omega_2}. \tag{8.10}$$

판으로부터 측정된 거리가 ρ인 개(열린) 경계 문제(open boundary problem)에 따라, 무한원(infinity)에서 scalar potential은, 원천 자속밀도 $\boldsymbol{B}_0 = \mu_0\boldsymbol{H}_0$에 속하는, x-방향 자계의 세기 $\boldsymbol{H}_0$의 균질 분포로 귀결한다:

$$\lim_{\rho\to\infty}(-\nabla\Phi_{ex}) = \boldsymbol{H}_0. \tag{8.11}$$

영역 둘 다에서, 자기 scalar potential은 기지(known)와 미지(unknown)인 두 개의 성분으로 이루어진다:

$$\Phi_{ex} = \Phi_0 + \Phi_1, \quad \Phi_{in} = \Phi_0 + \Phi_2. \tag{8.12}$$

여기서 기지 성분 Φ_0은 두 영역 내에서 원천 자계를 주도록

$$-\nabla\Phi_0 = \boldsymbol{H}_0, \quad \text{in } \Omega_1\cup\Omega_2 \tag{8.13}$$

과 같이 선택되는 한편, scalar potential의 미지 성분 Φ_1과 Φ_2는, *Ritz*법(*Ritz* method)에 따라, 완전 함수 집합(entire function set)의 첫 n개의 요소에 의해 근사화된다. 문제의 풀이에 있어서는, scalar potential Φ_1과 Φ_2가 물질의 계면을 따라 미리 주어진 경계조건을 자동적으로 만족하도록 선택된다. 자속밀도의 법선 성분에 대해 미리 주어진 경계조건은 풀이의 실현 동안 자연 경계조건(natural boundary condition)으로써 충족될 것이어서, 앞으로는 무시된다. 남은 경계조건을 만족하기 위하여, 먼저 영역 Ω_2 내의 자성체에서의 자기 scalar potential이 세워진다. 자계의 상호 작

용을 고려하고 scalar potential에 대한 미리 주어진 연속 조건을 충족하기 위하여, 영역 Ω_1인 자유 공간(free space) 내에서는, 자기 scalar potential Φ_1이 다음과 같은 자기 scalar potential Φ_2의 수정으로 세워진다:

$$\Phi_2 = \mathbf{F}_2{}^T\mathbf{a}_2, \quad \Phi_1 = \Phi_2 + \mathbf{F}_1{}^T\mathbf{a}_1. \tag{8.14}$$

여기서 $\mathbf{F}_1{}^T$와 $\mathbf{F}_2{}^T$는 내부와 외부 영역 내에서의 근사 함수 집합(approximating function set)의 행(row) vector인 한편, $\mathbf{a}_1$과 $\mathbf{a}_2$는 미지 계수이다. $\mathbf{F}_1$의 요소는 scalar potential에 대해 미리 주어진 연속성 조건을 충족하기 위하여 영역의 계면에서 0의 값을 갖도록 선택되는 한편, $\mathbf{F}_1$과 $\mathbf{F}_2$는 둘 다 식 (8.13)에 따라 무한원에서 없어져야 한다:

$$\mathbf{F}_1|_{\Gamma_s \in \Omega_1} = 0, \quad \lim_{\rho\to\infty} \mathbf{F}_1\Big|_{\Omega_1} = 0, \quad \lim_{\rho\to\infty} \mathbf{F}_2\Big|_{\Omega_1} = 0. \tag{8.15}$$

그래서, 자계의 상호 작용을 고려하고 자기 scalar potential에 대하여 미리 주어진 연속성 조건을 충족하면, 자기 scalar potential은 다음의 형태를 가진다:

$$\Phi_1 = \mathbf{F}_1{}^T\mathbf{a}_1 + \mathbf{F}_2{}^T\mathbf{a}_2, \quad \Phi_2 = \mathbf{F}_2{}^T\mathbf{a}_2. \tag{8.16}$$

전역 변동(변분)법(global variation method)을 도입하면, 미분 방정식 (8.7)의 해(solution)는 인가 자속밀도 하에서 energy 관련 범함수(energy related functional)의 극치(extreme value)에서 결정될 수 있다[137]:

$$\begin{aligned}\mathcal{F} = &\frac{1}{2}\int_{\Omega_1} \mu_0\left(H_0 - \nabla\mathbf{F}_1{}^T\mathbf{a}_1 - \nabla\mathbf{F}_2{}^T\mathbf{a}_2\right)^2 d\Omega \\ &+ \frac{1}{2}\int_{\Omega_2} \mu_0\left(H_0 - \nabla\mathbf{F}_2{}^T\mathbf{a}_2 + 2M\right)\cdot\left(H_0 - \nabla\mathbf{F}_2{}^T\mathbf{a}_2\right) d\Omega.\end{aligned} \tag{8.17}$$

미지수에 관한 편도함수(partial derivative)가 0인($\partial\mathcal{F}/\partial a_{1k} = 0$, $\partial\mathcal{F}/\partial a_{2k} = 0$, $k = 1, 2, \cdots, n$), 위의 범함수의 극치 조건은 미지 계수에 대한 비선형 대수 방정식의 집합(set of nonlinear algebraic equation)을 산출한다:

$$\begin{bmatrix}\mathbf{G}_{11} & \mathbf{G}_{12}\\ \mathbf{G}_{21} & \mathbf{G}_{22}\end{bmatrix}\begin{bmatrix}\mathbf{a}_1\\ \mathbf{a}_2\end{bmatrix} = \begin{bmatrix}\mathbf{b}_1(H_0)\\ \mathbf{b}_2(H_0, M)\end{bmatrix}. \tag{8.18}$$

여기서 계수 행렬 $\mathbf{G}$의 요소는

$$\mathbf{G}_{11} = \int_{\Omega_1} \nabla \mathbf{F}_1{}^T \cdot \nabla \mathbf{F}_1{}^T \, d\Omega, \quad \mathbf{G}_{12} = \int_{\Omega_1} \nabla \mathbf{F}_1{}^T \cdot \nabla \mathbf{F}_2{}^T \, d\Omega,$$
$$\mathbf{G}_{21} = \mathbf{G}_{12}{}^T, \quad \mathbf{G}_{22} = \int_{\Omega_1 \cup \Omega_2} \nabla \mathbf{F}_2{}^T \cdot \nabla \mathbf{F}_2{}^T \, d\Omega \tag{8.19}$$

인 한편, 우변 vector의 요소는

$$\mathbf{b}_1 = \int_{\Omega_1} H_0 \nabla \mathbf{F}_1 \, d\Omega,$$
$$\mathbf{b}_2 = \int_{\Omega_1} H_0 \nabla \mathbf{F}_2 \, d\Omega + \int_{\Omega_2} \left(H_0 + M^{(k)}\right) \nabla \mathbf{F}_2 \, d\Omega \tag{8.20}$$

과 같이 결정될 수 있다.

비선형 방정식의 집합은 간단한 반복법(iteration method)에 의해 풀어질 수 있다. 자화 vector의 첫 번째 선택으로 선형 문제가 자기 scalar potential에 대하여 풀어질 수 있다. Scalar potential은, scalar potential에 대한 다른 근사 값의 계산에 채용될 수 있는, 새로운 자화 vector를 계산하기 위해 사용될 수 있다. 과정은 자화에 대한 초기 $M^{(0)}(H_0)$ 값의 가정에 의해 시작될 수 있으며 두 개의 연속적인 해(solution)가 미리 주어진 공차(tolerance)의 범위 안에 들어갈 때 종결될 수 있다(*Silvester, Ferrari*[279]). 이 방식으로 $(k+1)$-번째 근사화에 대한 scalar potential 내의 계수는 자화 vector의 k-번째 값으로부터 결정될 수 있다:

$$\begin{bmatrix} \mathbf{G}_{11} & \mathbf{G}_{12} \\ \mathbf{G}_{21} & \mathbf{G}_{22} \end{bmatrix} \begin{bmatrix} \mathbf{a}_1{}^{(k+1)} \\ \mathbf{a}_2{}^{(k+1)} \end{bmatrix} = \begin{bmatrix} \mathbf{b}_1(H_0) \\ \mathbf{b}_2\left(H_0, M^{(k)}\right) \end{bmatrix}. \tag{8.21}$$

풀이(solution)를 실현하기 위하여 미리 주어진 조건 (8.15)를 만족하는 근사화 함수 $\mathbf{F}_1, \mathbf{F}_2$의 요소는 *Iványi*에 의해 기술 보고(*Technical Report*)[137]에서 전자장 계산을 위해 만들어진 R-함수법(R-function method)을 기초로 하여 구성될 수 있다:

$$\mathbf{F}_1[k] = \frac{w_s}{(a+\rho)^2} f_k,$$
$$\mathbf{F}_2[k] = \frac{w_s}{(a+\rho)} f_k, \quad k = 1, 2, \cdots, n, \tag{8.22}$$
$$f_k = T_p(\xi_x) \cdot T_q(\xi_y) \cdot T_r(\xi_z), \quad p, q, r = 0, 1, 2, \cdots.$$

여기서 좌표 변환(coordinate transformation) $\xi_\eta = 2/\pi \cdot \tan^{-1}(\eta/a) = 0, \eta = x, y, z$를 적용하면, 기저 함수(basis function) f_k는 정규화된 독립 변수(normalized argument)를 가진 *Chebyshev* 다항식(*Chebyshev* polynomial)으로부터 세워질 수 있다. ρ는 좌

표 원점으로부터의 거리이며 a는 상수이다. 계면을 따라 $\mathbf{F}_1$에 대해 미리 주어진 제차 *Dirichlet* 경계조건을 만족하기 위하여, 요소(element) 내에서의 가중 함수(weighting function) $w_s(x, y, z)$는 그것을 충족하도록 세워진다. *Iványi*에 의해 전자장 해석을 위해 도입된 *R*-함수법(*R*-function method) [137]을 기초로, w_s는 조건

$$w_s \begin{cases} > 0, & \text{in } \Omega_1, \\ = 0, & \text{on } \Gamma_s, \\ < 0, & \text{in } \Omega_2 \end{cases}$$

를 충족하는, 비자성(non-magnetic) 영역 내에서 자성체의 표면 Γ_s로부터의 거리로써 정의될 수 있다. 기하학적 매개변수 x_0, y_0, z_0인 단일 판의 경우에는, *R*-함수 w_s가 *R*-이접(논리합, 선언 명제, sum of proposition)(*R*-disjunction) $w_s = w_a \vee w_b \vee w_c$에 의해 세워질 수 있다. 여기서

$$\begin{aligned} w_a &= (x - x_0/2) \vee (-x - x_0/2), \\ w_b &= (y - y_0/2) \vee (-y - y_0/2), \\ w_c &= (z - z_0/2) \vee (-z - z_0/2) \end{aligned}$$

이다. 연산 *R*-이접과 *R*-합접(논리적, 연합 명제, product of proposition)(*R*-conjunction)은 두 개의 *R*-함수 사이에서

$$\begin{aligned} w_\alpha \vee w_\beta &= w_\alpha + w_\beta + \sqrt{w_\alpha^2 + w_\beta^2}, \\ w_\alpha \wedge w_\beta &= w_\alpha + w_\beta - \sqrt{w_\alpha^2 + w_\beta^2} \end{aligned}$$

으로 정의된다. 2장의 판의 경우에는, 위의 과정에 따라, 판 사이의 이격(separation) z_1이

$$w_{c1} = (z - z_0 - z_1/2) \vee (z_1/2 - z), \quad w_{c2} = (-z - z_0 - z_1/2) \vee (z_1/2 + z)$$

와 같이 *R*-함수로 나타내어질 수 있는, w_{s1}과 w_{s2}에 의해 묘사된다. 이 방식에서, 다중 연결된 영역(multiple connected region) 사이의 계면은 $w_s = w_{s1} \wedge w_{s2}$와 같은 *R*-합접의 연산에 의해 나타내어질 수 있다. 여기서 $w_{s1} = w_a \vee w_b \vee w_{c1}$ 그리고 $w_{s2} = w_a \vee w_b \vee w_{c2}$이다.

8.3 VARIATION OF THE ENERGY WITH THE CUTTING ANGLE

조사 과정에서는 판의 기하학적 매개변수가 $y_0/x_0 = 0.2$, $z_0/x_0 = 0.02$ 그리고 z_1/x_0

$= 0.005$이다. 절단 각도(cut angle) β에 대한 판 내에서의 총 저장 energy의 변동이 결정된다. 최초 자화 곡선으로 단자 자화 특성에 기인한 자기 energy의 변동을 고려하여, 자성체 내에서의 저장 energy는

$$W = \mu_0 \int_{\Omega_2} \left[\frac{1}{2}(H_0 - \nabla \Phi_2)^2 + \int_0^M (H_0 - \nabla \Phi_2)\, dM \right] d\Omega, \tag{8.23}$$

그리고 이방성 tensor [**a**]의 서로 다른 값에 대해 그림에 그려진 바와 같이 결정된다. 이방성 tensor는 압연 기술의 결과인 주 자구 구조(main domain structure)의 변형(deformation)을 modeling하기 위해 도입된다. 압연 방향으로 향하는 변형을 나타내어, 용이축(easy axis)은 이 방향 m_1로 선택된다. Model에서는, 용이축에 직각인(perpendicular) 판의 평면 내에서 자구 구조의 변형은 곤란축(hard axis) m_2로 나타내어지는 한편, 수직축(vertical axis) m_3으로 향하는 자구 구조의 변형 역시 곤란축으로 정의된다. 조사 동안에, 정규화된(normalized) energy W/W_0가 그림에 그려졌다. 여기서 W_0은 주어진 외부 자계에서 등방성 [**a**] = [**1**]인 경우에 판 내에 저장되는 energy이다. 그림에서는 평행($\beta_1 = \beta, \beta_2 = \beta$)과 교차 적층($\beta_1 = \beta, \beta_2 = -\beta$)인 이중 판(double sheet)의 결과가 곡선 1과 곡선 2로 표시되었다. 곡선 3은 $\beta_1 = \beta$인 단일 판(single sheet)의 결과를 보인다.

표본은 다결정 상용 입상 배향 3 [%] 규소 강(polycrystalline commercial grain oriented 3 [%] SiFe) 물질로 선택되었다. 첫 번째 평가는, 대략 $\chi = 40$인 비자화율(relative susceptibility) $dB/dH|_{H=0} = 1/H_n$에서, 자화 곡선의 초기 영역에서 평가되었다. 외부 자속밀도는 $B_0 = 0.2$ [T]이다. 물질의 자화 성질이 압연 기술에 의해 강하게 영향을 받음으로써, 곤란축 m_2와 m_3으로 향하는 자화율이 용이축의 자화율에

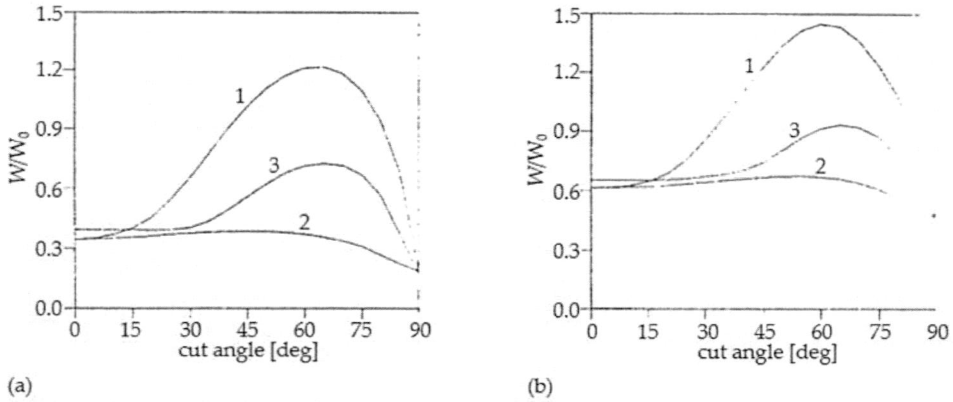

Figure 8.2 The stored energy of the sheets versus the cut angle at applied field, $B_0 = 0.2$ [T], (a) $a_{11} = 1.0$, $a_{22} = 0.25$, $a_{33} = 0.50$, (b) $a_{11} = 1.0$, $a_{22} = 0.50$, $a_{33} = 0.75$, curve 1 signs parallel stacking, curve 2 cross stacking of two sheets and curve 3 single sheet.

비하여 작은 것으로 가정된다. 물질의 자기적 성질에서 이 변형은, 이방성 tensor로 simulation된다. 특별히 선택된 요소 $a_{11} = 1.0, a_{22} = 0.25$와 $a_{33} = 0.50$에서 절단 각도에 대한 energy의 변동이 그림 8.2 (a)에 그려져 있다. 판의 energy에 미치는 이방성의 효과를 보이기 위하여, 그림 8.2 (b)에서는, 바뀌지 않은 매개변수로, 이방성 tensor의 더 큰 값 $a_{11} = 1.0, a_{22} = 0.50$과 $a_{33} = 0.75$에서 저장 energy가 그려져 있다.

두 장의 판의 평행 적층(곡선 1)과 단일 판(곡선3)에서의 차이는, 평행 적층에서 훨씬 더 큰 자계로 귀결하는, 판의 상호 작용을 보인다. 교차 적층 판 사이의 상호 작용 또한 곡선 2에서 보여지는 바와 같이 관찰될 수 있다. 이 마지막 경우에는 용이축의 교차 방향에 의해 생성되는 감자 효과(demagnetizing effect) 때문에 자계가 판 내에 확립될 수 없다. 그림 8.2 (b)로부터, 외부 자계에 대한, 15°~20°까지의, 용이축의 작은 편향(declination)에 대하여, 저장 energy가 평행 또는 교차 적층 어느 경우든 변동을 가지지 않음을 볼 수 있다. 절단 각도가 더 증가하면, 판의 상호 작용을 상당히 볼 수 있다. 이 영향은 평행 적층과 단일 판의 경우 용이축의 50°~70°의 편향 아래에서 그 최대 값에 도달한다. 그림으로부터 판의 곤란축으로 향하는 이방성 tensor에서의 요소의 값이 증가함에 따라 저장 energy가 그림 8.2 (a)에 그려진 경우에 비하여 더 높은 값을 가짐도 또한 관찰할 수 있다.

하지만, 이방성이 저장 energy에 영향을 미칠 뿐만 아니라 자화 곡선의 자화율도 또한 그렇다. 이 영향을 보이기 위하여 조사는 식 (8.5)의 동작점(operating point)에서 대략 $\chi = 400$의 비자화율로 $B_0 = 0.6$ [T]인 더 높은 외부 자계의 값에서 평가되었다. 비교를 위하여, 곤란축으로 향하는 이방성 tensor의 요소는 $a_{22} = 0.25$와 $a_{33} = 0.50$으로 선택되었다. 판의 저장 energy가 그림 8.3 (a)에 그려져 있다. 판에 의

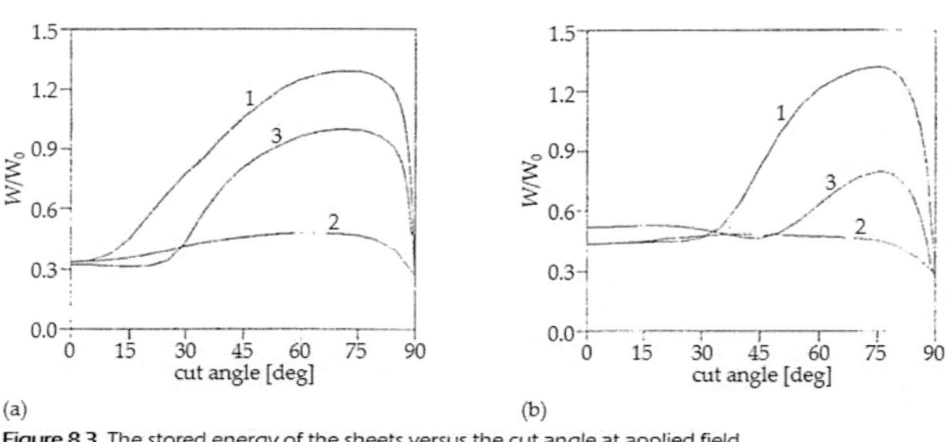

Figure 8.3 The stored energy of the sheets versus the cut angle at applied field, (a) $B_0 = 0.6$ [T], (b) $B_0 = 1.2$ [T], under anisotropy tensor $a_{11} = 1.0$, $a_{22} = 0.25$, $a_{33} = 0.50$, curve 1 signs parallel stacking, curve 2 cross stacking of two sheets and curve 3 single sheet.

해 저장되는 energy에 미치는, 자화 특성의 포화 상태 가까이에서 동작하는, 자화의 영향이 $B_0 = 1.2$ [T]의 외부 자계 값 하에서 조사되었다. 자화 곡선 (8.5)의 동작점(operating point)에서의 비자화율은 대략 $\chi = 40$으로 선택되었다. 비교를 위하여 이방성 tensor의 요소는 $a_{11} = 1.0, a_{22} = 0.25, a_{33} = 0.50$으로 변화되지 않았다. 판에 저장된 energy를 그림 8.3 (b)에서 볼 수 있다.

그림으로부터, 외부 자계의 더 높은 값에서, 단일 판과 평행 적층한 이중 판 사이의 저장 energy에서의 차이는 외부 자계의 더 낮은 값일수록 더 작다는 것을 볼 수 있다. 이 관찰은 자화율의 높은 값에 의해 설명될 수 있다. 물질의 단가 자화 특성에 따라, 자화율의 높은 값에서는, 평행과 교차 적층의 경우에도 역시 물질 내에 높은 자계를 확립한다. 그림은 자화 특성에서의 동작점이 포화 상태에 더 가깝게 움직인다면, 자계는 물론 판에 저장되는 energy가 판의 평행 평면(parallel plane) 내에서 같은 이방성 tensor($a_{11} = 1.0, a_{22} = 0.25, a_{33} = 0.50$)에 대하여 더 높은 값으로 귀결함을 보인다. 수치 결과는, 외부 자계의 더 높은 값에서 저장 energy의 첨두 값(peak value)이 용이축의 더 큰 절단 각도의 방향으로 추이됨을(shifted) 가리킨다. 그림 8.3 (b)로부터, 이 첨두가 55°~65°의 위치로부터 각도 75°~85°의 위치로 움직이는 한편, 평행 또는 교차 적층(cross stacking lamination) 어느 쪽이든 energy의 끝점(end-point)은 변화하지 않음을 볼 수 있다.

8.4 HYSTERESIS IN VECTOR POTENTIAL FORMULATION

인가 원천 장이 느리게 변화하는 정현 교번(sinusoidal alternating) $\boldsymbol{B}_0 = B_0 \sin \omega t\, \boldsymbol{e}_x$인 경우에는, 물질의 비선형 특성의 단가 근사화(single valued approximation)는 hysteresis를 가진 특성으로 바뀌어질 수 있다. 여기에서는 *Jiles-Langevin* simulation (Chapter 4)이 hysteresis 연산자 (8.2)에 대하여 고려되며 방향성 적층(oriented lamination)에서의 자계의 수치 해석이 이행된다. 조사를 위하여 자성체는 $M_s = 1.7$ [MA/m]의 포화 자화가 선택된다. 항자계는 $H_c = 1734$ [A/m], 잔류 자화는 $M_r = 1.191$ [MA/m] 그리고 초기 비투자율은 $\mu_{in} = 57.5$이다. *Jiles-Langevin* hysteresis에 의해 simulation된 교번 자계 하에서의 hysteresis loop가 그림 8.4에 그려져 있다. 두 영역에서의 장 방정식 (8.3)과 (8.4)를 풀기 위하여

$$\boldsymbol{B}_{ex} = \nabla \times \boldsymbol{A}, \quad \boldsymbol{B}_{in} = \nabla \times \boldsymbol{A} \tag{8.24}$$

와 같은 자기 vector potential $\boldsymbol{A}$가 도입된다. 장 문제의 simulation을 위하여 자기 vector potential은, 원천 장의 표현 $\boldsymbol{B}_0 = \nabla \times \boldsymbol{A}_0$을 위한 기지(known) 성분 $\boldsymbol{A}_0$와 수정(modification)

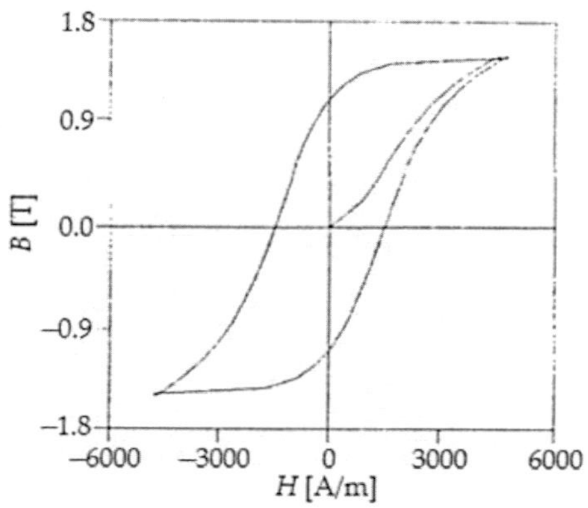

Figure 8.4 Static hysteresis loop in the Jiles-Langevin model.

$$A = A_0 + A_m, \quad \nabla \times A_0 = B_0 \tag{8.25}$$

의 묘사를 위한 미지(unknown) 성분 A_m의 두 개의 항으로 구성된다. 여자(excitation)의 느린 변화에 따라, 판 내에서 와전류는 무시될 수 있어서, 장 방정식은 발산이 없는(zero divergence) 도입된 자기 vector potential에 관한 미분 방정식을 산출한다:

$$\nabla \times \left[\frac{\nabla \times (A_0 + A_m)}{\mu_0} - M\right] = \mathbf{0}, \quad \text{in } \Omega_1 \cup \Omega_2. \tag{8.26}$$

여기서 $(x, y, z) \in \Omega_1$인 자유 공간 내에서는 자화 vector는 0의 값 $M = \mathbf{0}$을 가진다. 자기 vector potential에 대한 위의 선택은 영역 Ω_1과 Ω_2의 계면 Γ_s를 따른 자속밀도의 법선 성분의 연속성을 보장한다. 따라서, 자계의 세기의 접선 성분에 대해 미리 주어진 남은 연속성 조건은 풀이(solution)의 전역 요소 실현(global element realization) 동안에 충족될 것이다:

$$\left[\frac{\nabla \times (A_0 + A_m)}{\mu_0}\right] \times \mathbf{n}\Bigg|_{\Gamma_s \in \Omega_1} = \left[\frac{\nabla \times (A_0 + A_m)}{\mu_0} - M\right] \times \mathbf{n}\Bigg|_{\Gamma_s \in \Omega_2}. \tag{8.27}$$

3차원 문제의 풀이에 있어서는, vector potential의 미지 항(unknown term)은 0의 발산으로 2개의 성분을 가진다(*Bíró, Richter*[38], *Iványi*[141]):

$$A_m(x, y, z, t) = A_x(y, z, t)\, e_x + A_y(x, z, t)\, e_y. \tag{8.28}$$

*Ritz*법에 따라 조사의 언제라도 vector potential의 두 성분은 모두 완전 함수 집합(entire function set)의 첫 n개의 요소에 의해 근사화될 수 있다:

$$A_x(y, z, t) = \mathbf{F}_1{}^T(y, z)\, \mathbf{a}_1(t)\,, \\ A_y(x, z, t) = \mathbf{F}_2{}^T(x, z)\, \mathbf{a}_2(t)\,. \tag{8.29}$$

여기서 $\mathbf{F}_1{}^T$와 $\mathbf{F}_2{}^T$는 기하학적인 특성(geometric specification)을 갖고 있는 근사화 함수의 행(row) vector이며, $\mathbf{a}_1$과 $\mathbf{a}_2$는 시간 종속(time dependent) 미지 계수이다. 다시 전역 변분법(global variational method)을 적용하여, 때에 따른 어떤 t_i-번째 순간에서 미지수에 관한 energy 관련 범함수

$$\begin{aligned}\mathcal{F}(t_i) &= \frac{1}{2\mu_0}\int_{\Omega_1} [\nabla \times (A_0 + A_m)]^2\, d\Omega \\ &+ \frac{1}{2\mu_0}\int_{\Omega_2} [\nabla \times (A_0 + A_m)] \cdot [\nabla \times (A_0 + A_m) - 2\mu_0 M]\, d\Omega\end{aligned} \tag{8.30}$$

의 극 값 조건 $\partial\mathcal{F}(t_i)/\partial a_{1k} = 0,\ \partial\mathcal{F}(t_i)/\partial a_{2k} = 0,\ k = 1, 2, \cdots, n$은 비선형 방정식의 집합을 산출한다:

$$\mathbf{G}\,\mathbf{a} = \mathbf{b}_1(\nabla \times A_0) + \mathbf{b}_2(\mu_0 M)\,. \tag{8.31}$$

그래서, t_i-번째 순간에서 $(k+1)$-번째 근사화에 대한 vector potential의 성분에 있는 계수는, 앞에서 설명된 바와 같이, 자화 값의 k-번째 반복으로부터 결정될 수 있다:

$$\mathbf{G}\,\mathbf{a}^{(k+1)}(t_i) = \mathbf{b}_1(\nabla \times A_0(t_i)) + \mathbf{b}_2\big(\mu_0 M^{(k)}(t_i)\big)\,. \tag{8.32}$$

$(k+1)$-번째 순간에서 시간에 맞춰 진행하면 물질의 전력(prehistory)에 따라 반복 과정은 t_i-번째 시 순간(time moment)에 속하는 자화의 마지막 안정 값 $M^{(0)}(t_{i+1}) = M^{(k+1)}(t_i)$로부터 시작하며, 그 후의 반복은 위에서 묘사된 바와 같이 계속될 수 있다.

근사화 함수 집합의 성분에 대하여 정식화된 행렬의 요소는

$$\begin{aligned}&\mathbf{G} = \int_{\Omega_1 \cup \Omega_2} (\nabla \times \mathbf{F}_p) \cdot (\nabla \times \mathbf{F}_q{}^T)\, d\Omega\,, \quad p, q = 1, 2, \\ &\mathbf{b}_1 = -\int_{\Omega_1 \cup \Omega_2} (\nabla \times A_0) \cdot (\nabla \times \mathbf{F}_p)\, d\Omega\,, \quad \mathbf{b}_2 = \int_{\Omega_2} \mu_0 \boldsymbol{M} \cdot \nabla \times \mathbf{F}_p\, d\Omega\end{aligned} \tag{8.33}$$

과 같은 형태를 가진다. 풀이에 있어서 근사화 함수는 무한원(infinity)에서 나타나지 않도록 선택된다:

$$F_{pk}(u,v) = \frac{1}{w_p} f_{pk}(u,v), \quad k = 1, 2, \cdots, n, \qquad w_p = \sqrt{a^2 + u^2 + v^2}, \quad p = 1, 2, \quad \begin{matrix} u = x, y, \\ v = z. \end{matrix} \tag{8.34}$$

여기서 기저 함수 f_p는 *Chebyshev* 다항식의 결합(combination)이며, 가중 함수 w_p는 *R*-함수법의 기초 위에서 세워진다[137].

8.5 HYSTERESIS LOSSES IN ORIENTED LAMINATION

문제의 수치 simulation에서는 기하학적 매개변수가 앞에서 정의된 것과 일치한다. 교번 원천 자계의 주기는 $T = 20$ [ms], 시간 단계(간격, step)는 $t = 0.5$ [ms]로 선택되었다. Hysteresis loop에 따라, 교번 여자의 한 주기에 대한 hysteresis 손실은 평행 적층 판에 대하여 절단 각도 β의 서로 다른 값에서 다음과 같이 결정된다:

$$W = \frac{1}{T}\int_0^T \int_{\Omega_2} \int_0^{B_2} \left(\frac{B_{in}}{\mu_0} - M\right) dB_{in}\, d\Omega\, dt. \tag{8.35}$$

그림에서는 정규화된(normalized) hysteresis 손실 W/W_0이 그려졌다. 여기서 W_0은 편향 $\beta = 0$에 대하여 주어진 외부 자계 하에서 이방성 tensor의 값 $a_{ii} = 1.0$, $a_{ij} = 0.0$, $i, j = 1, 2, 3$인 등방성의 경우에 판의 체적에서의 hysteresis 손실이다.

$a_{ij} = 0.0$, $i, j = 1, 2, 3$, $i \neq j$ 와 같이 이방성 tensor의 비 대각 요소(off-diagonal element)에 대한 0의 선택으로 기하학적 이방성의 축 사이의 상호 작용을 무시하여, 그림 8.5 (a), (b)에서는 절단 각도에 따른 hysteresis 손실의 변동이 그려져 있다. 판에 수직인, 용이축과 곤란축으로 향하는 이방성 tensor의 요소는 단위 값 $a_{11} = a_{33}$

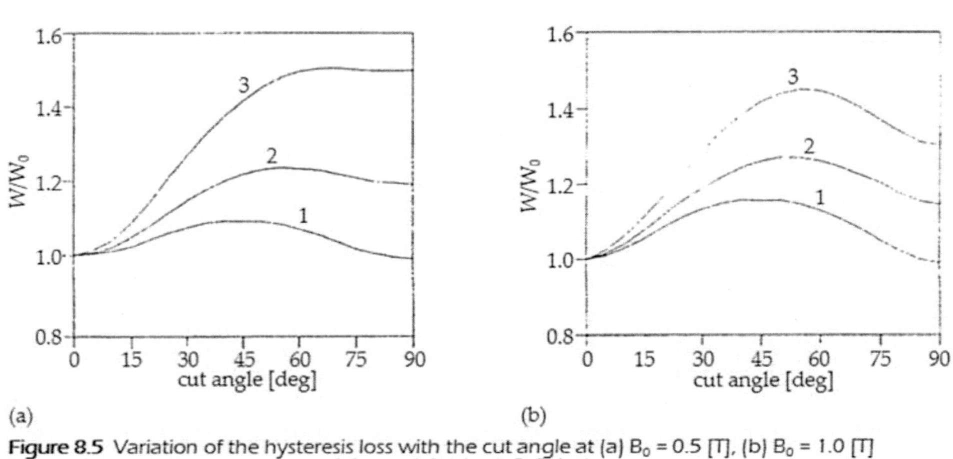

Figure 8.5 Variation of the hysteresis loss with the cut angle at (a) $B_0 = 0.5$ [T], (b) $B_0 = 1.0$ [T] for non-interacted case, $a_{11} = a_{33} = 1.0$, $a_{ij} = 0.0$, $i, j = 1, 2, 3$, $i \neq j$, for curve 1 $a_{22} = 1.0$, curve 2 $a_{22} = 0.75$ and curve 3 $a_{22} = 0.5$.

= 1.0으로 선택된 한편, 판의 평면 내에 있는 곤란축으로 향하는 요소는 $a_{22} = 1.0$, 0.75, 0.5가 선택되었다. 그림 8.5 (a)에서는 공급 인가 외부 자계 $B_0 = 0.5$ [T] 하에서의, 그리고 그림 8.5 (b)에서는 $B_0 = 1.0$ [T] 하에서의 hysteresis 손실이 그려져 있다. 그림으로부터, 판의 평면 내에 있는 곤란축으로 향하는 이방성의 값의 감소에 따라 hysteresis 손실이 더 큰 값을 가짐을 볼 수 있다. 그림으로부터, 절단 각도의 작은 값에서, 외부 자계에 대한 용이축의 작은 편향에서, hysteresis 손실이 유의할 만한 증가를 보이지 않음도 역시 볼 수 있다. 절단 각도의 값이 증가하면, hysteresis 손실이 증가한다. 외부 자계에 대한 용이축의 편향 각도 50°~70°의 영역에서, hysteresis 손실은 최대 값을 가진다. 용이 축의 편향 각도가 더 증가하면 hysteresis 손실은 더 높은 외부 자계에서 더 작은 값을 나타낸다.

외부 자계에 대한 용이축의 $\beta = 60°$의 편향 각도에서의 자성체의 거동을 점검하기 위하여, 이방성 tensor의 요소가 $a_{11} = a_{33} = 1.0$, $a_{22} = 0.5$, $a_{ij} = 0.0$, $i, j = 1, 2, 3$, $i \neq j$인 상호 작용하지 않는 기하학적 이방성의 경우에 대하여, 정규화된 좌표(normalized coordinate) $x/x_0 = 0.5$, $y/x_0 = 0.1$, $z/x_0 = 0.025$로 정의된 점(point)에서, 자기 축에 속하는 장 성분의 시간 변동이 그림 8.6에 그려져 있다. 그림 8.6 (a)에서는 자속밀도의 시간 변동이, 한편 그림 8.6 (b)에서는 자계의 세기가 교번 외부 자계 $B_0 = 1.0$ [T]의 여자의 경우에 대하여 그려져 있다. 위의 경우에 대한 hysteresis loop가 그림 8.7에 그려져 있다. 그림에서 곡선 1은 용이축 m_1로 향하는 성분을 나타내고, 곡선 2는 곤란축 m_2를 나타내며, 곡선 3은 곤란축 m_3에 속한다.

그림 8.6 (a)는 $\beta = 60°$의 편향 각도 하에서 $B_0 = 1.0$ [T]의 외부 자계가 자기 축을 향하는 다른 자속밀도를 생성함을 나타낸다. 그림 8.6 (b)로부터, hysteresis loop의 한 개의 총 주기(a total cycle)가 자계의 세기의 시간 변화를 떠맡음을 볼 수 있다.

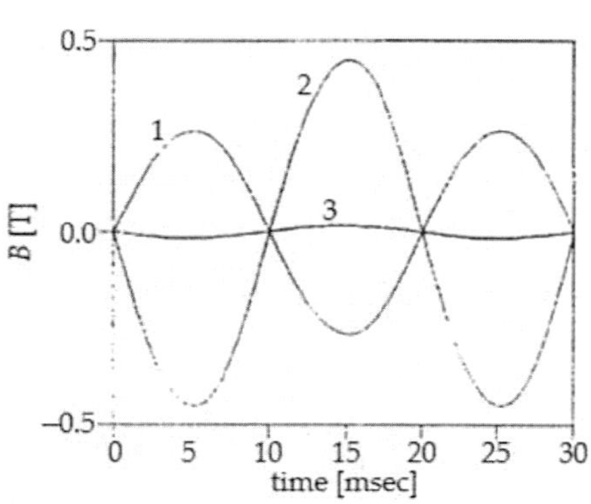

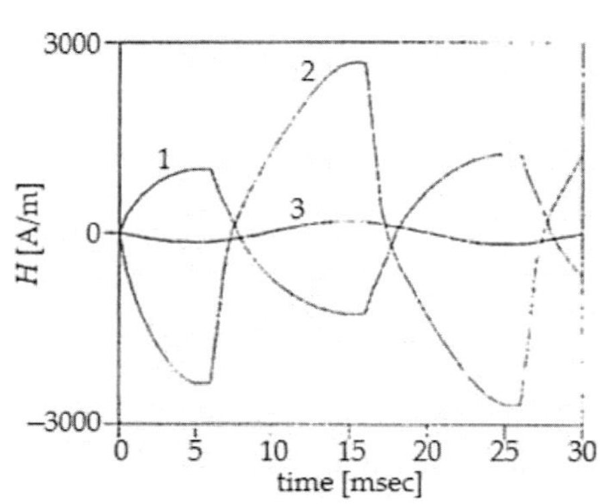

Figure 8.6 Time variation of the components in (a) the flux density and (b) the magnetic field intensity for $B_0 = 1.0$ [T], in semi-isotropic case, $a_{11} = a_{33} = 1.0$, $a_{22} = 0.5$, $a_{ij} = 0.0$, $i, j = 1, 2, 3$, $i \neq j$, under $\beta = 60°$ declination of the easy axis, at point $x/x_0 = 0.5$, $y/x_0 = 0.1$ and $z/x_0 = 0.025$, the components of magnetic axes m_1, m_2 and m_2 are signed by curve 1, 2 and 3.

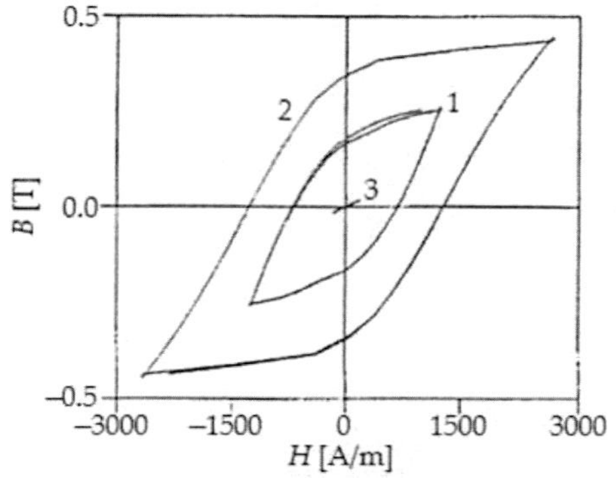

Figure 8.7 Hysteresis loops toward the easy and hard axes for B_0 = 1.0 [T], in semi-isotropic case, $a_{11} = a_{33} = 1.0$, $a_{22} = 0.5$, $a_{ij} = 0.0$, i, j = 1, 2, 3, i ≠ j, under $\beta = 60°$ declination of the easy axis, at point $x/x_0 = 0.5$, $y/x_0 = 0.1$ and $z/x_0 = 0.025$, the components toward magnetic axes m_1, m_2 and m_2 are signed by curve 1, 2 and 3.

위에서 정의된 배열의 점 $x/x_0 = 0.5$, $y/x_0 = 0.1$, $z/x_0 = 0.025$ 에서의 장 모양(field pattern)이 그림 8.8에 그려져 있다. 자속밀도의 변동인 B-장(B-field)의 m_1, m_2 성분은 그림 8.8 (a)에 그려져 있는 한편, H-장에 대해서는, 자계의 세기의 성분이 그림 8.8 (b)에 그려져 있다.

그림으로부터, 교번 자계 여자 하에서 자속밀도는 선형 분극(linear polarization)을 가지는 한편, 자계의 세기에서는 이 선형 분극이 공급되는 자속밀도가 작은 값에서 조차도 수정됨을 볼 수 있다. B-장 궤적(locus)의 경우, 분극 축(polarization axis)의 기울기가 −1.710인 한편, H-장 궤적의 경우에는 주 분극 방향(main polarization direction)의 기울기가 −2.126이다.

다음의 조사에서는, hysteresis 손실에 미치는 이방성 tensor의 요소의 변동의 영

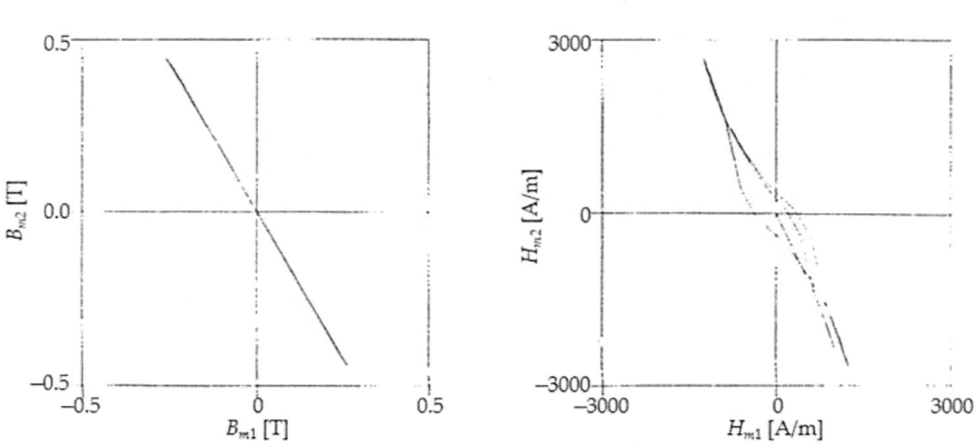

(a) (b)

Figure 8.8 The locus of (a) the B-field, and (b) H-field in the plane of magnetic axes m_1, m_2 for B_0 = 1.0 [T] external flux feeding, in semi-isotropic case, $a_{11} = a_{33} = 1.0$, $a_{22} = 0.5$, $a_{ij} = 0.0$, i, j = 1, 2, 3, i ≠ j, under $\beta = 60°$ declination of the easy axis, at point $x/x_0 = 0.5$, $y/x_0 = 0.1$ and $z/x_0 = 0.025$.

향이 점검된다. 판의 평면 내에서 용이축과 곤란축 사이의 상호 작용이 고려되는 한편, 판의 수직 방향에 대해서는 무시한다. 그래서, 다음의 조사에서는, 이방성 tensor의 비대각 요소(off-diagonal element)가 $a_{12} = -a_{21} = 0.25$ 그리고 $a_{i3} = a_{3i} = 0.0, i = 1, 2$인 것으로 가정된다. 평면의 용이 및 곤란축과 그것에 수직인 곤란축에 관한 주대각 요소(main-diagonal element)는 $a_{11} = a_{33} = 1.0$과 같이 단위 값으로 선택된다. 판의 평면 내에서 곤란축으로 향하는 이방성 상수(anisotropy constant)는 $a_{22} = 0.5$와 $a_{22} = 0.25$로 선택된다.

결과를 비교하기 위하여, 반-등방성(semi-isotropic)과 위에서 정의된 $a_{22} = 0.5$의 이방성의 경우에 대한 교변 외부 자계 $B_0 = 0.5\,[\mathrm{T}]$ 아래에서의 hysteresis 손실이 그림 8.9 (a)에 그려져 있으며, $B_0 = 1.0\,[\mathrm{T}]$ 아래에서의 손실이 그림 8.9 (b)에 그려져 있다. 곡선 1은 $a_{12} = -a_{21} = 0.0$인 반-등방성의 경우를 나타내는 한편, 곡선 2는 이방성의 값 $a_{12} = -a_{21} = 0.25$에 속한다.

위의 조건 하에서 판의 평면 내에서의 이방성 tensor의 값에 관한 hysteresis 손실의 민감도(sensitivity)도 또한 조사되었으며 자속밀도 여자 $B_0 = 0.5\,[\mathrm{T}]$ 아래에서가 그림 8.10 (a)에 그려져 있으며 $B_0 = 1.0\,[\mathrm{T}]$ 아래에서는 그림 8.10 (b)에 그려져 있다. 곡선 1은 이방성 tensor의 요소 값 $a_{22} = 0.5$에서의 결과를 나타내며, 곡선 2는 $a_{22} = 0.25$에서의 결과를 표시한다.

그림은 자기 축 사이의 상호 작용이 hysteresis 손실을 감소시켜, 축의 더 큰 상호 작용에서 hysteresis 손실에서의 현저한 감소가 관찰될 수 있음을 나타낸다.

실험 data와의 일치로, 방향성 적층(oriented lamination)의 수치 simulation은 이방성으로 결합된 자성체의 비선형성은 용이축의 다양한 편향(declination) 아래에서 판(sheet)의 저장 energy와 hysteresis 손실에서의 수정으로 귀결함을 입증한다[8].

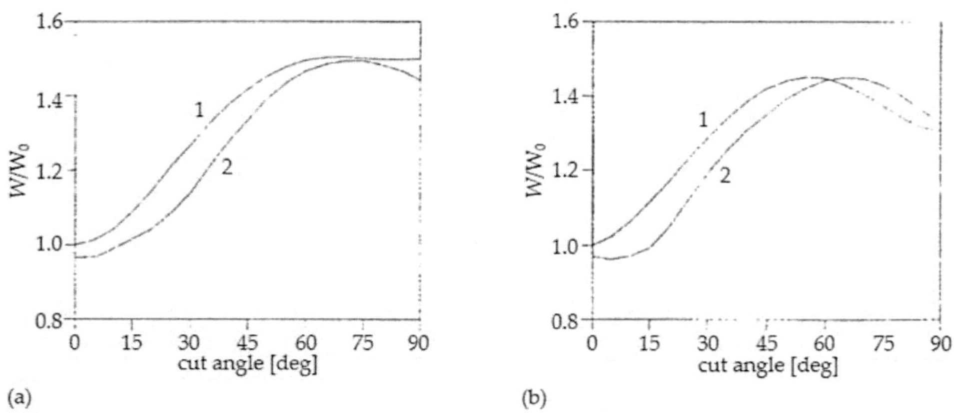

Figure 8.9 Variation of the hysteresis loss with the parameters $a_{12} = -a_{21}$ at magnetic flux feeding (a) $B_0 = 0.5$ [T], (b) $B_0 = 1.0$ [T], the anisotropy coefficients $a_{11} = a_{33} = 1.0$, $a_{22} = 0.5$, $a_{i3} = a_{3i} = 0.0$, i, j = 1, 2, for curve 1 $a_{12} = -a_{21} = 0.0$ and curve 2 $a_{12} = -a_{21} = 0.25$.

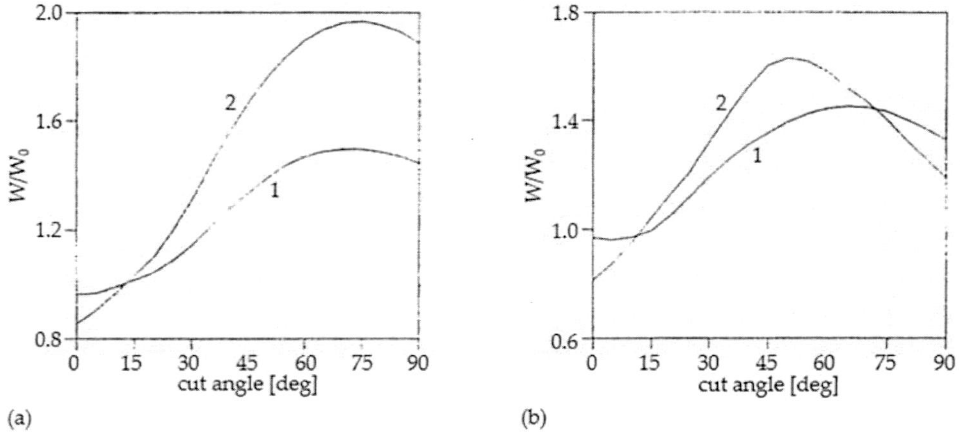

Figure 8.10 Variation of the hysteresis loss with the parameter a_{22} at magnetic flux feeding (a) $B_0 = 0.5$ [T], (b) $B_0 = 1.0$ [T] for anisotropy coefficients $a_{11} = a_{33} = 1.0$, $a_{12} = -a_{21} = 0.25$, $a_{i3} = a_{3i} = 0.0$, $i, j = 1, 2$, for curve 1 $a_{22} = 0.5$ and curve 2 $a_{22} = 0.25$.

9 MAGNETIC SHIELDING

낮은 주파수에서 동작하는 고전압 장치는 물론 고주파 방사(high frequency radiation)는 생물학적 대상과 전자기 구조에 영향을 미친다. 문제는 어떻게 전자장의 이 원하지 않는 영향을 차폐(shielding)하기 위한 효과적인 기법이 개발될 수 있는가 하는 것이다. 근일에 이르기까지 수년간, 서로 다른 형태의 차폐에 대하여 조사하고 자기 감소(magnetic reduction)에서의 그들의 효율을 결정하는 몇몇 논문이 출판되었다[88], [276], [213], [249], [218]. 약간의 특별한 경우에는 초전도체(superconducting material)의 높은 자계가 전자장의 이 적절하지 않은 영향을 없앨 수 있다[223], [274]. 차폐의 실제에 강자성체를 도입하는 것은 몇 가지 이점과 불리한 점을, 각각, 가진다. 수치 장 해석에서부터 회로망(network) simulation까지 서로 다른 model과 기법이, 자계의 강하(degradation)에 있어서의 효율을 결정하기 위하여, 서로 다른 배치의 검토를 위해 평가되었다.

여기에서는, 전력 상 도체(power engineering phase conductor)에 의해 생성되는 자계에 미치는 금속 판(metal plate)의 효과가 조사된다. 일련의 연구(series of study)는, 판의 물질이 aluminum 또는 선형 또는 비선형 특성을 가진 규소 강(Si steel)이라면, 자기 차폐에 있어서의 효율성의 변동을 아는 것이 필요하게 된다. 제조 기술에 관련된 판의 이방성적 거동을 고려하는 것 또한 중요성을 가진다. 상 도체의 양상으로부터, 정상 운전 하에서 공급 전류는 교번이지만, 충격 전류(impulse current)도 어떤 경우에는 극복될 수 있다.

다음에서는, 전력 상 도체에 의해 생성되는 자계에 미치는 자성 및 비자성(nonmagnetic) 물질로 된 금속 판의 효과가 조사된다. 시간 영역에서 문제의 simulation에서, 차폐 판(shielding plate)의 존재 하에서 도체에 의해 생성되는 자계의 변동을 결정하기 위하여 전역 변동(변분)법(global variation method)이 개경계 영역(open boundary region)에 대하여 도입된다. 자성이든 비자성이든 판의 물질은 균질(homogeneous)이며 등방성인(isotropic) 것으로 고려된다. 판으로부터 먼 거리에서, 판의 폭(width), 두께(thickness) 그리고 상 도체로부터의 거리에 관한 자계의 감소가 결정된다.

9.1 FORMULATION OF THE PROBLEM

너비 $2x_0$, 두께 $2y_0$와 길이 $2z_0$의 차폐 판이 $2x_1$ 또는 x_1으로 이격된 상 도체로부터 거리 y_1인 위치에 있다. 도체의 길이는 판의 길이에 비하여 길다: $2\ell > 2z_0$. 조사 동안에 두 가지 경우가 검토된다. 첫 번째 경우에서는, 그림 9.1 (a)에 그려진 바와 같이, 전류 도체의 쌍(pair)이 전류 loop $i_1(t) = -i_2(t)$를 이룬다. 도체 쌍에는 최대 값 I_m인 정현 교번 전류 $i_1(t) = -i_2(t) = I_m \sin \omega t$가 공급된다. 두 번째 경우에서는, 그림 9.1 (b)에 그려진 3상 전력 계통이 고려된다. 여기서 전류 도체에는 정상순(positive phase sequence)의 대칭 3상 전류 $i_1(t) + i_2(t) + i_3(t) = 0$이 공급된다.

하지만, 조사 동안에, 수치 해석의 정당성도 또한 보이기 위하여, model 둘 다에서 차폐 판의 물질은 강자성체로, 도체 쌍은 비자성 실현(nonmagnetic realization)이 평가된다. 그래서, 도전율(conductivity) σ를 가진 차폐 판의 영역은 Ω_1로, 자유 공간은 Ω_2로, 그들 사이의 계면은 Γ_s로 나타내어진다. 판의 중심(center) 위로 거리 y_m에서 자계의 감소가 결정되고 그림으로 그려진다.

Model 둘 다에서, 상 도체의 전류 loop는 무한원(infinity)에서 닫힌다. 차폐 판은 유도되는 와전류의 순환(circulation)을 위하여 유한한 길이(finite length)를 갖지만, z-축을 따른 변동을 무시하기 위하여 충분히 긴 것으로 간주된다. 문제의 수치 simulation에서는, '반 3차원(semi three dimensional)' 장 해석이 도입된다. 여기서 상 도체의 전류에 의해 생성되는 원천 자계는 자화와 판 내에서 순환하는 와전류에 기인하여 수정된다. 그래서, 영역 내에서는 총 자계가, 기호 '·'가 시간 도함수를 나타내는, 다음과 같은 방정식에 의해 표현될 수 있다:

$$\nabla \times H = \sigma E, \quad \nabla \times E = -\dot{B}, \quad \nabla \cdot B = 0. \tag{9.1}$$

원천에 의해 생성되는 전계와 자계에서의 모든 성분인 자화와 와전류를 나타내기 위하여, 시간 영역 x, y, t 내에서 변동하는 자기 vector potential $A(x, y, t)$는 두 개의 항으로 구성된다. 원천 성분 A_s는 상 도체의 원천 자계를 나타내기 위하여 도입되는 한편, 자계의 수정은 A_m으로 나타내어진다:

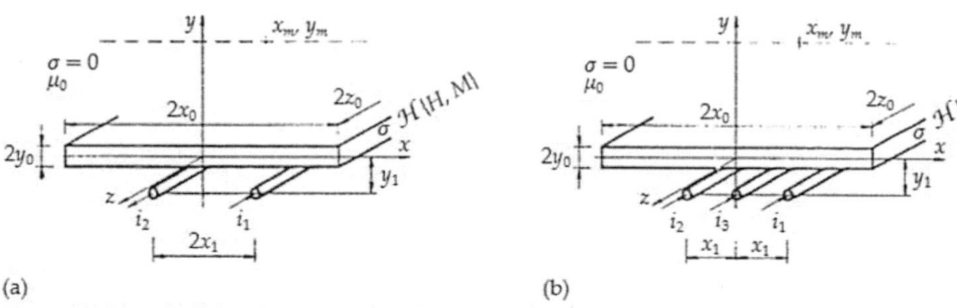

Figure 9.1 The shielding plate with the system of conductors.

$$B = \nabla \times A, \quad A = A_s(x, y, t) + A_m(x, y, t). \tag{9.2}$$

강자성 판의 비선형 특성은 *Jiles-Langevin* hysteresis 연산자에 의해 그 좌표 성분으로 나타내어지는 자화 vector가 적용된다:

$$B = \mu_0(H + M), \quad M = \sum_i M_i e_i, \quad M_i = \mathcal{H}_i\{H_i, M_i\}, \quad i = x, y, z. \tag{9.3}$$

개경계 영역의 자유 공간에서 변위 전류(displacement current)를 무시하면, 원천과 유도 자계의 총 장 방정식(total field equation)은 도입된, 발산이 0인(zero divergence), 자기 vector potential에 대한 확산 방정식(diffusion equation)을 산출한다:

$$\nabla \times [\nabla \times (A_s + A_m)] + \mu_0 \sigma(\dot{A}_s + \dot{A}_m) = \nabla \times (\mu_0 M). \tag{9.4}$$

여기서 $(x, y) \in \Omega_1$이면 $\sigma \neq 0$이며, $(x, y) \in \Omega_2$이면 $\sigma = 0$이다. 비자성 물질 내에서는 자화 vector가 0의 값 $M = 0$을 가진다.

영역 Ω_1과 Ω_2의 계면 Γ_s를 따라, 연속성 조건은

$$\begin{aligned} &\nabla \times (A_s + A_m) \cdot n|_{\Gamma_s \in \Omega_1} = \nabla \times (A_s + A_m) \cdot n|_{\Gamma_s \in \Omega_2}, \\ &\left[\frac{1}{\mu_0} \nabla \times (A_s + A_m) - M\right] \times n\bigg|_{\Gamma_s \in \Omega_1} = \frac{1}{\mu_0} \nabla \times (A_s + A_m) \times n\bigg|_{\Gamma_s \in \Omega_2} \end{aligned} \tag{9.5}$$

의 형태를 가진다. 전류 도체의 무한장(infinite length)과 차폐 판의 유한장(finite length)을 고려하면, 무한원(infinity)에서, 무시된 변위 전류에 관하여, 유도 자계는 나타나지 않아야 한다:

$$\lim_{\rho \to \infty} (\nabla \times A_m) = o(1/\rho). \tag{9.6}$$

여기서 ρ는 차폐 판으로부터의 거리이다. 계면 Γ_s를 따라 연속으로 되는 vector potential의 선택으로, 자속밀도에 있어서의 법선 성분의 연속성은 충족된다. 자계의 세기에 있어서의 접선 성분의 연속성은 자연 경계조건(natural boundary condition)에 의해 만족될 것인 한편, 무한원(infinity)에서의 그것의 거동은 풀이(solution)의 실현 동안에 충족될 것이다.

조사 영역 내에서의 자계를 결정하기 위하여, 비선형 미분 방정식 (9.4)의 풀이는 전역 변분법(global variational method)으로 이루어진다. 상 도체의 원천 자계가 알려짐으로써, 상 도체에 평행인 vector potential A_s의 원천 성분은 전류와 기하의 기지 함수(known function)이다. 자계의 수정(modification)은 상 도체에 평행인 성분과 수직 평면 내에 있는 성분을 가진 vector potential A_m의 미지 항(unknown term)

으로 나타내어진다:

$$A_s = A_s(x, y, t)\, e_z, \quad A_m = A(x, y, t)\, e_z + e_z \times \ell_0 \nabla A(x, y, t)\,. \tag{9.7}$$

유도(induced) 자기 vector potential에 대한 전역 근사화(global approximation)에서 연속 전개(serial expansion)가 도입된다:

$$A_m(x, y, t) = \mathbf{F}^T(x, y)\, \mathbf{a}(t)\,. \tag{9.8}$$

열린 경계 영역(open boundary region) $\Omega_1 \cup \Omega_2$에 걸친 풀이의 실현을 위하여, 근사화 함수 집합(approximation function set)에 있어서의 기저 함수(basis function)의 요소는 x-y 평면에서 좌표 변환을 거친 후에 정규화된 독립 변수(normalized argument)를 가진 *Chebyshev* 다항식으로 선택된다:

$$f_k(x, y) = T_i(\xi) \cdot T_j(\eta)\,, \ \xi = \frac{2}{\pi}\tan^{-1}(x/x_n)\,, \ \eta = \frac{2}{\pi}\tan^{-1}(y/y_n)\,. \tag{9.9}$$

전역 변분법을 기초로 하여, 매 시간 단계(every time step)에 대해 $\partial \mathcal{F}/\partial a_i = 0, i = 1, 2, \cdots, n$인 energy 관련 범함수

$$\begin{aligned}\mathcal{F} = &\frac{1}{2}\int_{\Omega_1 \cup \Omega_2} [\nabla \times (A_s + A_m)]^2\, d\Omega \\ &+ \int_{\Omega_1} \mu_0 \sigma (\dot{A}_s + \dot{A}_m) \cdot (A_s + A_m)\, d\Omega - \int_{\Omega_1} \mu_0 M \cdot (A_s + A_m)\, d\Omega\end{aligned} \tag{9.10}$$

은 시간 종속 미지 계수(time dependent unknown coefficient)에 대한 비선형 상미분 방정식 집합(set of ordinary nonlinear differential equation)을 산출한다:

$$\mathbf{G}_1\, \mathbf{a} + \mu_0 \sigma\, \mathbf{G}_2\, \dot{\mathbf{a}} = -\, \mathbf{b}_1(\nabla \times A_s) - \mu_0 \sigma\, \mathbf{b}_2(\dot{A}_s) + \mathbf{b}_3(\mu_0 M)\,. \tag{9.11}$$

여기서 행렬들은 다음의 관계식이 성립한다:

$$\begin{aligned}&\mathbf{G}_1 = \int_{\Omega_1 \cup \Omega_2} (\nabla \times \mathbf{F}) \cdot (\nabla \times \mathbf{F}^T)\, d\Omega, \quad \mathbf{G}_2 = \int_{\Omega_1 \cup \Omega_2} \mathbf{F} \cdot \mathbf{F}^T d\Omega, \\ &\mathbf{b}_2 = \int_{\Omega_1} \dot{A}_s \cdot \mathbf{F}\, d\Omega, \\ &\mathbf{b}_1 = \int_{\Omega_1 \cup \Omega_2} (\nabla \times A_s) \cdot (\nabla \times \mathbf{F})\, d\Omega, \\ &\mathbf{b}_3 = \int_{\Omega_1} \mu_0 M \cdot \nabla \times \mathbf{F}\, d\Omega\,.\end{aligned} \tag{9.12}$$

9.2 NONMAGNETIC SHIELDING OF SINGLE PHASE CONDUCTORS

문제의 첫 번째 조사는 제안된 방법의 정당성을 입증하는 것과 관련하여, *Iványi*의 논문[146], [148]에서 실현된 바와 같이 비자성 차폐 판에 대하여 평가되었으며, 계산된 수치 결과의 거동이 *Karady*의 연구 집단에 의해 발표된 결과[111]와 비교되었다. 그래서, 실현은 $2x_1 = 7.62$ [cm]로 이격된 상 도체의 위로 $y_1 = 10.16$ [cm]에 대칭적으로 위치된, 길이 $2z_0 = 2.44$ [m]와 $\sigma = 10^9/65$ [S/m]의 도전율을 가진 aluminum 판에 대해 평가되었다. $2\ell = 4.88$ [m]인 도체 내에 주파수 $f = 60$ [Hz]인 최대치 $I_m = 100$ [A]의 교번 전류를 가정하여, 두께 $2y_0 = 6.35$ [mm]인 차폐 판의 수평 중심(horizontal center) 위 $x_m = 0, y_m = 1.0$ [m]에서, 원천 자계는 차폐 판이 없는 경우의 1.522 [μT]에서 너비 15.24 [cm]의 판의 경우 1.395 [μT]로, 너비 121.9 [cm]의 판의 경우 0.399 [μT]로 떨어졌다. 같은 배치에 대하여, 차폐 판이, 표피 깊이(skin depth)에 관하여, 몇 장의 얇은 평행 도체로 modeling된 [111]의 결과는 너비 15.24 [cm]의 판에서 1.4 [μT], 너비 121.9 [cm]의 판에서 0.2 [μT]의 자속밀도를 보인다. 판의 너비의 증가에 따라, 이 차이가 증가하는 한편, 너비 121.9 [cm]의 판에서 대략 원천 자계의 13 [%]에 도달한다. 결과로부터, 좁은(short) 판의 경우 두 방법이 비슷한 값으로 귀결하는 한편, 넓은 판의 경우에는 차폐의 효율성(shielding effectiveness)에서의 편차(deviation)가 증가함을 볼 수 있다. 이 차이는 차폐 판의 서로 다른 model과 근사화의 서로 다른 차수(정도, degree)로부터 기원될 수 있다.

두 개 성분 vector potential의 소개된 방법을 적용하기 전에, 한 개 성분의 vector potential $A_m = A(x, y, t)\,e_z$에 의한 문제의 simulation 역시 조사되었다. 결과는, 근사화에 있어서 더 높은 차수가 적용될지라도, $2x_0 = 45.72$ [cm] 보다 좁은 너비의 판에서는 차폐 효과가 인정될 수 없음을 보이는 한편, 넓은 판의 경우에서는 근사화가 제안된 것과 같은 두 개 성분 근사화와 비슷한 값의 차폐 효과를 보였다.

마지막으로, 제안된 방법의 수치적인 조사가 다음과 같은 매개변수에서 단상 도체에 대하여 평가되었다. 도체의 전류는 주파수 $f = 50$ [Hz]에서 크기 $I_m = 100$ [A]의 정현 변화로 선택되었다. 비자성 차폐 판은 $\sigma = 2{\cdot}10^7$ [S/m]의 도전율을 갖는 것으로 가정되었다. 좌표는 판의 폭(width) $x_n = y_n = x_0$에 의해 정규화되었다. 계산은 근사 함수 집합의 $n = 36$ 요소에 대하여 이행되었다. 상 도체는 $2x_1 = 7.5$ [cm]로 이격되어 있으며, 자계의 감소는 판의 수평 중심 위 $x_m = 0, y_m = 1.0$ [m]에서 결정되었다. 수치 결과는 정상 상태(stationary state)로의 해(solution)의 수렴이, 대략 원천 자계의 8 ~ 10 주기로, 느리다는 것을 보였으며, 그래서 계산된 결과에서는, 세 번째 주기의 후반에서 자속밀도의 첨두 값이 나타났다. 정상 상태에 도달하여 자계는 더 작은 크기를 가지는 한편, 자기 차폐는 더 높은 효율성을 달성한다.

자계의 감소, 즉 판의 너비에 대한, 원천 자계에 관하여 차폐가 있을 때와 없을 때의 자속밀도 사이의 차이가 그림 9.2에 그려져 있다. 단상 도체가 두께 $2y_0 = 6$ [mm]의 판 아래 $y_1 = 10$ [cm]에 위치되어 있다. 점검 위치 $x_m = 0, y_m = 1.0$ [m]에서 차폐 판이 없을 때의 원천 자계 1.238 [μT]가 너비 $2x_0 = 15$ [cm]의 판에 의해서는 1.095 [μT]로 줄어든 한편, 위의 1.238 [μT]의 원천 자계가 너비 $2x_0 = 120$ [cm]의 차폐 판에 의해서는 0.395 [μT]로 줄어들었다.

그림으로부터, 판의 너비의 증가에 따라 자계의 감소는 물론 차폐 효율이 증가됨을 볼 수 있다. 위의 배치에서는, 차폐 효율인 자계의 감소가 판의 너비의 증가에 따라 원천 자계의 11.55 [%]로부터 68.04 [%]로 증가된다.

판의 두께(thickness)에 대한 자계의 감소가 바뀌지 않은 매개변수에서 판의 너비 $2x_0 = 100$ [cm] 에 대하여 그림 9.3에 그려져 있다. 원천 자계는 두께 $2y_0 = 3$ [mm]의 판으로 0.782 [μT]로 줄어들었다. 차폐 효율은 판의 두께에 따라 증가된다. 자계는 두께 $2y_0 = 18$ [mm]의 판으로 0.374 [μT]로 줄어들 수 있다. 위의 매개변수의 선택에서, 자계 감소의 효율은 36.80 [%] 로부터 69.74 [%] 로 증가된다. 선택된 주파수에서, 표피 깊이(skin depth)는 차폐 판에 대하여 15.9 [mm]이다. 결과는, 표피 깊이를 넘어서는 판의 두께의 증가는 차폐 효율에 작은 효과를 가짐을 보인다.

마지막으로, 차폐 판으로부터 원천의 거리에 대한 자계의 감소가 기학학적 매개변수 $2x_0 = 100$ [cm], $2y_0 = 6$ [mm] 에서 그림 9.4에 그려져 있다. 차폐 판과 관측점(observation point) 사이의 거리는 변화하지 않은 $y_m = 1.0$ [m] 인 한편, 전류 도체는 차폐 판으로부터 멀어진다.

결과는 더 먼 거리에서 더 작은 차폐 효과를 보인다. 차폐 판과 전류 도체 사이의 거리가 $y_1 = 25$ [cm]일 때 자속밀도가 0.577 [μT]로 줄어들어, 자계에서 원천 자

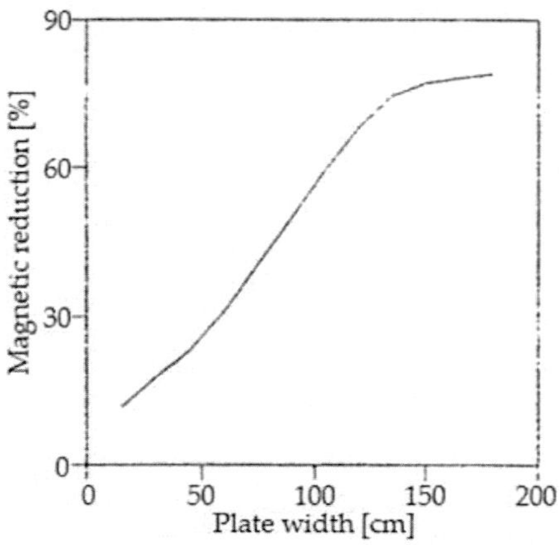

Figure 9.2 Magnetic reduction by the width of the shielding plate.

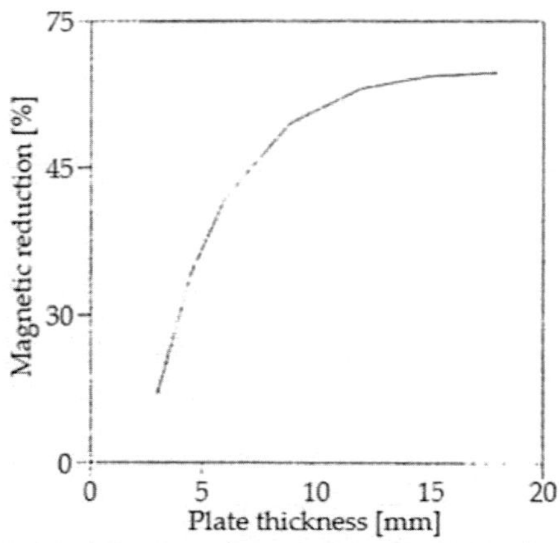

Figure 9.3 Magnetic reduction respect to the thickness of the plate.

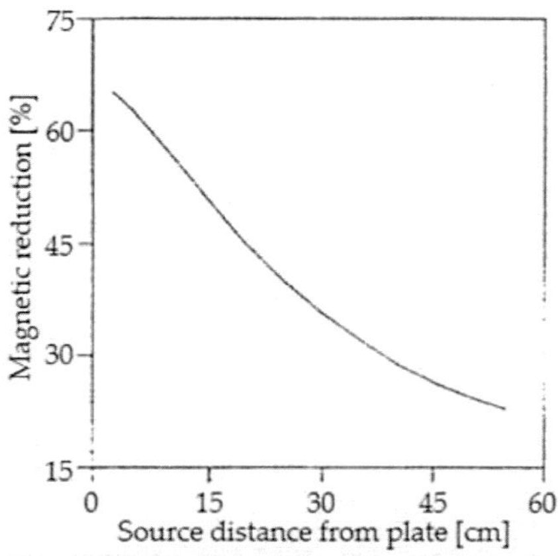

Figure 9.4 Magnetic reduction with the source distance from the plate.

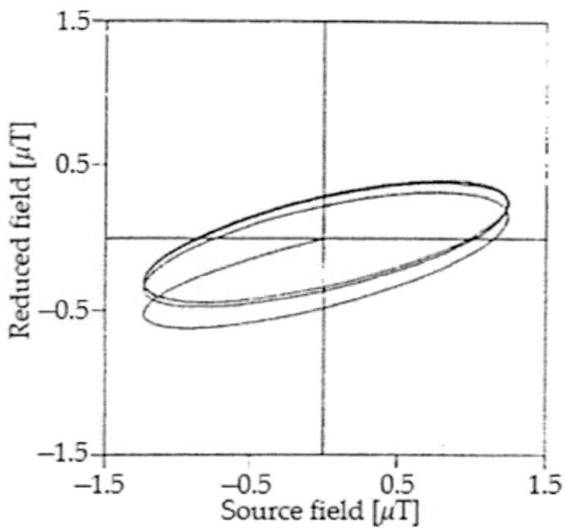

Figure 9.5 Phase portrait for the source and the reduced field.

계의 39.79 [%]로의 감소가 이루어질 수 있다. 10분의 1로 짧은 거리 $y_1 = 2.5$ [cm]는 단지 0.494 [μT]의 자속밀도로 귀결하여, 원천 자계의 65.34 [%]의 자기 감소를 나타낸다.

그림 9.2에서 그려진 배치의 경우 $x = 44$ [cm], $y = 2.5$ [mm]의 위치에 너비 $2x_0 =$ 120 [cm]의 강자성 판(ferromagnetic plate)이 있을 때, 판의 수평 중심 위 $x_m = 0$, $y_m = 1$ [m]의 점검 점(checking point)에서 자기 차폐의 현상을 조사하여, 원천 자계에 대한 줄어든 자계가 그림 9.5에 그려져 있다. 곡선의 점들은 궤적(trajectory)의 매개변수로서 시간의 서로 다른 값에 속한다. 원천과 줄어든 자계 사이의 위상 궤적(phase portrait)은 유도된 와전류 장(induced field of eddy current)에 의해 생성된다. 궤적(portrait)의 높이는 차폐 판의 효율을 나타낸다. 시간 영역 해(time domain solution)에 따라, 차폐 판의 과도 거동(transient behavior)과 안정화 과정 역시 볼 수 있다. 2주기(second cycle) 후에 문제의 해는 정상 상태 해(stationary solution)로 간주될 수 있다.

9.3 MAGNETIC MATERIAL IN SHIELDING

이제 앞에서와 같은 조사가 포화 자화 $M_s = 1.7$ [MA/m], 잔류 자화 $M_r = 0.978$ [MA/m]와 항자계 $H_c = 1644$ [A/m]의 자기적 매개변수를 가진 규소 강(Si steel)의 자성체에 대하여 평가된다. 배치의 각 이산 체적(every discrete volume) 내에서의 물질의 비선형, hysteresis 특성은 *Jiles-Langevin* hysteresis 연산자에 의해 나타내어진다. 자성체의 도전율은 비자성체인 aluminum 판 보다 대략 10분의 1로 작은 $\sigma = 2 \cdot 10^6$ [S/m]로 선택된다. 단상 도체에서 $I_m = 100$ [A]인 공급 전류의 주파수는 앞

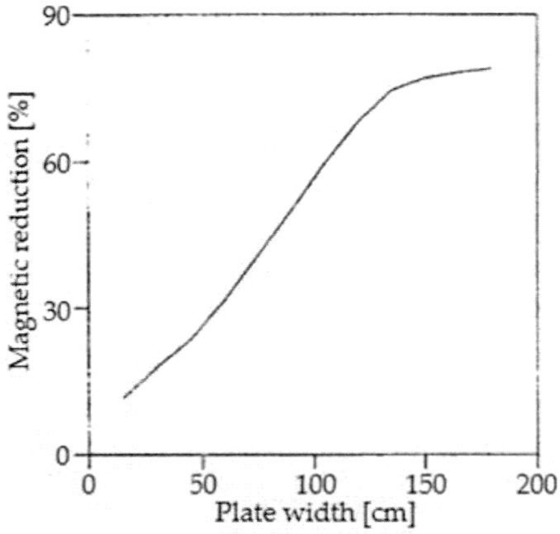

Figure 9.6 Magnetic reduction by the width of the ferromagnetic plate.

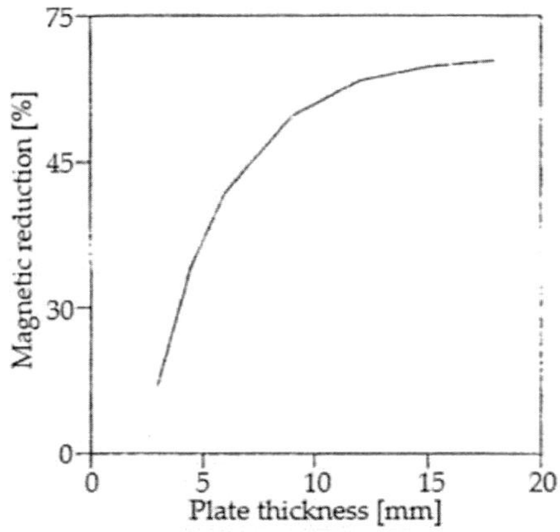

Figure 9.7 Magnetic reduction respect to the thickness of the ferromagnetic plate.

의 검토에서에서 보다 10배로 높은 $f=500$ [Hz]로 가정되어, 표피 깊이는 비자성체에서의 경우와 동일하다. 바뀌지 않은 기하학적 매개변수에서, *Iványi*에 의한 풀이의 실현[147]을 기초로 하여 같은 조사가 이루어졌으며 결과가 그림에서 보여졌다. 판의 중심(center)에서 z-축을 따라 상 도체에서의 전류의 최대 값은 크기 0.131 [μT]인 원천 자계를 생성한다. 자속밀도의 이 값에서 자화 특성은 hysteresis의 초기 부분(initial portion)을 나타낸다.

강자성 판의 너비에 따른 자계의 감소는 그림 9.6에 그려졌으며, 강자성 판의 두께의 영향은 그림 9.7에서 나타내어진 한편, 판으로부터 원천의 거리에 관한 자기 감소는 그림 9.8에 그려져 있다.

그렇지만, 비자성 또는 자성체 둘 다에서 보여진 결과의 차이는, 자성체인 경우의

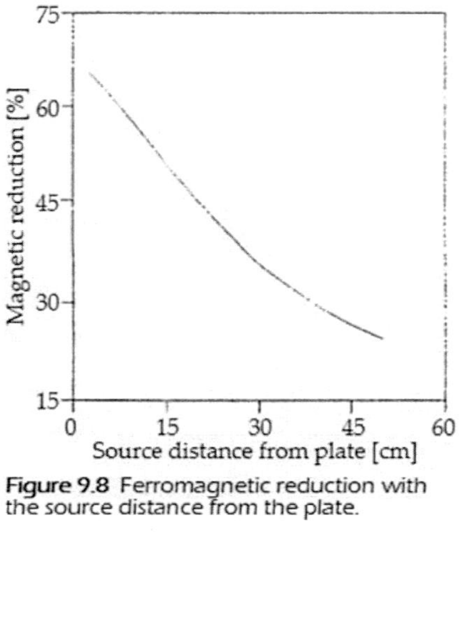

Figure 9.8 Ferromagnetic reduction with the source distance from the plate.

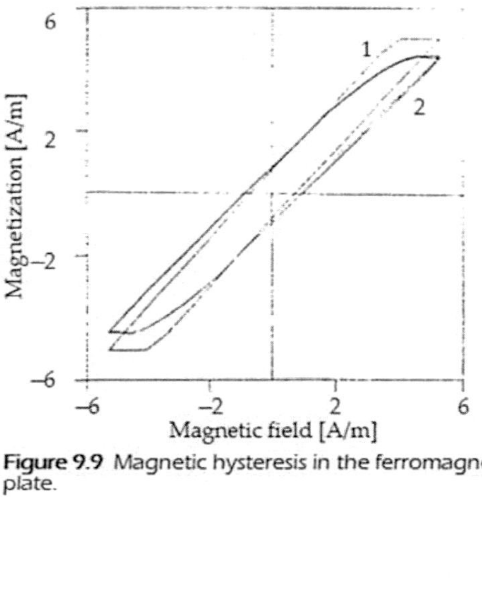

Figure 9.9 Magnetic hysteresis in the ferromagnetic plate.

상세한 data가 단상 도체의 원천 자계에 대한 더 높은 감소로 귀결한다는 것이 어렵게 관찰될 수 있다. 자계의 동작이 hysteresis 특성의 초기 부분을 따라 움직인다는 사실에 따라, 그래서 자계의 감소에서의 그것의 관여가 필연적으로 나타나게 된다.

마지막으로, 강자성 판의 점 $x = 44$ [cm], $y = 2.5$ [mm] 에서의 hysteresis 특성의 거동이 $2x_0 = 100$ [cm], $2y_0 = 6$ [mm]의 기하학적 매개변수 아래에서 조사되고 그림 9.9에 그려져 있다. 곡선 1은 정현 변화 원천 전류와, 와전류의 영향은 무시한, 자화 전류에 의해 생성된 자기 hysteresis를 나타낸다. 곡선 2는 같은 점에서 와전류에 관한 hysteresis loop를 나타낸다. 그림으로부터, 강자성체 내에서는 느리게 변화하는 전류 공급에서 조차 와전류의 영향이 무시될 수 없음을 볼 수 있다.

9.4 MAGNETIC SHIELDING OF THREE PHASE CONDUCTORS

*Iványi*의 논문에서 나타내어진 바와 같이, 3상 전력 계통에 의해 생성되는 자계의 차폐에 대하여 위의 조사를 확장하는 것이 이점을 가진다[151]. 그래서, 위의 수치 연구가, 그림 9.1 (b)에 그려진, 수평 배치의 3상 전력 계통에 대해 실현된다. 이격 거리(separation) $x_1 = 15.24$ [cm]를 가진 전류 도체는 지표면(surface of ground) 아래 1.5 [m]에 파묻힌 것으로 가정된다. 길이 $2\ell = 4.88$ [m]의 도체 내에서 정상순(positive sequence)인 전류의 최대 값은 $f = 60$ [Hz]에서 $I_m = 100$ [A]로 선택된다. 길이 $2z_0 = 2.44$ [m], 도전율 $\sigma = 5 \cdot 10^6$ [S/m]을 가지며, 포화 자화 $M_s = 1.7$ [MA/m], 잔류 자화 $M_r = 0.978$ [MA/m]와 항자계 $H_c = 1644$ [A/m]의 자기 매개 변수를 가진 강자성 규소 강판(Si steel plate)이 3상 전력 계통 위에 위치되어 있다.

수치 simulation은 x-y 좌표 평면의 수평 중심에서 차폐 판의 위에 대해 평가된다. 계산은 근사화 함수 집합의 $n = 36$ 요소에 대하여 수행된다. 차폐 판이 없는 경우에 결정된 값에 대한 백분율(percentage)로 비교된, 차폐 판이 있는 경우와 없는 경우의 자속밀도 사이의 차이인 자기 감소(magnetic reduction)는 차폐 효율(efficiency of shielding)로 정의된다. 강자성 판의 수치 결과를 *Karady*, 외[111]의 논문에서 나타내어진 비자성 물질의 경우와 비교하기 위하여, 기하학적 매개변수는 그것과 일치하게 선택되었다.

강자성 판의 너비에 대한 자기 유도(magnetic induction)의 감소가 그림 9.10에 그려져 있다. 수평 배치의 3상 전력 cable은 두께 $2y_0 = 12.7$ [mm]의 판 아래 $y_1 = 30.48$ [cm]의 위치에 있다. 수치적인 조사는 전력 계통의 위 2.5 [m]에서 이루어졌다.

$x_m = 0$, $y_m = 219.52$ [cm] $(y_m + y_1 = 250$ [cm]$)$의 점검 점(checking point)에서 판이

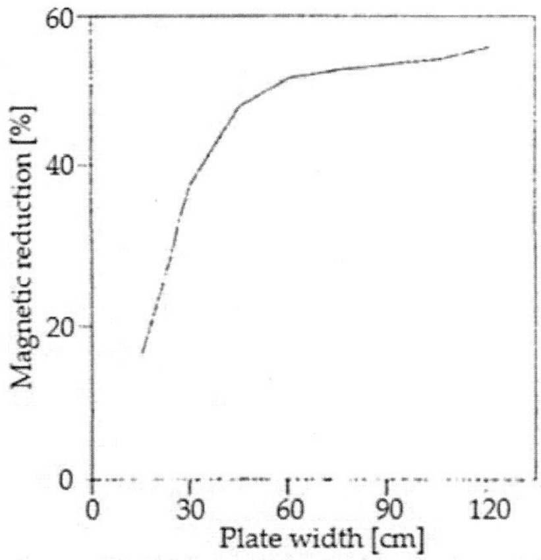

Figure 9.10 Magnetic reduction by the width of the ferromagnetic plate.

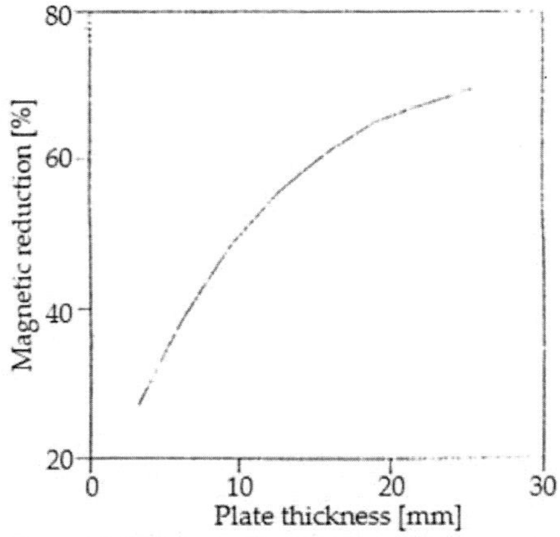

Figure 9.11 Magnetic reduction respect to the thickness of the ferromagnetic plate.

없는 경우의 0.841 [μT]의 원천 자계가 너비 $2x_0 = 15.24$ [cm]의 판에 의해 0.703 [μT]로 줄어든 한편, 너비 $2x_0 = 121.92$ [cm]의 차폐 판에 의해서는 자계에서의 감소가 0.370 [μT]를 초과하였다. 그림으로부터, 판의 너비의 증가에 따라 차폐 효율 역시 증가함을 볼 수 있다. 위의 배치에서는, 증가된 판의 너비에 따라 자계의 감소가 원천 자계의 16.36 [%]로부터 55.95 [%]로 증가되었다.

그림 9.11에서는 판의 두께에 대한 자계의 감소가 바뀌지 않은 매개변수에서 너비 $2x_0 = 121.92$ [cm]의 판에 대하여 그려져 있다. 원천 자계는 두께 $2y_0 = 3.175$ [mm]의 판으로 0.656 [μT]로 감소되었다. 결과는 판의 두께의 증가에 따라 차폐 효율이 증가됨을 보인다. 두께 $2y_0 = 25.4$ [mm]의 판으로 자계는 0.255 [μT]로 감소될 수 있다. 위의 매개변수의 선택에서, 자계 감소의 효율은 26.48 [%]에서 69.68 [%]로 증가된다.

비자성 물질에 대해 선택된 주파수에서 규소 강의 도전율로 표피 깊이는 대략 29.07 [mm]이다. 강자성체의 hysteresis에 따라 항자계 $H_c = 1644$ [A/m]에서, 정적(static) hysteresis 특성에 의해 나타나는, 자성체에 대한 비자화율은 대략 $\chi_c = 745$ 이다. 이 매개변수로, 주어진 주파수 $f = 60$ [Hz]에서, 강자성체의 표피 깊이는 대략 1.06 [mm]이다. 포화 상태에서 특성의 기울기 $\chi_s = 25.1$은 5.80 [mm]의 표피 깊이를 나타낸다. 3상 여자(excitation)에 따라 자화 주기(magnetization cycle) 동안에 강자성 판의 한 점(single point)에서의 표피 깊이는 교번 공급 자계에 따라 위의 값 사이에서 변동한다. 결과는, 표피 깊이 보다 더 두꺼운 두께의 증가는 자기 감소에 작은 효과를 가짐을 보인다.

그림 9.12에는, 원천으로부터의 거리에 대한 자폐 판의 효율이 $x_0 = 121.92$ [cm], $2y_0 = 12.7$ [mm]의 기하학적 매개변수에서 그려져 있다. 이 경우 3상 도체와 관측

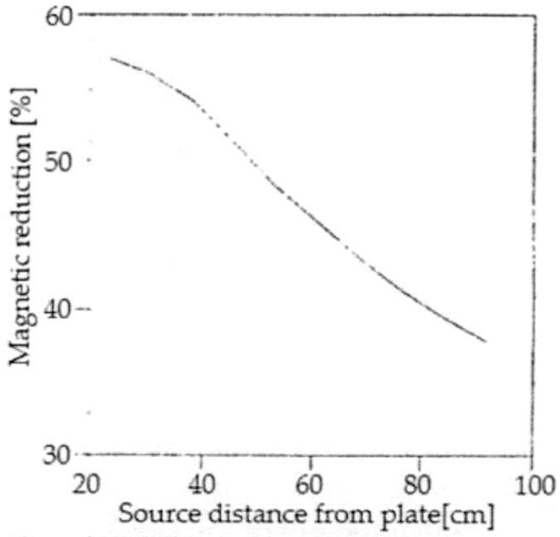

Figure 9.12 Ferromagnetic reduction with the source distance from the plate.

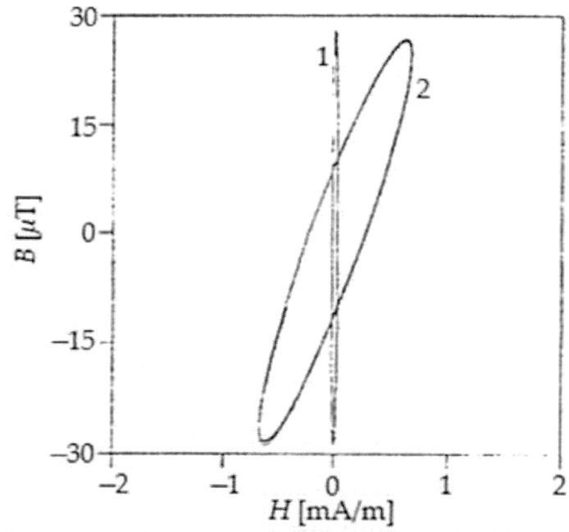

Figure 9.13 Magnetic hysteresis in the ferromagnetic plate.

점 사이의 거리 $y_1 + y_m = 250$ [cm]는 바뀌지 않으며, 차폐 판의 위치가 조사 동안에 이동된다.

결과는 3상 도체와 차폐 판 사이의 더 큰 거리에서 더 작은 차폐 효율을 보인다. 차폐 판과 3상 전력 계통 사이의 거리 $y_1 = 22.86$ [cm]로 자속밀도가 0.360 [μT]로 줄어들어, 원천 자계의 57.10 [%]의 감소가 얻어질 수 있다. 전류 도체와 차폐 판 사이의 거리가 증가하면 자기 감소는 덜 효율적으로 된다. 판의 거리 $y_1 = 91.44$ [cm]에서 원천 자계는 0.523 [μT]로 줄어들어, 원천 자계의 37.78 [%]의 감소를 이룬다.

자계와 와전류의 효과가 전류 도체의 위에서 가장 강함으로써, 강자성 판 내의 자기 hysteresis는 계산 동안에 그것의 영향을 받는다. 그림 9.13에서는 판의 수평 중심 내에서 전류 도체에 걸쳐 관찰된 hysteresis 특성이 점 $x = 15.24$ [cm], $y = 0$에서 그려져 있다. 곡선 1은 H_x–B_x의 관계를 나타내며, 곡선 2는 H_y–B_y의 관계를 나타낸다. 물질이 균질(homogeneous)인 것으로 가정되었지만, 전력 계통의 원천 자계의 비균질 분포(non-homogeneous distribution)가 x-와 y-방향에서의 서로 다른 거동으로 귀결한다. 그림으로부터, 낮은 주파수 여자에 따라 관측점에서 와전류의 효과가 약하여, 낮은 자계에 따른 hysteresis 특성은 가역 *Rayleigh* loop를 따라 움직이는 것을 볼 수 있다.

차폐 문제에서 더 나아간 조사는 3차원 model로 평가하는 것과 교번 자계의 한 주기(one period)에 대한 차폐 효율성(shielding effectiveness)의 평균 값(average value)을 계산하는 것을 필요로 한다.

10 ANISOTROPIC MATERIAL IN ROTATING FIELD

2차원적인 측정(measurement)은, 오래전에 *Bozorth*[41]와 근년에 *Moses*[216]에 의해 언급된 바와 같이, 자성체는, 교번 자계 하에서의 거동과 비교하여, 회전 자계(rotating field) 하에서는 다른 성질을 나타냄을 보인다. 회전 자계 내에서 이방성 자성체의 동작을 연구하기 위하여, 몇 가지 측정이 *Enokizono*[92]와 *Pfützner*[236]에 의해 개발되었다. 위의 문제와 관련하여, 아래에서는, 하나는 회전 자계 공급 하에서의 물질 성질의 연구에 대한 것이며[142], [143], [144], [145], 다른 하나는 회전 자계 주입(injection) 하에서의 2차원적 측정에 있어서의 위의 과정의 수치 simulation에 대한 것인[149], [150], [152], 두 가지 조사가 *Iványi*에 의해 평가된다.

10.1 ELLIPTICAL POLARIZATION IN ROTATIONAL FIELD

몇 가지 논문이 이방성 자성체와 회전 자계 아래에서의 그들의 거동의 연구로 출판되었지만(*Sasaki*, 외[273], *Haas*와 *Schmoellebeck*[121], *Nakata*, 외[217], *Benda*[30] 그리고 *Moses*와 *Meydan*[215]), 여기에서는 원형 분극 자기 유도(circular polarized magnetic induction)에서의 도입된 이방성 tensor의 효과가 이론적인 관점으로 조사된다. 이방성 tensor의 존재에서, 공급되는 회전 자속은 자화 vector의 두 성분은 물론 ***M***-장 모양(***M***-field pattern)에 대한 타원 분극(elliptical polarization)을 산출한다. 공급되는 원형 분극 회전 자속의 작은 크기 아래에서 ***H***-장 모양(***H***-field pattern)은 타원 분극을 따르는 한편, 회전 자계의 크기가 증가하면, 포화 영역에서 ***H***-장 모양이 수정된다는 것이 수치 결과에 의해 입증될 수 있다.

측정 기법에 따라, 정현 변동을 하는 x, y로 배향된(x, y directed) 자속밀도가 시료(specimen)에 공급된다:

$$B_x = B_m \cos \omega t\,, \quad B_y = B_m \sin \omega t\,. \tag{10.1}$$

복소 형식(complex formalism)을 도입하여, 인가 자속의 성분은 원형 분극 회전 유도(circular polarized rotational induction)로 귀결한다:

$$\boldsymbol{B} = B_x + jB_y = B_m e^{j\omega t}. \tag{10.2}$$

비선형 이방성 자성체에서는, 물질의 비선형 특성에 관한 자계의 세기 $\boldsymbol{H}$와 자속밀도 $\boldsymbol{B}$ 사이의 관계를 묘사하기 위하여, hysteresis 연산자 $\boldsymbol{M} = \mathcal{H}\{\boldsymbol{H}, \boldsymbol{M}\}$을 통한 자화 vector가 도입된다:

$$\boldsymbol{B} = \mu_0(\boldsymbol{H} + [\mathbf{a}]\boldsymbol{M}). \tag{10.3}$$

조사 동안에, 유도에 대한 자성체의 영향은 자유 공간의 영향 보다 훨씬 더 커서 ($\mu_0\boldsymbol{M} >> \mu_0\boldsymbol{H}$), 자유 공간의 영향은 이후에서는 무시된다. x, y 방향을 가진 2차원 vector model을 도입하면, 자성체의 비선형 특성은 성분들로 근사화되어, 자계의 세기, 자화 그리고 유도의 vector는 서로 다른 방향을 가진다. 자계 성분과 물질의 이방성적 성질 사이의 상호 작용은 이방성 tensor [**a**]에 의해 정식화된다:

$$\begin{bmatrix} B_x \\ B_y \end{bmatrix} = \begin{bmatrix} a_{xx} & a_{xy} \\ a_{yx} & a_{yy} \end{bmatrix} \begin{bmatrix} \mu_0 M_x \\ \mu_0 M_y \end{bmatrix}. \tag{10.4}$$

조사의 과정에서 비선형 특성의 두 가지 model이 선택된다. 첫 번째 model에서는, *Iványi*[142], [143], [145]에 의해 발표된 바와 같이, 물질의 hysteresis가 없는 특성이 역정접 함수(inverse tangent function) (2.57)에 의해

$$M_i = M_{oi}\frac{2}{\pi}\tan^{-1}(H_i/H_{oi}), \quad i = x, y, \quad \text{for model } (a) \tag{10.5}$$

와 같이 simulation되는 한편, 두 번째 model에서는, hysteresis가, Chapter 4에서 묘사된, 수정된 *Jiles-Langevin* model에 의해 나타내어진다(*Iványi*[144], [145]):

$$\begin{aligned} &M_i = M_{irr,i} + M_{rev,i}, \quad i = x, y, \quad \text{for model } (b), \\ &M_{irr,i} = M_{an,i} + k\,\partial M_{irr,i}/\partial H_{e,i}, \quad H_{e,i} = H_i + \alpha M_i, \\ &M_{rev,i} = c\big(M_{an,i} - M_{irr,i}\big), \quad M_{an,i} = B_{s,i}\big[\coth\big(H_{e,i}/a\big) - \big(a/H_{e,i}\big)\big]. \end{aligned} \tag{10.6}$$

Hysteresis가 없는 model을 확인하기 위하여, 매개변수는 초기 기울기와 자화의 가장 큰 크기에 속하는 특성의 점으로부터 결정된다. 이론적인 조사를 위하여, 물질은 *Tanaka, Takeda*와 *Sasaki*[291]에 의해 발표된 측정 표본(measured sample)으로부터 선택된다. 자화 곡선에서의 x-와 y-방향(x-와 y-로 배향된, x- and y-directed) 성분의 측정 값은

$$\mu_0 M_x = \mu_0 M_y = 1.4\ [\text{T}], \quad H_x = 400\ [\text{A/m}], \quad H_y = 1600\ [\text{A/m}]$$

이다. 측정된 초기 비투자율은 $\mu_{rx} = 13263$과 $\mu_{ry} = 2652$이다. 자화 특성의 위의 data는 hysteresis가 없는 model (10.5)의 매개변수로 귀결한다:

$$\mu_0 M_{ox} = 0.9833\ [\text{T}],\ \ H_{ox} = 59.23\ [\text{A/m}],$$
$$\mu_0 M_{oy} = 1.0140\ [\text{T}],\ \ H_{oy} = 298.2\ [\text{A/m}].$$

Hysteresis model의 경우 두 방향 모두에서의 자화 특성은, 잔류 자화 M_{rx} = 0.503 [MA/m], M_{ry} = 0.978 [MA/m] 그리고 항자계 H_{cx} = 467 [A/m] 와 H_{cy} = 1644 [A/m]의 서로 다른 값으로, 포화 자화의 같은 값 $M_{sx} = M_{sy}$ = 1.7 [MA/m]를 가진다. Hysteresis model에서의 위의 data를 나타내기 위하여, *Jiles-Langevin* model에 대한 매개변수는

$$a_x = a_y = 10^3\ [\text{A/m}],\ \ k_x = 500\ [\text{A/m}],\ \ k_y = 2 \cdot 10^3\ [\text{A/m}],$$
$$\alpha_x = \alpha_y = 10^{-3},\ \ c_x = c_y = 0.1$$

과 같이 선택된다.

정현 교번 자속 공급 하에서의 model의 거동인, hysteresis가 없는 model에 대한 x-와 y-방향에서의 비선형 특성이 그림 10.1 (a)에 그려져 있는 한편, hysteresis가 있

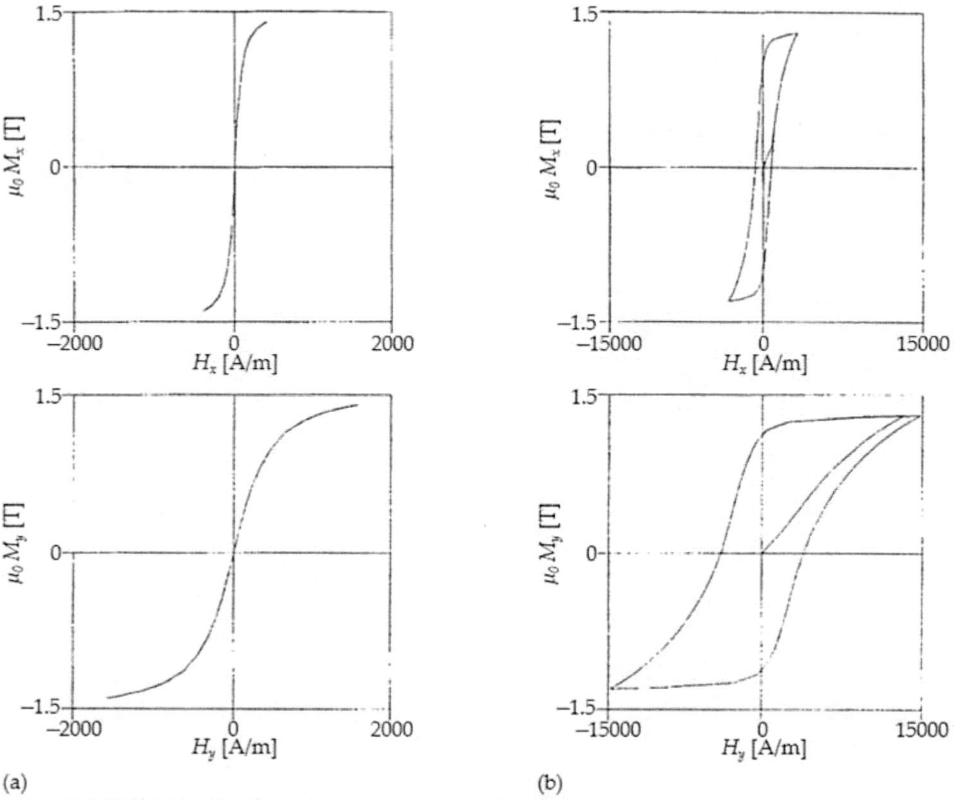

Figure 10.1 The H–B characteristics of the anisotropic material
(a) anhysteretic model, (b) hysteretic model.

는 model에 대한 같은 그림은 그림 10.1 (b)에서 볼 수 있다.

첫 번째 조사는 이방성 tensor에 기인한 회전 자속 공급 하에서의 자화 vector의 분극(polarization)을 다룬다. 자속밀도의 정현 변동을 고려하여, 식 (10.4)의 역(inverse)을 취하면, 자화 vector $\boldsymbol{M}$과 그것의 M_x, M_y 성분에서의 타원 분극(elliptical polarization)으로 귀결하는, 자화 vector는 물론 그것의 x, y 성분이 시계(clockwise) 및 반시계 방향(anti-clockwise)으로 회전하는 vector의 중첩(superposition)에 의해 결정될 수 있다:

$$\begin{aligned} \mu_0 M_x &= \frac{B_m}{2\Delta\mathbf{a}}\left[e^{j\omega t}\left(a_{yy}+ja_{xy}\right)+e^{-j\omega t}\left(a_{yy}-ja_{xy}\right)\right], \\ \mu_0 M_y &= -\frac{B_m}{2\Delta\mathbf{a}}\left[e^{j\omega t}\left(a_{yx}+ja_{xx}\right)+e^{-j\omega t}\left(a_{yx}-ja_{xx}\right)\right], \\ \mu_0 \boldsymbol{M} &= \mu_0 M_x + j\mu_0 M_y. \end{aligned} \tag{10.7}$$

여기서 B_m은 인가 자속밀도의 크기이며, $\Delta\mathbf{a}$는 tensor $\mathbf{a}$의 행렬식(determinant)이다.

그래서, 자화 vector의 M_x와 M_y 성분에서의 시계 및 반시계 방향으로 회전하는 vector에 의해 결정되는, 타원의 주 및 부축(main and off-axis)인 ξ, η 축, 그리고 타원의 주축과 x-축 사이의 각도 ϑ는 다음과 같은 형태를 가진다:

$$\begin{aligned} \xi_x &= B_m a_{yy}/\Delta\mathbf{a}\,, \quad \eta_x = B_m a_{xy}/\Delta\mathbf{a}\,, \quad \vartheta_x = 0, \\ \xi_y &= B_m a_{yx}/\Delta\mathbf{a}\,, \quad \eta_y = B_m a_{xx}/\Delta\mathbf{a}\,, \quad \vartheta_y = \pi/2\,. \end{aligned} \tag{10.8}$$

이방성 tensor에서의 주대각 요소를 단위 값(1)으로 선택하여, 분극에 미치는 비대각 요소(off-diagonal element)의 영향이 반시계 방향 회전 자속 $B_m = 1$ [T] 하에서 그림 10.2에 그려져 있다. 자기 분극 vector의 x 성분이 매개변수 $a_{xx} = a_{yy} = 1.0$, $a_{xy} = 0.0, 0.5, 1.0$ 그리고 $a_{yx} = 0.0$에 대하여 그림 10.2 (a)에 그려져 있는 한편, 그림 10.2 (b)에서는 $a_{xx} = a_{yy} = 1.0, a_{xy} = 0.0$ 그리고 $a_{yx} = 0.0, -0.5, -1.0$으로 선택된 매개변수에서의 y 성분을 볼 수 있다. 그림으로부터, M_x와 M_y에서의 분극의 주 및 부축은 이방성 tensor의 요소에 의해 결정된다는 것을 알 수 있다.

전체 분극(full polarization)의 경우, 이방성 tensor $\mathbf{a} = [1.0,\ \ 0.1,\ \ -0.8,\ \ 1.0]$의 요소 하에서 자속밀도의 궤적(locus)이 그림 10.3 (a)에 그려져 있으며 $\mathbf{a} = [1.0,\ \ 0.8,\ \ -0.1,\ \ 1.0]$에 대해서는 그림 10.3 (b)에서 볼 수 있다. 전체 분극의 경우, 축과 x-축에 대한 편향각(angle of declination)은 이방성 tensor의 요소로부터 다음과 같이 결정될 수 있다:

$$\xi = \frac{B_m}{2\Delta\mathbf{a}}\left[\sqrt{\left(a_{yy}+a_{xx}\right)^2+\left(a_{xy}-a_{yx}\right)^2}+\sqrt{\left(a_{yy}-a_{xx}\right)^2+\left(a_{xy}+a_{yx}\right)^2}\right], \tag{10.9 a}$$

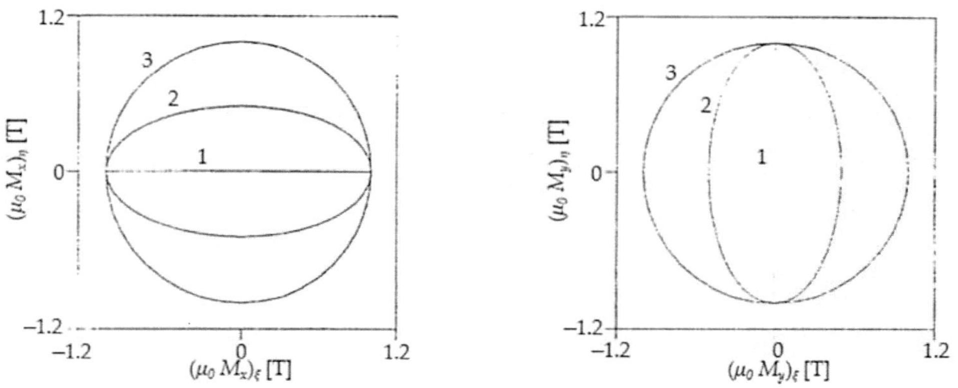

(a) (b)

Figure 10.2 Elliptical polarization in the components of the magnetic polarization vector
(a) polarization in M_x, $a_{xx} = a_{yy} = 1.0$, $a_{yx} = 0.0$, curve 1, 2, 3 $a_{xy} = 0.0, 0.5, 1.0$
(b) polarization in M_y, $a_{xx} = a_{yy} = 1.0$, $a_{xy} = 0.0$, curve 1, 2, 3 $a_{yx} = 0.0, 0.5, 1.0$.

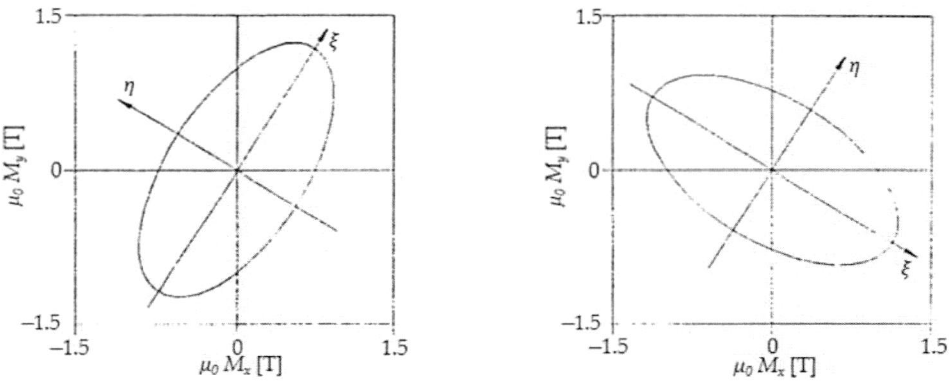

(a) (b)

Figure 10.3 Elliptical polarization in the magnetic polarization vector
(a) **a** = [1.0, 0.1, −0.8, 1.0], (b) **a** = [1.0, 0.8, −0.1, 1.0].

$$\eta = \frac{B_m}{2\Delta\mathbf{a}}\left[\sqrt{\left(a_{yy}+a_{xx}\right)^2+\left(a_{xy}-a_{yx}\right)^2}-\sqrt{\left(a_{yy}-a_{xx}\right)^2+\left(a_{xy}+a_{yx}\right)^2}\right], \quad (10.9\text{ b})$$

$$\vartheta = \frac{1}{2}\left[\tan^{-1}\left(\frac{a_{xy}-a_{yx}}{a_{xx}+a_{yy}}\right)+\tan^{-1}\left(\frac{a_{xy}+a_{yx}}{a_{xx}-a_{yy}}\right)\right]. \quad (10.9\text{ c})$$

그림으로부터, 타원 분극에서의 주 및 부축의 값이 비대각 요소를 서로 바꾸더라도(replacement) 변화하지 않는다는 것을 알 수 있다. 식 (10.9)에 따라, 자기 분극에서 이방성 tensor에 대한 위의 선택 하에서 주 및 부축은 $\xi = 1.34$ [T], $\eta = 0.69$ [T] 인 한편, 비대각 요소의 교환(change)은 주축의 $\pi/2\,(90°)$ 회전으로 귀결한다. 그래서, x-축에 대한 경사가 그림 10.3 (a)에 대해서는 $\vartheta_a = 57.11°$이며 그림 10.3 (b)에 대해서는 $\vartheta_b = -32.89°$이다.

이방성 물질에서 H-장 궤적에 대한 회전 자속의 크기에 의해 귀결하는 효과를 조사하기 위하여, x, y-축 사이의 약한 상호 작용이 가정된다. 이방성 tensor의 요소는 $\mathbf{a} = [1.0,\ \ 0.3,\ \ -0.1,\ \ 1.0]$으로 선택된다. 반시계 방향 회전 자속 공급 하에서 hysteresis가 있고 없는 경우, 회전 자속의 크기의 증가에 따른, H-장 궤적의 곡선으로, 비선형 $\boldsymbol{H}$–$\boldsymbol{M}$ 특성의 수정이 $B_m = 0.5$ [T]에 대해서는 그림 10.4에, $B_m = 1.0$

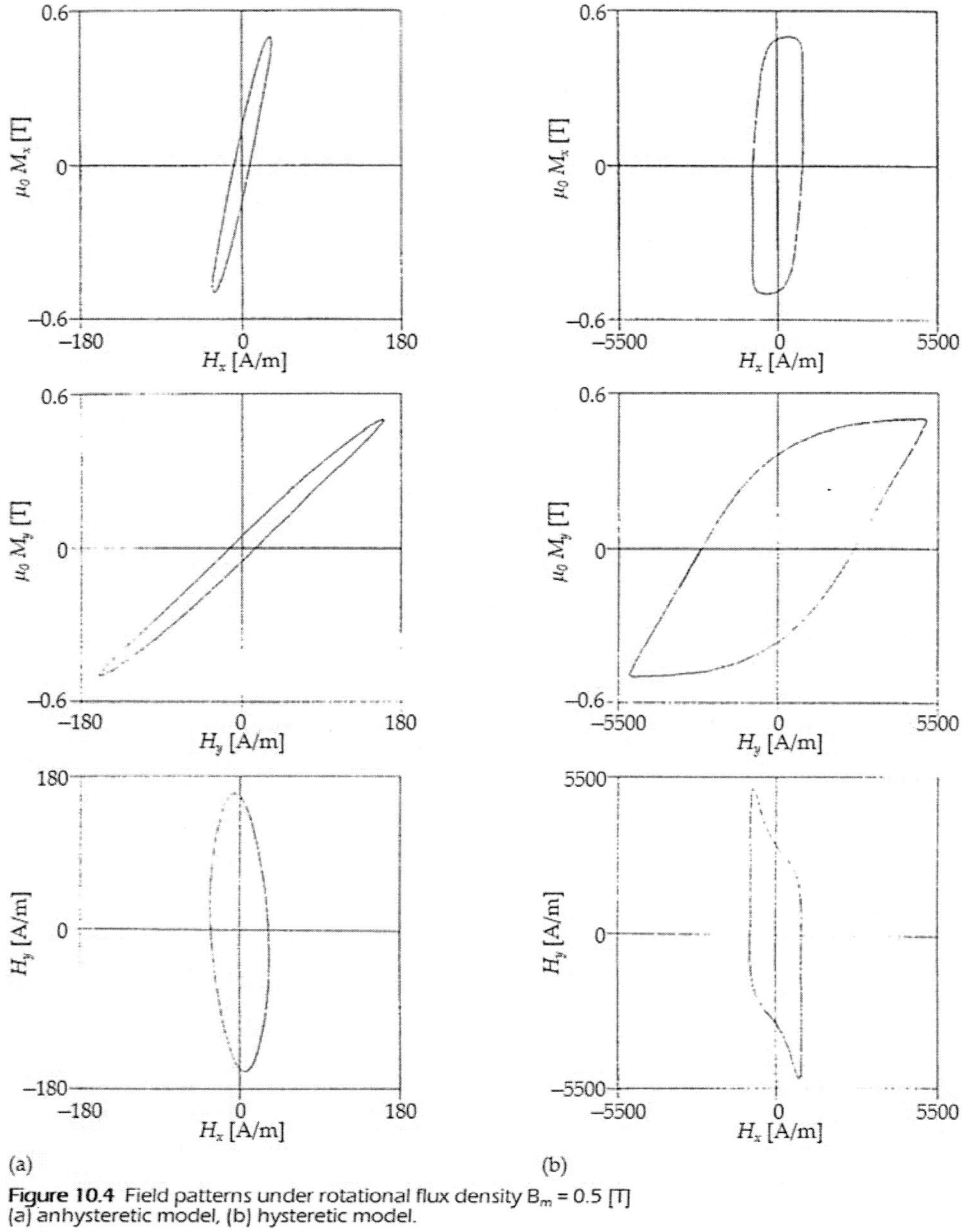

Figure 10.4 Field patterns under rotational flux density $B_m = 0.5$ [T]
(a) anhysteretic model, (b) hysteretic model.

[T]에 대해서는 그림 10.5에, 그리고 $B_m = 1.3$ [T]에 대해서는 그림 10.6에 그려져 있다.

그림 10.4로부터, 자속의 작은 크기에 따라, 자화에서의 타원 분극은 비선형 특성의 hysteresis가 있고 없는 경우에서 H-장에 약하게 따르는 것을 볼 수 있다. H-

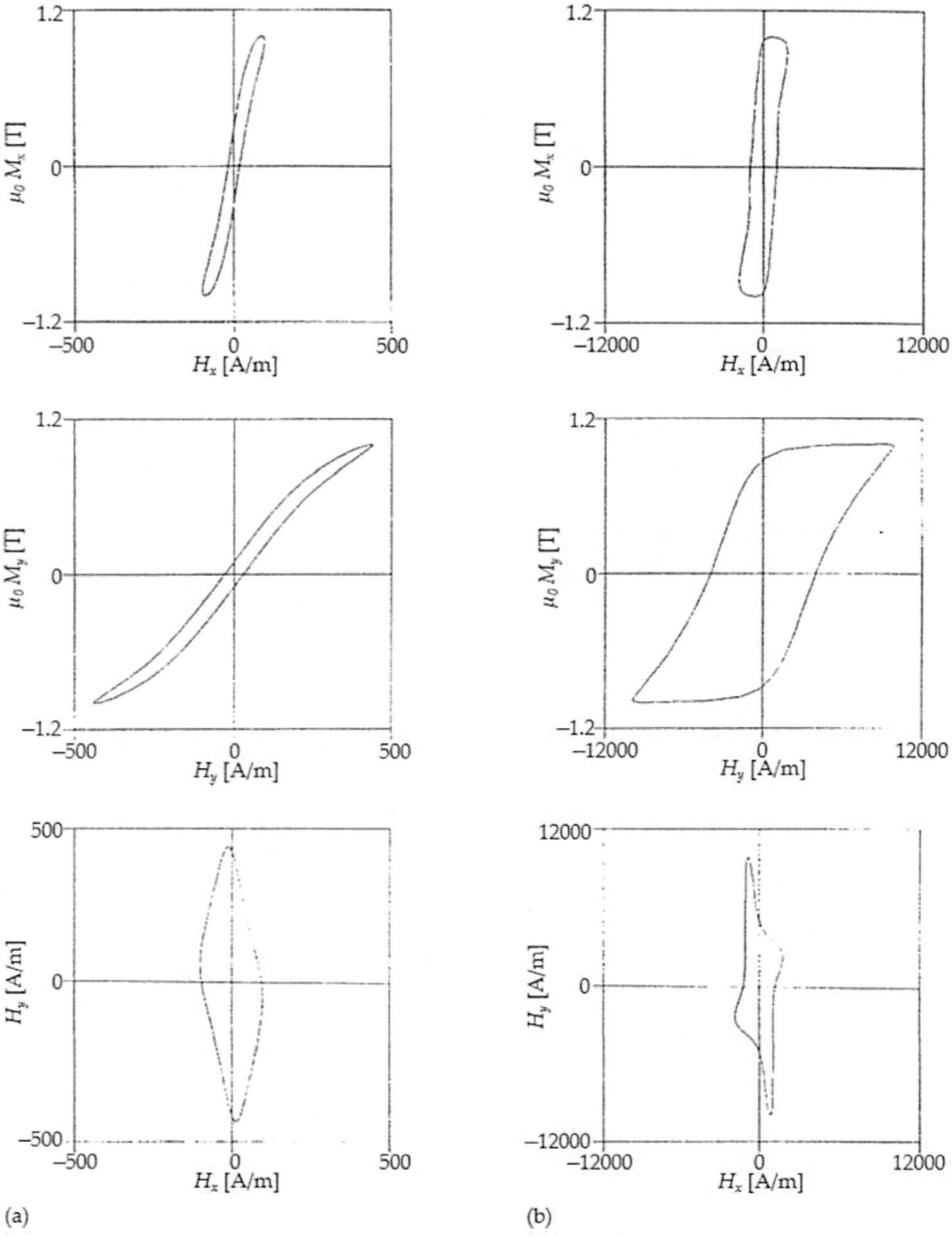

Figure 10.5 Field patterns under rotational flux density $B_m = 1.0$ [T]
(a) anhysteretic model, (b) hysteretic model.

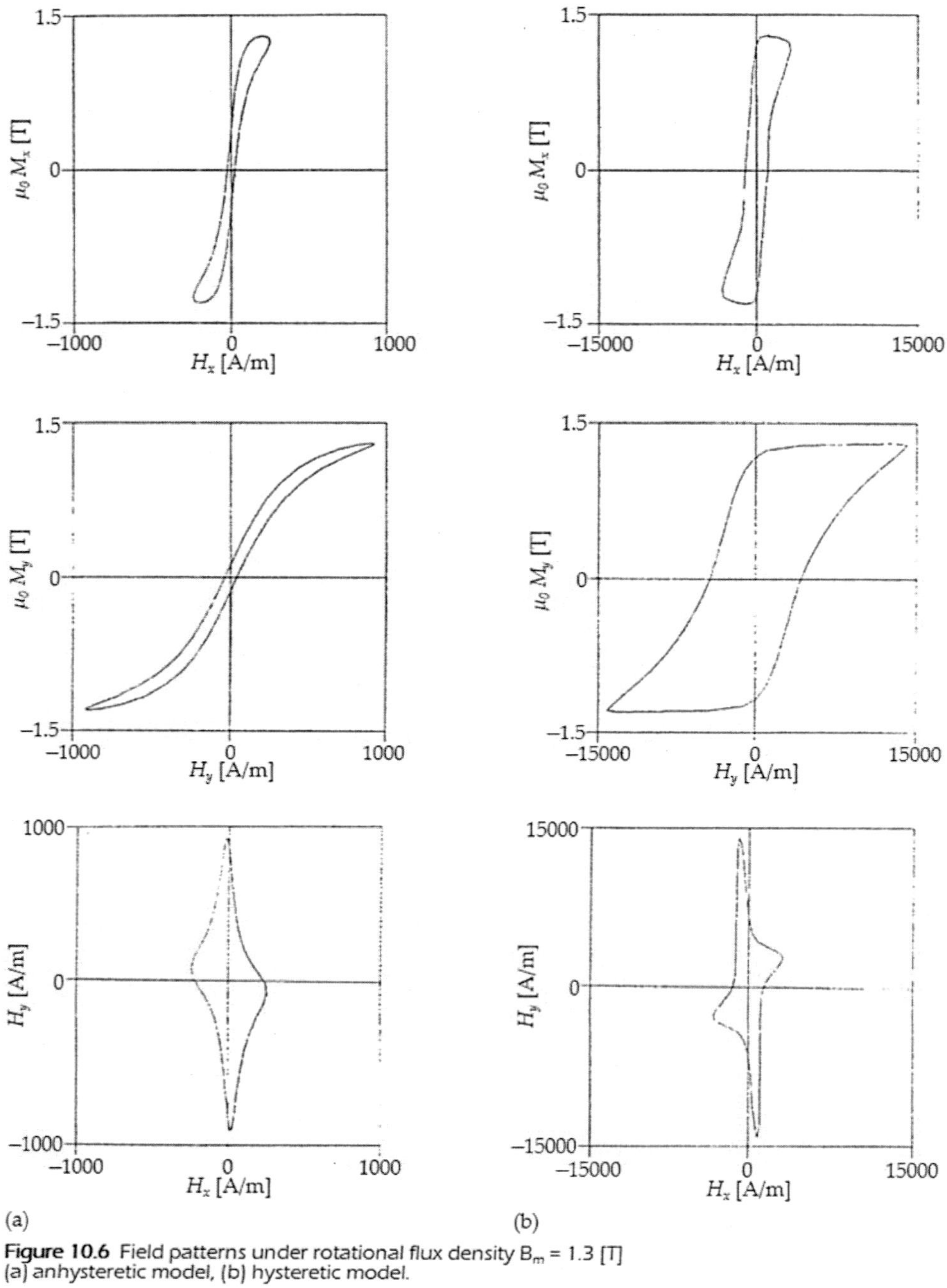

Figure 10.6 Field patterns under rotational flux density B_m = 1.3 [T]
(a) anhysteretic model, (b) hysteretic model.

장 궤적에서 주축(main axis)의 위치가 실현될 수 있다.

그림 10.5와 10.6에서 볼 수 있는 바와 같이, 회전 자속의 크기가 증가하면 자기 특성과 *H*-장 모양(*H*-field pattern)에서의 수정이 더 현저하게 된다.

약하게 상호 작용하는 이방성 물질에 있어서 $B_m = 1.3$ [T]에서 그림 10.6에 그려진 포화의 효과를 설명하기 위하여, 비선형 특성은 인가 자속의 최대 값에 의해 결정되는 점에서 어울리는(matching) 좁은 선(strait line)에 의해 근사화된다:

$$\begin{aligned} B_i &= \mu_i H_i, & \mu_i &= (dB_i/dH_i)|_{H_i=0}, & \text{for } B_i < B_{si}, \\ B_i &= B_{oi} + \mu_i H_i, & \mu_i &= (dB_i/dH_i)|_{H_i=H_{si}}, & \text{for } B_i > B_{si}, \end{aligned} \quad i = x, y. \tag{10.10}$$

이 특성을 식 (10.5)와 (10.6)에 대입하면, H-장 궤적에 대한 관계식은

$$H_x + jH_y = (B_x - B_{ox})/\mu_x + j\left(B_y - B_{oy}\right)/\mu_y \tag{10.11}$$

과 같이 다시 정식화될 수 있다. 여기서 B_x, B_y는 회전 자속에 대응하며, μ_x, μ_y는 타원 분극을 수정한다.

회전 자속의 크기가 자화의 포화 값에서 멀리 떨어져 있어서, B_x, B_y가 0의 값을 가진다면, 식 (10.11)은 H-장 궤적에 대한 타원 분극을 산출한다. x-방향의 H-장에서 포화 상태가 가정된다면, y-방향 자계는, 자속의 x, y 성분 사이의 위상 추이(phase shift)에 따라, 그리고 상호 작용에도 불구하고, 포화 상태에서 멀리 떨어진다. 그래서, 식 (10.11)에서의 첫째 항은 H_x에 대한 포화 값으로 귀결하는 한편, 둘째 항은 작은 크기로 분극을 수정한다. 위의 과정을 y-방향에서 반복하면, 그것은, *Moses*와 *Meydan*[215]에 의해 언급된 결과와 일치하는, 작은 분극의 크기를 가진 H-장의 y-성분에 대한 포화 값으로 귀결한다. 이 극단적인 자계(extreme field)의 위상 위치(phase position)는 식 (10.11)로부터 결정될 수 있다.

x, y-방향에서의 비선형 특성이 위의 이방성 tensor에 의해 특성지어진, 약하게 이방성인 물질에서와 같은 형태를 가진다면, $B_m = 1.3$ [T] 회전 자계 하에서 그려진 그림 10.7에서 볼 수 있는 바와 같이, x, y-방향으로 향하는 H-장 궤적에 있어서의 부등성(inequality)은 이방성 tensor의 값에만 의존한다.

10.2 ROTATIONAL FIELD IN A SINGLE SHEET TESTER

회전 자계 하에서의 이방성 자성체의 거동을 해석하기 위하여, 2차원적 측정이, 자계와 자기 유도에 비례하는 양(quantity)이 시험 coil에 의하여 측정되는, 그림 10.8에 그려진, 직사각형 형상(rectangular shape)의 단일판 시험기(single sheet tester)에서 실현될 수 있다.

회전 자계 공급 하에서 이방성 자성체에서의 자기저항률(reluctivity)을 결정하기 위한 일련의 측정은 *Enokizono,* 외[90]-[98] 그리고 *Nakata,* 외[217]에 의해 평가되었다. 여기에서는, 자성체의 hysteresis에 관하여, 단일판 실험기에서 나타난 이방성

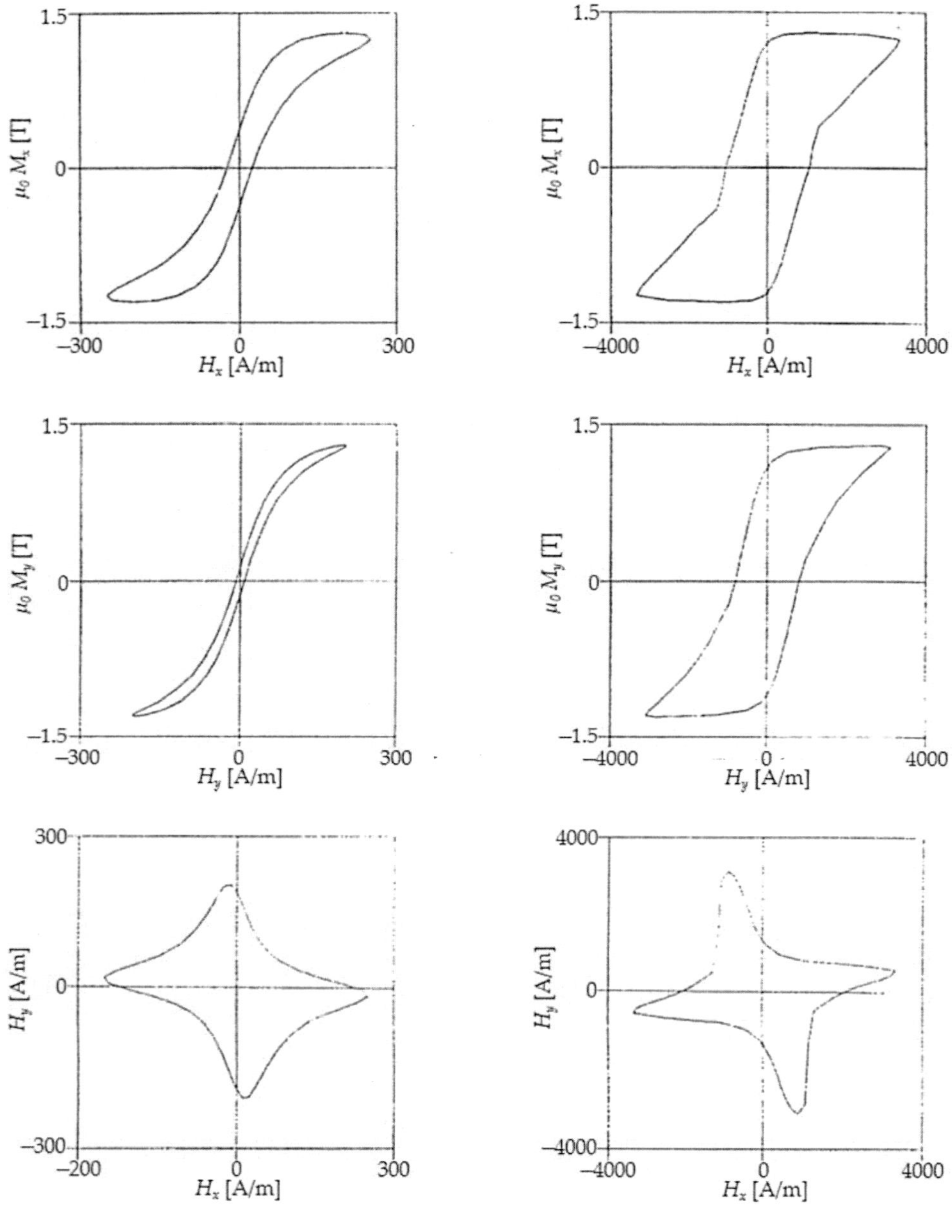

(a) (b)

Figure 10.7 Field patterns in weakly interacted material under rotational flux density B_m = 1.3 [T] (a) anhysteretic model, (b) hysteretic model.

자계의 이론적 해석이 평가된다.

자기 측정이 원형 분극된 회전 자기 유도(circular polarized rotational magnetic induction)의 조건 하에서 수행됨으로써, 자극(magnetic pole)의 공급 자속은, 원형 분극된 원천 자계로 귀결하는, 두 개의, x-와 y-방향의 교번 성분에 의해 생성된다.

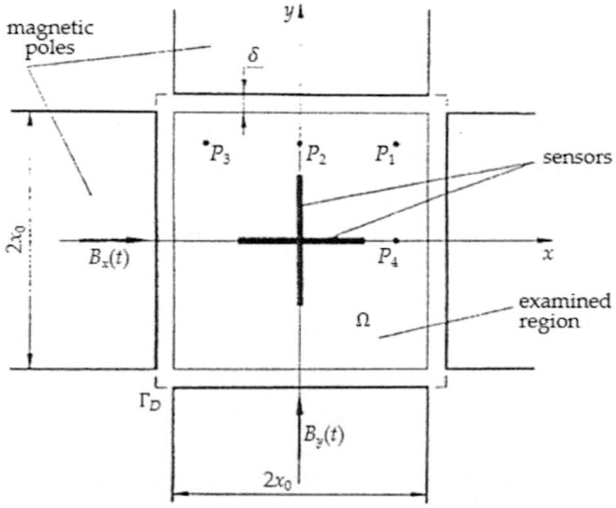

Figure 10.8 The arrangement of the measurement.

와전류와 이방성 자성체의 비선형성에 기인하여, 평면의 한 점에서 자속밀도의 서로 다른 성분에 있어서의 크기와 위상 추이(phase shift)가 수정된다.

그림 10.8의 배치에 있어서 전자장의 수치 해석을 위해, *R*-함수를 포함하여, 전역 변동(변분)법(global variation method)이 도입된다(*Iványi*[137]). 이방성 물질의 자기축으로 향하는 비선형 특성은 *Jiles-Langevin* hysteresis 연산자에 의해 나타내어진다. 자극에 대한 용이축의 서로 다른 편향 Θ에서 자기 량(magnetic quantity)이 sensor의 공인된 값(registered value)으로써 수치적으로 simulation된다.

위의 문제의 정식화를 위하여 2차원 장 해석이 xy-평면에서 도입된다. 조사 영역은, 자극과 Γ_D를 따르는 자속선(flux line)에 의해 유계되어(bounded), 닫힌 것으로(closed) 고려된다. 시료(sample)에는 자극을 따라 균질 분포(homogeneous distribution)하는 정현 교번 자속이 공급된다:

$$B_s(t) = e_x B_x \sin \omega t + e_y B_y \sin(\omega t - \pi/2) . \tag{10.12}$$

와전류와 이방성 물질의 자기 특성을 고려하면, 원천 자계는 상호 작용 B_i에 의해 수정된다. 영역 내에서의 총(total) 자계 $B = B_s + B_i$는 방정식

$$\nabla \times H = \sigma E, \quad \nabla \times E = -\dot{B}, \quad \nabla \cdot B = 0 \tag{10.13}$$

에 의해 묘사될 수 있다. 여기서 자화 vector는, hysteresis 연산자에 관한, 이방성 물질의 비선형 특성을 포함한다:

$$B = \mu_0(H + M), \quad M = \mathcal{H}\{H, M\} . \tag{10.14}$$

시료의 평면 내에서의 자계를 특정하기 위하여, z-방향 자기 vector potential $\boldsymbol{B} = \nabla \times \boldsymbol{A}$, $\boldsymbol{A} = A(x, y, t)\,\boldsymbol{e}_z$이 도입된다. 원천 자계, 와전류와 이방성 자성체의 비선형장(nonlinear field)에 의해 생성되는 vector potential $\boldsymbol{A} = \boldsymbol{A}_s + \boldsymbol{A}_i$의 원천 및 상호작용 성분은 비선형 확산 방정식

$$\nabla \times [\nabla \times (A_s + A_i) - \mu_0 M] + \mu_0 \sigma (\dot{A}_s + \dot{A}_i) = \mathbf{0} \tag{10.15}$$

의 풀이(solution)를 산출한다. 여기서 자화의 값은 공극(air gap)에서는 $M = \mathbf{0}$이다.

위의 문제에서 vector potential의 원천 성분 A_s는 자극에서 미리 주어진 x-와 y-방향의 자기 유도에 의해 귀결된 원천 자속의 기지 함수(known function)이다. 2D 영역의 경계를 따라 제차 *Dirichlet* 경계조건을 만족하는, 자기 vector potential의 미지 성분(unknown component) A_i는 완전 함수 집합(entire function set) $A_i = \mathbf{F}^T(x, y)\,\mathbf{a}(t)$에 의해 근사화될 수 있다. 근사화 함수 집합의 k-번째 요소에서의 기저 함수(basis function)는 정규화된 독립 변수(normalized argument)를 가진 *Chebyshev* 다항식으로 선택된다:

$$F_k(x, y) = w_D(x, y)\, T_i(x/x_n)\, T_j(y/y_n), \quad \begin{array}{l} i, j = 0, 1, 2, \cdots, \\ k = 1, 2, \cdots, n. \end{array} \tag{10.16}$$

여기서 가중 함수(weighting function) $w_D(x, y)$는 Γ_D를 따라 미리 주어진 제차 *Dirichlet* 경계조건의 만족을 보장한다.

조사 영역(examined region)에서의 자계를 결정하기 위하여, 비선형 미분 방정식 (10.15)의 풀이는 전역 변분법에 의해 이루어진다. 매 시간 단계(every time step)에 대하여 범함수

$$\begin{aligned} \mathcal{F} = \frac{1}{2}\int_{\Omega} & [\nabla \times (A_s + A_i) - 2\mu_0 M] \cdot [\nabla \times (A_s + A_i)]\, d\Omega \\ & + \int_{\Omega} \mu_0 \sigma (\dot{A}_s + \dot{A}_i) \cdot (A_s + A_i)\, d\Omega \end{aligned} \tag{10.17}$$

의 극 값(extreme value)은 미지 계수 $\mathbf{a}(t)$에 대한 비선형 상미분 방정식으로 귀결한다:

$$\mathbf{K}_1\, \mathbf{a} + \mu_0 \sigma\, \mathbf{K}_2\, \dot{\mathbf{a}} = \mathbf{G}_1(\mu_0 M) - \mathbf{G}_2(\nabla \times A_s) - \mu_0 \sigma\, \mathbf{G}_3(\dot{A}_s). \tag{10.18}$$

풀이의 실현을 위하여, 조사 영역의 경계를 묘사하는 가중 함수 w_D는 R-이접(R-disjunction)에 의해 세워진다. 자극을 따라 미리 주어진 자기 유도에 의해 귀결한 vector potential의 기지 성분(known component) $A_s(x, y, t)$는, R-함수법을 기초로 하

여, 자극의 기하와 공급 자속으로부터 세워질 수 있다(*Ivânyi*[137]).

이방성 자성체 내에서는, 자기 축이 x-축에 대한 편향(declination)이 θ인 용이 및 곤란축 m_1, m_2이다(그림 10.9). 자기 축을 향하는 이방성 자성체의 비선형 hysteresis 특성은, 수정된 *Langevin* 함수를 기초로 한, *Jiles* model의 성분에 의해 묘사된다(Chapter 4):

$$M = M_1 e_1 + M_2 e_2,\ \ M_1 = \mathcal{H}_1\{H_1, M_1\},\ \ M_2 = \mathcal{H}_2\{H_2, M_2\}. \tag{10.19}$$

자기 축과 자극의 좌표계 사이의 관계는, x-방향에 대한 용이축의 편향 θ에 관하여, 변환 행렬(transformation matrix) $\mathbf{T}$에 의해 정의된다:

$$\mathbf{H}_1 = \begin{bmatrix} H_1 \\ H_2 \end{bmatrix} = \mathbf{T}\begin{bmatrix} H_x \\ H_y \end{bmatrix},\ \ \mathbf{B}_x = \begin{bmatrix} B_x \\ B_y \end{bmatrix} = \mathbf{T}^{-1}\begin{bmatrix} B_1 \\ B_2 \end{bmatrix}. \tag{10.20}$$

그래서, xy-평면 내에서 자계의 세기와 자속밀도 사이의 관계는 비선형 방정식 계(nonlinear system of equations)

$$\mathbf{M}_x = \mathbf{T}^{-1} \cdot \mathcal{H}\{\mathbf{T} \cdot \mathbf{H}_x, \mathbf{M}_1\} \tag{10.21}$$

의 반복 해(iterative solution)에 의해 결정될 수 있다. 자성체의 비선형 특성의 simulation을 위한 block 도(diagram)가 그림 10.10에 그려져 있다.

수치적인 조사가 $2x_0 = 80$ [mm]의 정사각형 모양의 박판(sheet)에 대하여 계산된다. 탐침(probe)과 자극 사이의 공극(air gap)은 $\delta = 2$ [mm]이다. 이방성 물질 내에서 용이 및 곤란축을 향하는 자기 매개변수는 포화 자화에 대해서는 같은 값 $M_{s1} = M_{s2} = 1.7$ [MA/m]을, 그리고 서로 다른 항자계 $H_{c1} = 626$ [A/m], $H_{c2} = 1855$ [A/m]로 같은 같은 잔류 자화 값 $M_{r1} = M_{r2} = 1.21$ [MA/m]을 가진다. Hysteresis가 없는 특성의 자화율은 $\chi_1 = 2428$, $\chi_2 = 894$의 값을 가진다. 공급 자속밀도는 $T = 20$ [ms]의 반시계 방향 회전 주기(anti-clockwise rotational periodicity)로 크기 $B_m = 1.2$ [T]를 가진다. 길이 ℓ_0의 sensor coil이 x-와 y-방향에서 중심 대칭(central symmetry)으로

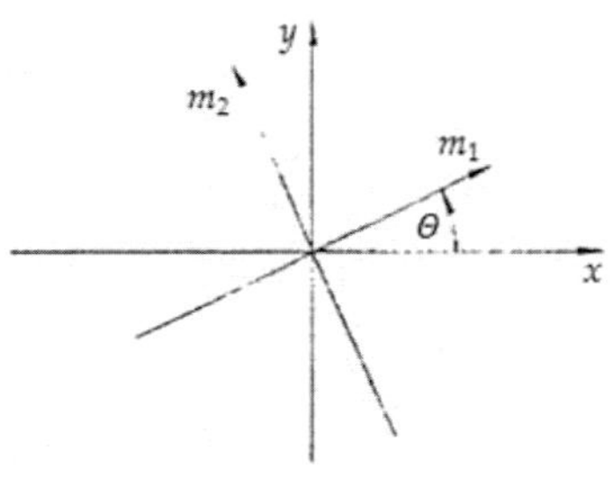

Figure 10.9 Declination of the magnetic axes to the poles.

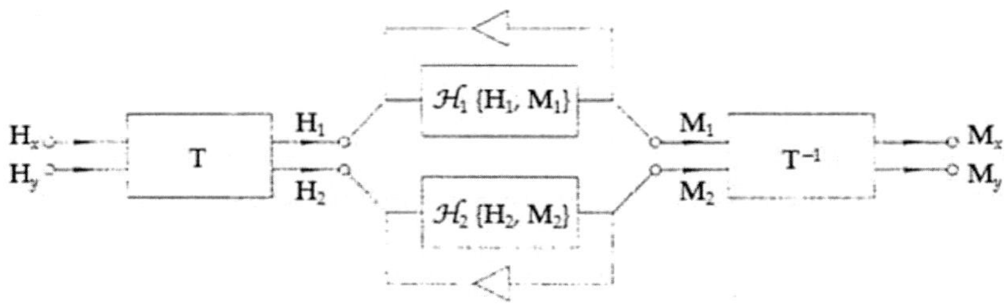

Figure 10.10 The block diagram of the transformation and the hysteresis operator.

자계를 추적한다(monitor). 근사화는 $n = 36$ 요소에 대하여 계산된다. 반시계 방향 회전 자계에 대한 자성체의 이방성적 거동에 따라, 수치 simulation은 총 일회전(a total around)에 대해 $N = 36$ 시간 단계(time step)로 계산된다.

10.3 MAGNETIC FIELD IN LOCAL POINTS

이방성 자성체 내에 세워지는 자계가 판의 중심에 관하여 중심 대칭을 가짐으로서, 자성체의 이방성적 거동은, 그림 10.8에 표시된, 자기 판의 4개의 극점(extreme point)에서 검토되어서, 점 $P_1(x_1 = 30\ [\text{mm}], y_1 = 30\ [\text{mm}])$, $P_2(x_2 = 0\ [\text{mm}], y_2 = 30\ [\text{mm}])$, $P_3(x_3 = -30\ [\text{mm}], y_3 = 30\ [\text{mm}])$ 그리고 $P_4(x_4 = 30\ [\text{mm}], y_4 = 0\ [\text{mm}])$에서 자계가 조사된다.

먼저, 점 P_1에서의 자계의 거동이 용이축의 편향 $\Theta = 30°$ 하에서 해석된다. 자극에서의 원천 자속밀도의 시간 변동이 그림 10.11 (a)에 그려진 한편, 점 P_1에서의 총(total) 자속밀도의 시간 변동이 그림 10.11 (b)에 그려져 있다.

와전류와 자성체의 이방성적 거동에 기인하여, 총 자속밀도는 타원 분극을 가진다. 자극의 x, y 좌표로부터 용이 및 곤란축으로의 변환으로, 그림 10.12에서 볼 수 있는 바와 같이 자속밀도에서의 분극의 주 방향(main direction)이 돌아간다(회전한다, turning).

점 P_1에서 용이 및 곤란축을 향하여 이행되는 자화 특성의 변화가 그림 10.13에 그려진 한편, 자기 축의 평면과 자극의 좌표 평면 내에서의 자계의 세기의 궤적이 그림 10.14에 그려져 있다.

자기 축을 따른 서로 다른 자화 특성에 따라, 곤란축으로 향하는 자계의 세기는 포화에 가까운 한편, 용이축으로 향하는 것은 작은 값을 가진다. 자계의 세기의 이 이방성적 거동은 그림 10.14 (b)에 그려진 바와 같이 자극의 좌표 평면에서도 역시 관찰될 수 있다.

다음의 조사는 점 P_1에서 x-좌표에 대한 용이축의 편향에 관련된다. 자기 축의 평면 내에서 자속밀도에 대하여 용이축의 편향에 따른 주 분극 축의 회전이 그림

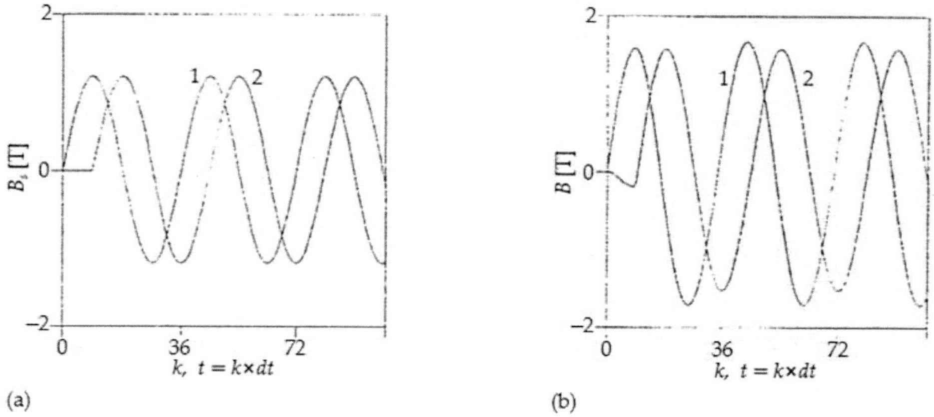

Figure 10.11 Time variation of the flux densities
(a) source flux ant the poles, (b) total flux density at point P_1.

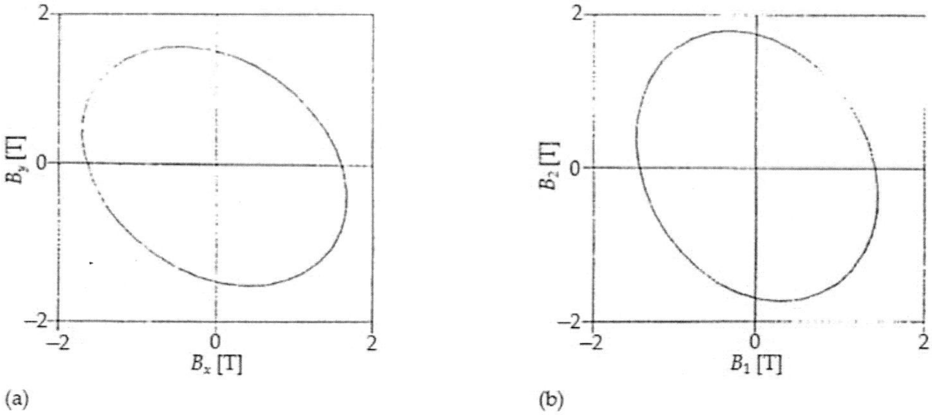

Figure 10.12 Elliptical polarization of the magnetic flux densities at point P_1, under $\theta = 30°$ declination of the easy axis to the x-coordinate
(a) in plane of magnetic poles, (b) in plane of magnetic axes.

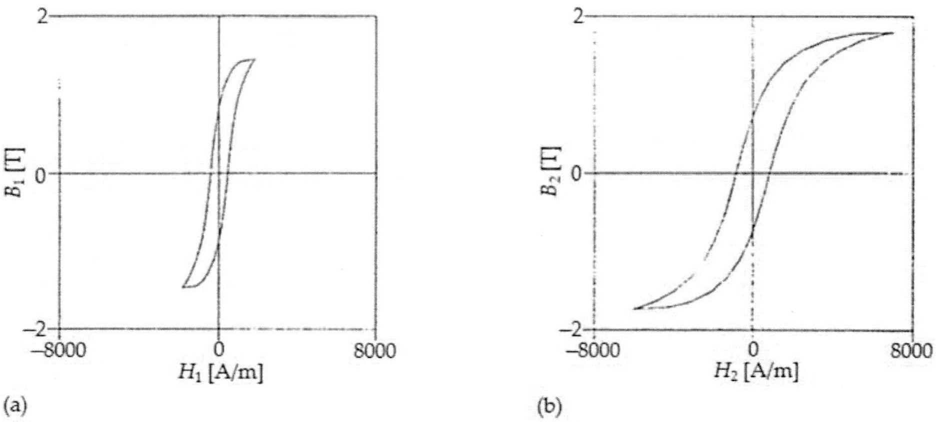

Figure 10.13 Hysteresis characteristics in the plane of the magnetic axes under rotational field in point P_1, at declination $\theta = 30°$ of the easy axis to the x-coordinate
(a) easy axis, (b) hard axis.

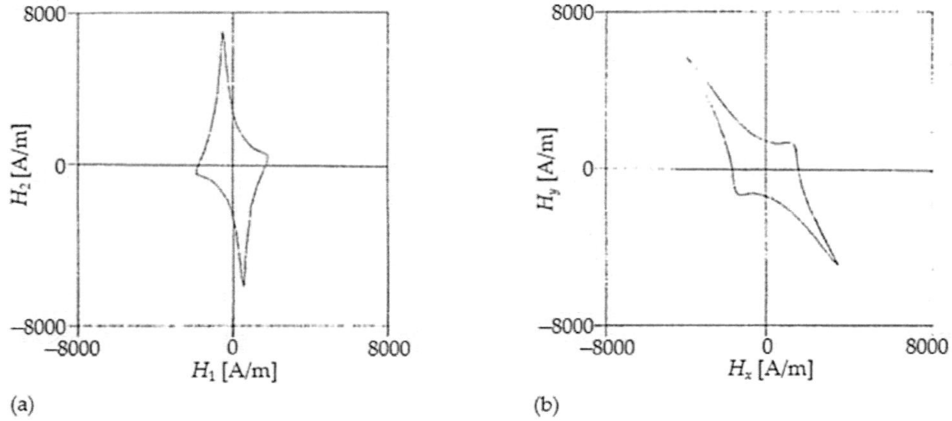

Figure 10.14 Locus of the magnetic field intensities in point P_1, under rotational flux feeding, at declination $\theta = 30°$ of the easy axis to the x-coordinate (a) in plane of magnetic axes, (b) in plane of magnetic poles.

10.15에 그려져 있다.

그림으로부터, 용이축의 반시계 방향 회전(anti-clockwise rotation)이 자속밀도에서 주 분극 축의 시계 방향 회전(clockwise turn)으로 귀결함을 볼 수 있다.

분극의 주축(main axis)에서의 변화는, 그림 10.16에서 볼 수 있는 바와 같이, 자계의 세기의 형태(pattern)로 입증되는 더 강한 이방성적 거동을 가리킨다. 분극의 주축이 곤란축에서의 더 높은 자속밀도로 귀결한다면, 물질의 hysteresis 특성에 따라, 곤란축에서 포화 영역이 이루어지는 한편, 용이 방향에서는 자성체가 약하게 부담된다(loaded).

역변환(inverse transformation)으로 자극의 좌표 평면으로 돌아가면, 자성체의 이방성적 거동은, 그림 10.17에서 볼 수 있는 바와 같이, 반시계 방향 회전 여자에서

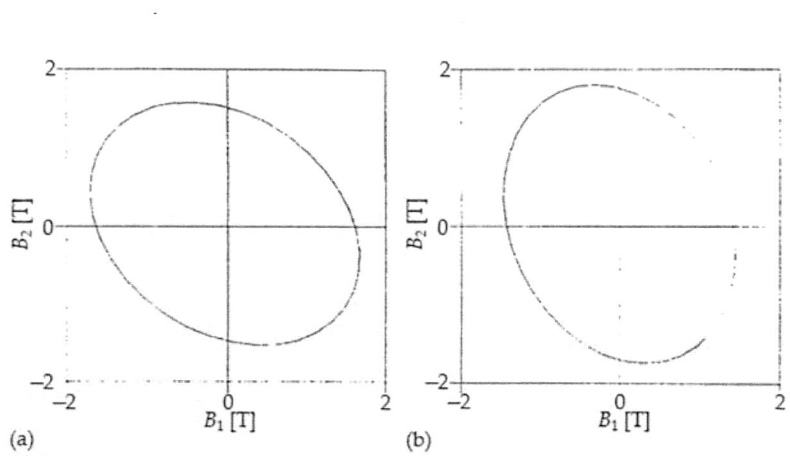

Figure 10.15 Turn on the main polarization of the magnetic flux densities in the coordinate plane of the magnetic axes at different declination of the easy axis (a) $\theta = 0°$, (b) $\theta = 30°$, (c) $\theta = 60°$, (d) $\theta = 90°$.

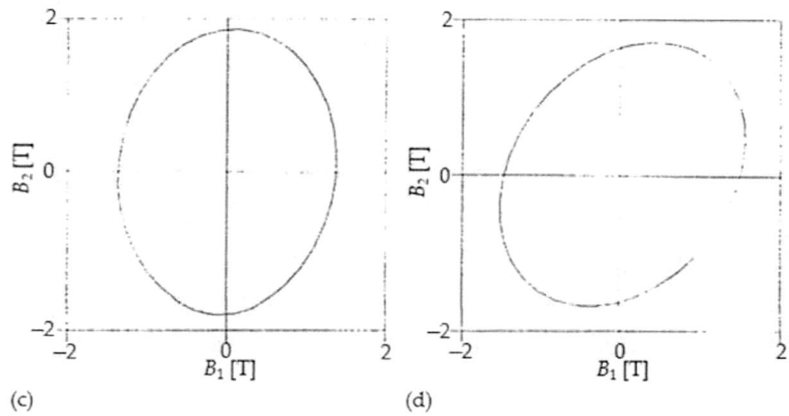

Figure 10.15
Continued.

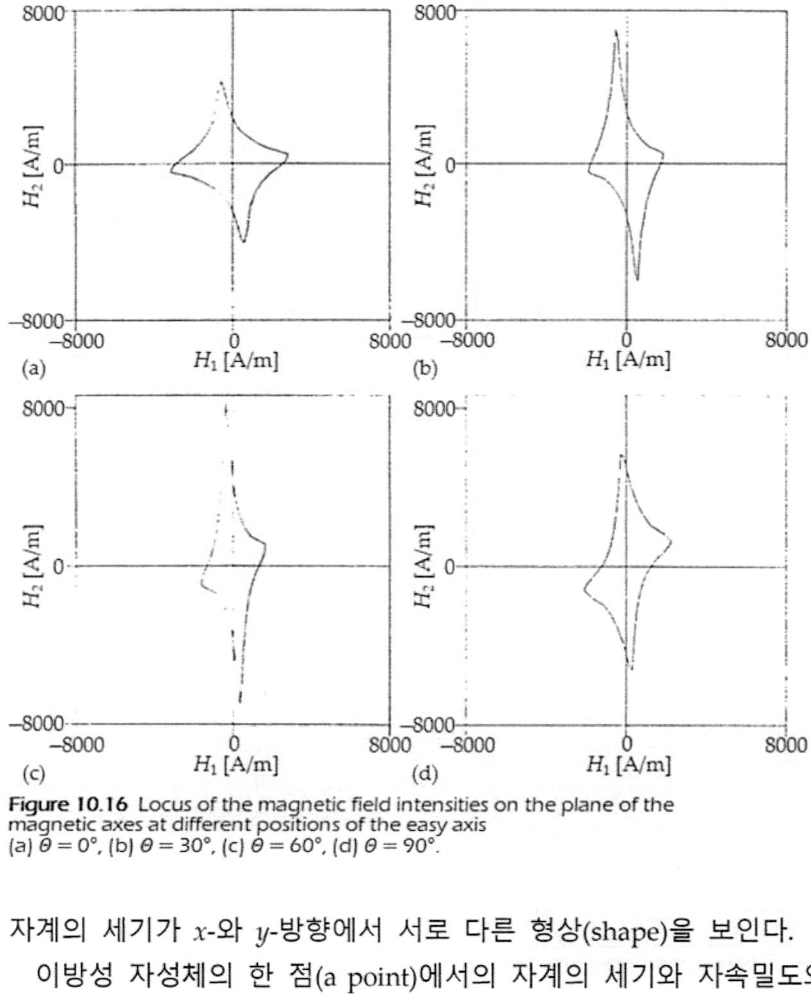

Figure 10.16 Locus of the magnetic field intensities on the plane of the magnetic axes at different positions of the easy axis
(a) $\theta = 0°$, (b) $\theta = 30°$, (c) $\theta = 60°$, (d) $\theta = 90°$.

자계의 세기가 x-와 y-방향에서 서로 다른 형상(shape)을 보인다.

이방성 자성체의 한 점(a point)에서의 자계의 세기와 자속밀도의 거동을 검토한

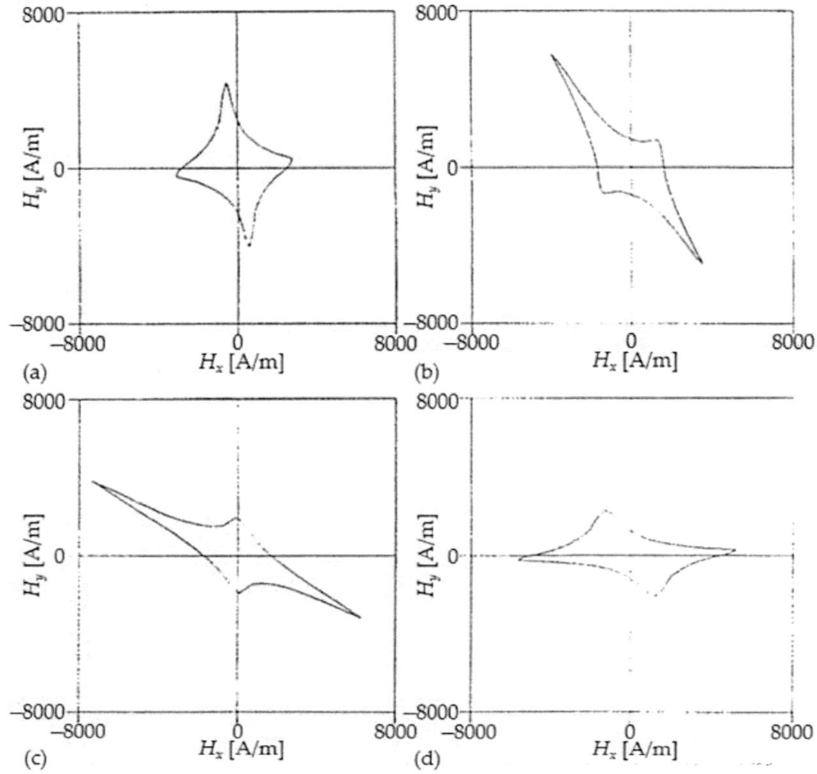

Figure 10.17 Locus of the magnetic field intensities in the coordinate plane of the magnetic poles at different positions of the easy axis (a) $\Theta = 0°$, (b) $\Theta = 30°$, (c) $\Theta = 60°$, (d) $\Theta = 90°$.

후에, 배치의 다른 점에서의 주 특성(main characteristic)이 조사된다.

그림 10.18에서는, x-축에 대한 용이축의 편향 $\Theta = 60°$에서, 반시계 방향 회전 자계 하에서 용이 및 곤란축의 좌표 평면 내에서의 타원 분극 자속밀도의 변동이 이방성 자성 판의 점 $P_1(x_1 = 30\,[\text{mm}], y_1 = 30\,[\text{mm}])$, $P_2(x_2 = 0\,[\text{mm}], y_2 = 30\,[\text{mm}])$, $P_3(x_3 = -30\,[\text{mm}], y_3 = 30\,[\text{mm}])$, $P_4(x_4 = 30\,[\text{mm}], y_4 = 0\,[\text{mm}])$ 에서 그려져 있다. 볼 수 있는 바와 같이, 점 P_2, P_4에서는, x-와 y-좌표 축에 맞추면, 자속밀도는 낮은 한편, 분극은 점 P_1, P_3에 비하여 매우 강하다.

자속밀도와 비슷하게, 자기 축의 좌표 평면에서 단일판 시험기의 서로 다른 점에서의 자계의 세기의 변동이 그림 10.19에 그려져 있다. xy-평면의 점 P_2, P_4에서, 자계의 세기의 궤적은 낮은 값으로 좁은(narrow) 한편, 점 P_1, P_3에서는 장의 형태(field pattern)가 더 높은 값을 가진다.

마지막으로, 자계의 궤적에 미치는 역변환의 영향을 그림 10.20에서 볼 수 있다.

수치 결과는 반시계 방향 회전 자계 하에서 x-축에 대한 용이축의 편향이 장의

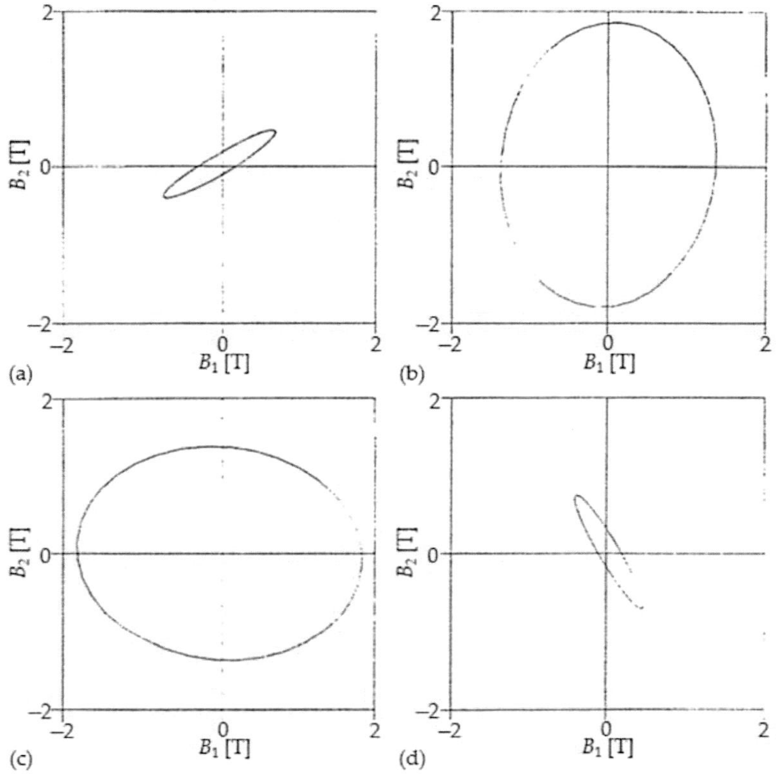

Figure 10.18 Polarization of the magnetic flux densities in the coordinate plane of the magnetic axes, under declination $\Theta = 60°$ of the easy axis at different points of the single sheet tester (a) P_2 ($x_2 = 0$ [mm], $y_2 = 30$ [mm]), (b) P_1 ($x_1 = 30$ [mm], $y_1 = 30$ [mm]), (c) P_3 ($x_3 = -30$ [mm], $y_3 = 30$ [mm]), (d) P_4 ($x_4 = 30$ [mm], $y_4 = 0$ [mm]).

형태(field pattern)에서의 강한 수정으로 귀결함을 입증한다(*Iványi*[149]).

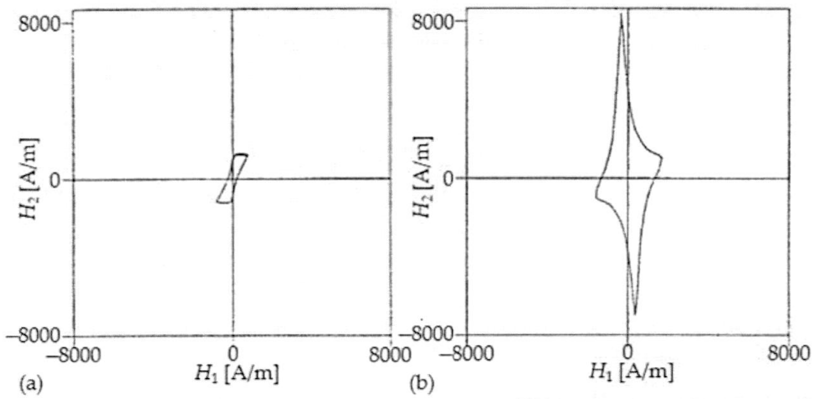

Figure 10.19 Variation of the locus of the magnetic field intensities under declination $\Theta = 60°$ of the easy axis, in the coordinate plane of the magnetic axes, at different points of the single sheet tester (a) P_2 ($x_2 = 0$ [mm], $y_2 = 30$ [mm]), (b) P_1 ($x_1 = 30$ [mm], $y_1 = 30$ [mm]), (c) P_3 ($x_3 = -30$ [mm], $y_3 = 30$ [mm]), (d) P_4 ($x_4 = 30$ [mm], $y_4 = 0$ [mm]).

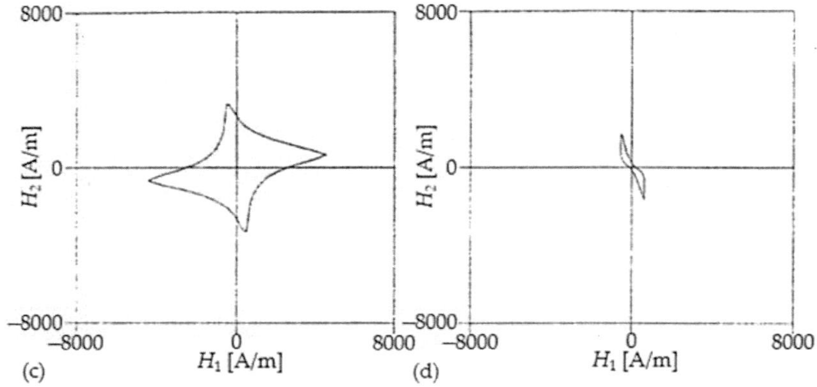

Figure 10.19
Continued.

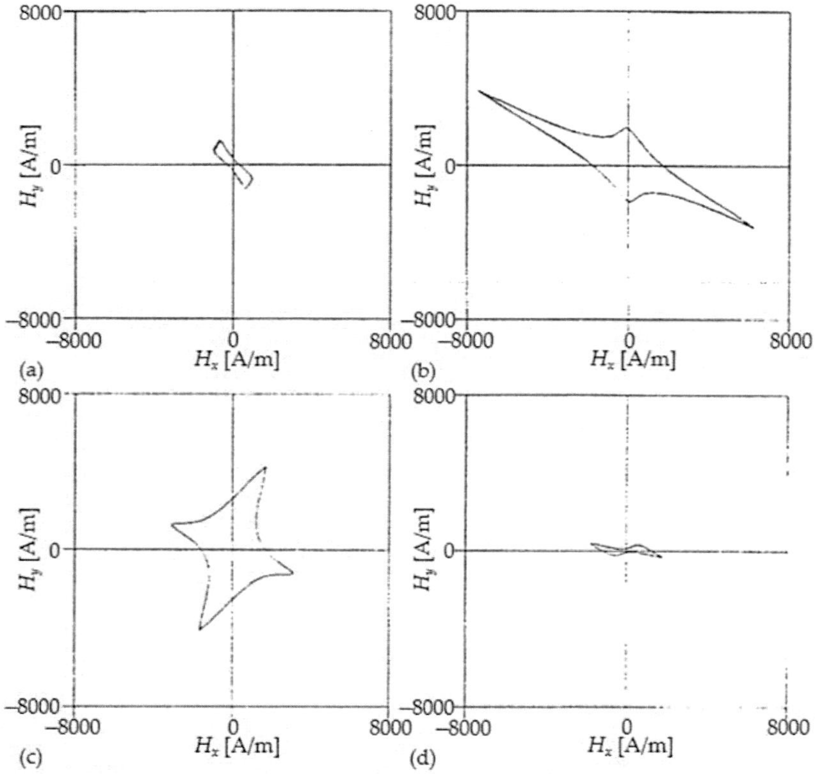

Figure 10.20 Variation of the locus of the magnetic field intensities under declination $\theta = 60°$ of the easy axis, in the coordinate plane of the magnetic poles, at different points of the single sheet tester (a) P_2 ($x_2 = 0$ [mm], $y_2 = 30$ [mm]), (b) P_1 ($x_1 = 30$ [mm], $y_1 = 30$ [mm]), (c) P_3 ($x_3 = -30$ [mm], $y_3 = 30$ [mm]), (d) P_4 ($x_4 = 30$ [mm], $y_4 = 0$ [mm]).

10.4 SIMULATION OF THE SENSOR'S DATA

먼저 sensor의 길이와 그것에 의해 수집된 data 사이의 관계가 simulation된다. 와

전류와 자성체의 이방성적 거동에 기인하여, 총 자속밀도는 타원 분극을 가진다. 자극의 x-방향에 대한 용이축의 편향 $\Theta = 0°$, $\Theta = 30°$와 $\Theta = 60°$ 하에서, 자속밀도의 x-와 y-방향 성분의 평균 값이 x-와 y-방향으로 향하는 서로 다른 sensor의 길이 $\ell_0 = 20$ [mm], $\ell_0 = 40$ [mm]와 $\ell_0 = 60$ [mm]에 대하여 계산된다. 용이축의 편향 $\Theta = 60°$ 하에서 x-방향의 sensor로 향하는 자속밀도의 x와 y 성분의 변동이 그림 10.21 (a)에 그려져 있으며, y-방향 sensor에 대해서는 그림 10.21 (b)에 그려져 있다.

수치 simulation(*Iványi*[150], [152])은, 시험 coil의 방향으로 향하여 타원 분극된 자속밀도에 있어서의 주축의 비(ratio)와 편향 각이 sensor의 길이에 대해 민감함을 보인다. 그림이 x-방향에 대해 용이축의 $\Theta = 60°$ 편향 하에서 그려졌는데도 불구하고, 수치 결과는 자기 축의 위치에 대해 거의 무관하다. 그래서, 다음 단계에서는, 비선형 계통에 있어서의 자계의 세기의 조사가 길이 $\ell_0 = 60$ [mm]의 시험 coil에 대하여 계산된다.

회전 자속밀도 공급 하에서 자계의 세기의 x, y 성분에서의 평균 값의 변동이 결정된다. 용이축의 편향에 관한 자계의 세기에 있어서의 성분의 궤적이 x-와 y-방향 sensor에 대하여 따로따로 결정된다. x-방향 sensor에 대해 simulation된 값을 기초로 하여, 용이축의 서로 다른 편향에서 자계의 세기에 있어서의 x와 y 성분의 궤적이 그림 10.22 (a)에 그려져 있다. 비슷한 방식으로, 그림 10.22 (b)에서는 자계의 세기의 x와 y 성분의 궤적이 용이축의 서로 다른 편향에서 y-방향 sensor의 수치 simulation을 기초로 하여 그려져 있다.

그림 10.22로부터, 자계의 세기의 궤적은 x- 또는 y-방향 sensor 어느 쪽이든 좁음을(narrow) 볼 수 있다. x-방향 sensor를 따라 궤적의 폭(width)은 대략 400 [A/m]

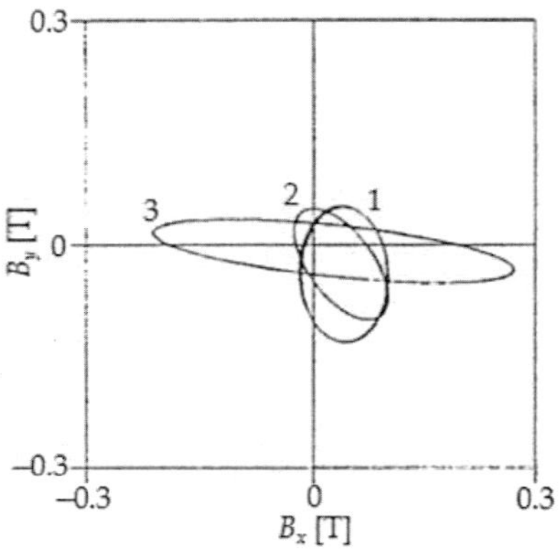

(a)

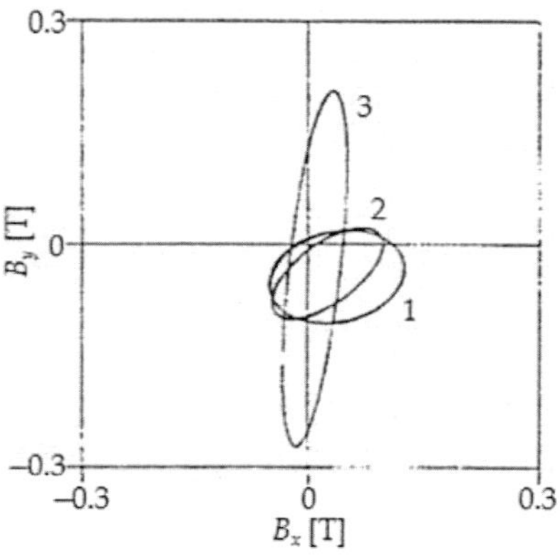

(b)

Figure 10.21 Elliptical polarized flux densities at $\ell_0 = 20, 40, 60$ [mm] length of the sensors under $\Theta = 60°$ declination of the easy axis
(a) x-directed sensor coil, (b) y-directed sensor coil.

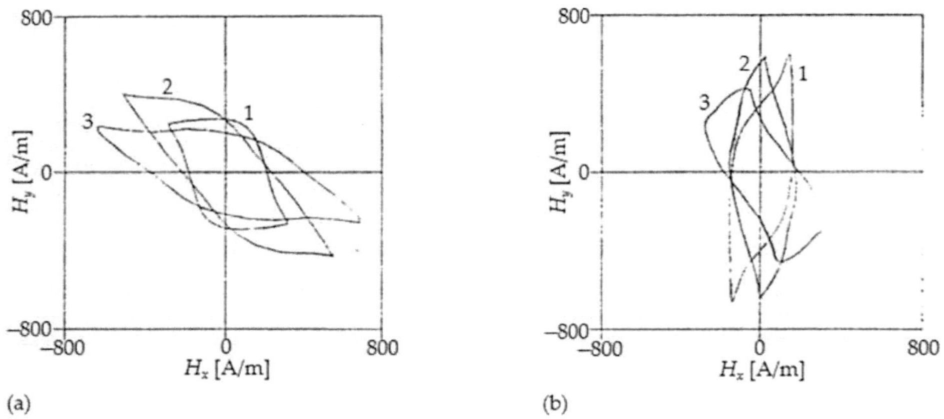

Figure 10.22 The locus of the magnetic field intensities simulated for sensor coils of $\ell_0 = 60$ [mm] length, curve 1 signs $\theta = 0°$, curve 2 $\theta = 30°$, curve 3 $\theta = 60°$ declination of the easy axis (a) x-directed sensor coil, (b) y-directed sensor coil.

인 한편, 궤적의 길이(length)는 용이축의 편향 $\theta = 0°$에서의 800 [A/m]로부터 $\theta = 60°$에서의 1400 [A/m]로 증가한다. 자성체의 이방성 성질은, sensor에 의해 보여지는 자계의 세기의 궤적으로 나타내어진다. 그래서, y-방향 sensor를 따라 장 궤적(field locus)의 너비는 대략 300 [A/m] 인 한편, 장 궤적의 길이는 $\theta = 0°$ 의 1300 [A/m]로부터 $\theta = 60°$ 의 900 [A/m]로 감소한다. x-와 y-방향 sensor의 simulation에 있어서의 장 궤적의 좁은 형상은 현저한 방향(distinguished direction)으로 향하는 자속밀도의 변동의 결과이다. 그림 10.21 (a)와 10.21 (b)에서 볼 수 있는 바와 같이, x-방향 sensor를 따라서는 자속밀도의 x 성분이 y 성분에 비해서 더 높은 값을 가진다. 비슷한 방식으로 y-방향 sensor를 따라서는 자속밀도의 y 성분이 현저하다(significant).

자극의 좌표 평면으로부터 자기축으로의 변환과 그 역(reverse)에 따라, 자계의 세기와 자속밀도의 x와 y 성분 둘 다는 용이 및 곤란축에 대해 계산되는 hysteresis 특성의 실제 값에 영향을 미친다. 위의 결과를 기초로 하여, sensor coil의 방향과 일치하는 장 량(field quantity)으로 나타내어질 수 있다. 그래서, sensor에 의해 나타내어진 자계의 세기의 궤적이 용이축의 서로 다른 편향 하에서 sensor의 길이 $\ell_0 = 60$ [mm]에 대하여 그림 10.23에 그려져 있다.

그림으로부터, 용이축의 편향 각이 증가함으로써, 자계의 세기를 나타내는 궤적이 수직 형상(vertical shape)으로부터 수평 형상(horizontal shape)으로 돌아가는 것(turn)을 볼 수 있다. 그것은, 자기 축의 $\theta = 0°$ 편향의 경우 y-방향 sensor가 x-방향의 sensor에 비하여 자계의 세기의 더 높은 값을 나타냄을 의미한다. 편향 각이 증가함으로써, 자계의 비(ratio)가 $\theta = 0°$ 에서의 $H_y/H_x = 3.250$ 으로부터 감소하여, 편향 $\theta = 60°$에서 이 비는 $H_x/H_y = 1.550$으로 바뀐다.

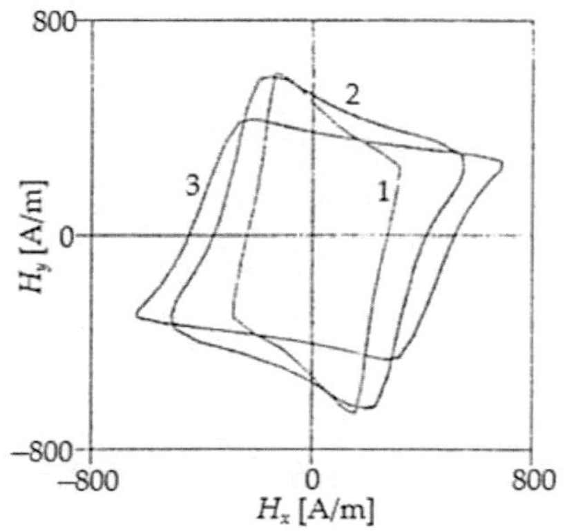

Figure 10.23 The locus of the magnetic field intensities simulated for the sensor coils at length $\ell_0 = 60$ [mm], for different declination of the easy axis, curve 1 $\theta = 0°$, curve 2 $\theta = 30°$, curve 3 $\theta = 60°$.

Sensor에서 원형 분극 자속밀도를 가지기 위해서는 원천 자계의 궤환 제어(feed-back control)가 측정 기법에서 적용된다. 그림 10.24에서 볼 수 있는 바와 같이, 수치 결과는 길이 $\ell_0 = 60$ [mm]의 sensor의 경우, 동적(dynamic) hysteresis model에 기인하여, sensor의 측정된 값으로 simulation된, 자속밀도의 변위(displacement)가 길이 $\ell_0 = 40$ [mm]의 sensor에 속하는 변위에 비하여 더 작다.

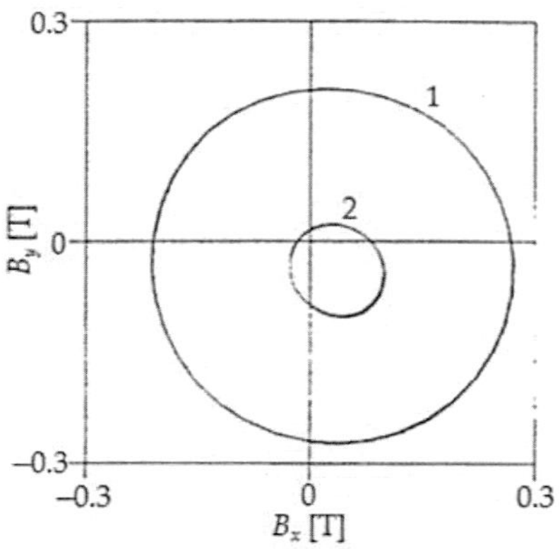

Figure 10.24 The elliptical polarized flux densities as simulated data of the sensors at different length of the testing coils under $\theta = 60°$ declination of the easy axis, curve 1 $\ell_0 = 60$ [mm], curve 2 $\ell_0 = 40$ [mm].

SUMMARY

과학(이학) 잡지에서 출판된 논문을 기초로 하여, 비선형 자성체의 hysteresis 성질의 묘사와 simulation을 위한 서로 다른 model이 전개되었다. 그들 중 어떤 것은 대중적이며 광범위하게 보급된 한편, 어떤 것은 근사화의 가능성 만을 입증한다. 어떤 경우에는 시행착오적인 방식으로 제공되는, 또 어떤 경우에는 물질 거동에 대한 예비 지식이 가정되는, 함수의 선택을 필요로 하는, *Duhem* model과 *Chua*-형 model이 이 마지막 model에 속한다.

가장 대중적인 model 중 한 가지는 자기 특성의 구분 선형 근사화(piecewise linear approximation)와 서로 다른 공학 문제에서의 전자장의 결정을 위한 유한요소 code에 의한 그것의 이행이다. *Preisach* model은 hysteresis의 simulation을 위한 매력적인 과정이다. 몇몇 연구자가 적절한 model의 개발과 매개변수 확인(parameter identification)에 대하여 연구하였다. *Preisach* model은 미시 물리 묘사(micro physical description)와 물질 model의 거시 근사화(macroscopic approximation) 사이의 강력한 수단이 되는 것으로 보이지만, 계단선(staircase line) 만이 저장된다고 할지라도, memory 요구 때문에 수치 장 해석에서의 그것의 제한된 적용(limited application)이 보여질 수 있다. 비슷한 문제가, 실제 상태의 실현 동안에 물질의 전(앞)의(previous) 상태가 보존되어야 하는, *Langevin-Jiles* model 같은 다른 model에서도 역시 부담이 된다.

비선형 초전도 물질의 더 실제적인 simulation은 vector적인 hysteresis의 문제를 산출하며, *Stoner-Wohlfarth* model의 적용에 대한 부활(renaissance)로 귀결하였다. 신경 회로망(neural network)의 도움에 의한 비선형 물질 내에서의 hysteresis 성질의 simulation이 유망한 것으로 여겨지지만, 이 model의 실현은 새로운 연구 작업의 의문(문제, 주제, question) 중 한 가지이다.

수치 장 해석 내에서의 물질의 비선형, hysteresis 특성의 이행은 비선형 물질의 연구에 있어서의 다른 분야(other line)이다. 장 해석에 있어서 문제 중 한 가지는 특성의 비선형 simulation의 안정성(안정도, stability)인 한편, 다른 의문은 비선형성이 포함된 장 방정식의 풀이(solution)을 위해 전개되는 수치 과정의 안정성이다. 이 두 의문은 두 개이지만, 독립이 아닌(not independent) 반복 loop를 의미한다. *Preisach* model에 대한 안정성 기준(stability criteria)이 있지만, 필자의 경험으로는 유한요소 해석에서 고전적인 *Preisach* model의 안정성은 만족되는 것으로 보인다.

Jiles-Atherton model의 동적 성질(dynamical property)에 따라, 전역 변분법(global variational method)에서의 그것의 이행은 반복 과정 동안에 더 철저한 제어(more intensive control)가 필요하다.

REFERENCES

[1] ABUELMA'ATTI, M. T.: Modelling of Magnetization Curves for Computer Aided Design, *IEEE Trans. on Magnetics*, Vol. 29, 1993, pp. 1235-1239.

[2] ADLY, A. A., MAYERGOYZ, I. D.: Experimental Testing of the Average Preisach Model of Hystersis, *IEEE Trans. on Magnetics*, Vol. 28, 1992, pp. 2268-2270.

[3] ADLY, A. A., MAYERGOYZ, I. D., GOMEZ, R. D., BURKE, E. R.: Computation of Magnetic Field in Hysteretic Media, *IEEE Trans. on Magnetics*, Vol. 29, 1993, pp. 2380-2482.

[4] ADLY, A. A.: Numerical Implementation and Testing of New Vector Isotropic Preisach-Type Models, *IEEE Trans. on Magnetics*, Vol. 30, 1994, pp. 4383-4385.

[5] AKBABA, M.: A Modified Frölich's Type Equation for Accurate Modelling of Magnetizing Characteristic of Magnetic Cores, *Electrical Machines and Power Systems*, Vol. 19, 1991, pp. 303-311.

[6] ALOTTO, P., ISAZA, P., MOLFINO, P., MOLINARI, G.: A 2D Finite Element Implementation of Classical Preisach Models for Scalar and Vector Magnetic Hysteresis, *Proceedings of 5th International IGTE Symposium on Numerical Field Calculation in Electrical Engineering*, Graz, Austria, Sep. 28-30, 1992, pp. 167-172.

[7] ALOTTO, P., GIRDINIO, P., MOLFINO, P.: A 2D Finite Element Procedure for Magnetic Analysis Involving Non-Linear and Hysteretic Materials, *IEEE Trans. on Magnetics*, Vol. 30, 1994, pp. 3379-3382.

[8] *Applied Mech. Rev.*, Vol. 47, 1994, (3A429) J297.

[9] ATHERTON, D. L., SZPUNAR, B., SZPUNAR, J. A.: A New Approach to Preisach Diagrams, *IEEE Trans. on Magnetics*, Vol. 23, 1987, pp. 1856-1865.

[10] ATHERTON, D. L., SCHÖNBÄCHLER, M.: Measurements of Reversible Magnetization Component, *IEEE Trans. on Magnetics*, Vol. 24, 1988, pp. 616-620.

[11] ATHERTON, D. L., RAO, T. S., DE SA, V., SCHÖNBÄCHLER, M.: Thermodynamic Correlation Tests between Magnetostrictive and Magnetomechanical Effects in 2% *Mn* Pipeline Steel, *IEEE Trans. on Magnetics*, Vol. 24, 1988, pp. 2177-2180.

[12] ATHERTON, D. L., TON, V.: The Effects of Stress on a Ferromagnet on a Minor Hysteresis Loop, *IEEE Trans. on Magnetics*, Vol. 26, 1990, pp. 1153-1156.

[13] ATHERTON, D. L., TON, V.: Effect of Order of Stress and Field Application on Changes in Anhysteretic Magnetization, *IEEE Trans. on Magnetics*, Vol. 26, 1990, pp. 1157-1159.

[14] ATHERTON, D. L., BEATTIE, J. R.: A Mean Field Stoner-Wohlfarth Hysteresis Model, *IEEE Trans. on Magnetics*, Vol. 26, 1990, pp. 3059-3063.

[15] BARBARICS, T., GILÁNYI, A., IVÁNYI, A.: Models for Magnetization Processes, (in Hungarian), *Scientific Report*, Technical University of Budapest, 1991. p. 29.

[16] BARBARICS, T., GILÁNYI, A., GYIMOTHY, SZ., IVÁNYI, A.: Simulation of Nonlinear

Magnetic Fields, (in Hungarian), *Scientific Report,* Technical University of Budapest, 1992. p. 38.

[17] BARBARICS, T., GILÁNYI, A., GYÍMOTHY, SZ., IVÁNYI, A.: Impedance of Rail Roads, (in Hungarian), *Scientific Report,* Technical University of Budapest, 1993. p. 39.

[18] BARBARICS, T., GILÁNYI, A., GYÍMOTHY, SZ., IVÁNYI, A.: Problems of Preisach Model Applying in Finite Element Method, *Periodica Polytechnica, Ser. Electrical. Eng.*, Vol. 38, 1994. pp. 5-16.

[19] BARBARICS, T., IVÁNYI, A.: FEM Code with Preisach Model for Rail Impedance, *Periodica Polytechnica, Ser. Electrical Eng.*, Vol. 38, 1994. pp. 353-360.

[20] BATE, G.: Statistical Stability of the Preisach Diagram for the Particles γ–Fe_2O_3, *Journal of Applied Physics,* Vol. 33, 1962. pp. 2263-2269.

[21] BEARDSLEY, I. A.: Modelling the Record Process, *IEEE Trans. on Magnetics,* Vol. 22, 1986, pp. 454-458.

[22] BENDA, O.: Statische Magnetisierungskurven von Materialien mit Rechteckiger Hystereseschleife, *Elektrotechnicky Casopis,* Vol. 16, 1965, pp. 125-143.

[23] BENDA, O.: Modelling of Nonlinearities with Hysteresis, (in Slovak), *Elektrotechnicky Casopis, SAV,* Vol. 41, 1990, pp. 881-907.

[24] BENDA, O., BYDZOVSKY, J.: AC Remanence States as Identification Criterion of Hysteresis Modelling, *Journal of Magnetics and Magnetic Materials,* Vol. 112, 1992, pp. 469-472.

[25] BENDA, O.: To the Question of the Reversible Process in the Preisach Model, (in English), *Elektrotechnicky Casopis, SAV,* Vol. 42, 1991, pp. 186-191.

[26] BENDA, O.: Possibilities and Limits of the Preisach Models, *Journal of Magnetics and Magnetic Materials,* Vol. 112, 1992, pp. 443-446.

[27] BENDA, O.: Analytical Expressions and Computer Simulation of Magnetization Characteristics for Numerical Solution of Fields in Ferromagnetic Materials, (in Slovak), *Proceedings of the First Summer School of Theoretical Electromagnetism,* Pilsen, 1992, pp. 1-25.

[28] BENDA, O.: Computer Simulation of Static and Dynamic Magnetization Characteristics for Field Analysis and Teaching Purposes, *Proceedings of the 7th International Symposium on Theoretical Electrical Engineering,* ISTET'93, Szczecin, Poland, Sep. 13-15, 1993, pp. 327-332.

[29] BENDA, O., BYDZOVSKY, J.: A New Method for Identification of the Bivariate Gaussian Preisach Function, *International Journal of Applied Electromagnetics in Materials,* Vol. 4, 1994, pp. 197-203.

[30] BENDA, O.: 2D-Reluctivity Tensor of Magnetic Anisotropic Media, *International Journal of No. 5 Joint to International Symposium on Theoretical Electrotechnics,* in *Technical Report, Ser. of Electrical Engineering,* Technical University of Budapest, 1994. pp. 83-91.

[31] BERGQVIST, A., ENGDAHL, G.: A Stress-Dependent Magnetic Preisach Hysteresis Model, *IEEE Trans. on Magnetics,* Vol. 27, 1991, pp. 4796-4798.

[32] BERKOV, D. V., PETINOV, V. I.: Effect of Interaction and Anisotropy Constant Distribution on the Magnetization Processes of Particulate Media, *IEEE Trans. on*

Magnetics, Vol. 23, 1987, pp. 189-191.

[33] BERTOTTI, G.: Dynamic Generalization of the Scalar Preisach Model of Hysteresis, *IEEE Trans. on Magnetics*, Vol. 28, 1992, pp. 2599-2601.

[34] BERTOTTI, G., PASQUALE, M.: Physical Interpretation of Induction and Frequency Dependence of Power Losses in Soft Magnetic Materials, *IEEE Trans. on Magnetics*, Vol. 28, 1992, pp. 2787-2789.

[35] BERTOTTI, G., FIORILLO, F., PASQUALE, M.: Measurement and Prediction of Dynamic Loop Shapes and Power Losses in Soft Magnetic Materials, *IEEE Trans. on Magnetics*, Vol. 29, 1993, pp. 3496-3498.

[36] BERTOTTI, G.: Consideration on the Preisach Model of Ferromagnetic Hysteresis, *International Journal of Applied Electromagnetics in Materials*, Vol. 5, 1994, pp. 109-114.

[37] BERTOTTI, G., BASSO, V., PASQUALE, M.: Application of the Preisach Model to the Calculation of Magnetization Curves and Power Losses in Ferromagnetic Materials, *IEEE Trans. on Magnetics*, Vol. 30, 1994, pp. 1052-1057.

[38] BÍRÓ, O., RICHTER, K. R.: CAD in Electromagnetism, in *Advances in Electromagnetics and Electron Physics* (P. W. Hawkes ed.), Vol. 82, Academic Press, 1991, pp. 1-96.

[39] BLOOMBERG, D. S., CASTELLI, V.: Reformulation of Nonlinear Integral Magnetostatic Equations for Rapid Iterative Convergence, *IEEE Trans. on Magnetics*, Vol. 21, 1985, pp. 1174-1180.

[40] BOLEY, C. D., HODGDON, M. L.: Model and Simulation of Hysteresis in Magnetic Cores, *IEEE Trans. on Magnetics*, Vol. 25, 1989, pp. 3922-3924.

[41] BOZORTH, R. M.: *Ferromagnetism*, D. Van Nostrand Co., Princeton, New Jersey, 1951, p. 968.

[42] BRAUER, J. R.: Simple Equations for the Magnetization and Reluctivity Curves of Steel, *IEEE Trans. on Magnetics*, Vol. 11, 1975, p. 81.

[43] BROKATE, M.: Some Mathematical Properties of the Preisach Model for Hysteresis, *IEEE Trans. on Magnetics*, Vol. 25, 1989, pp. 2922-2924.

[44] BROKATE, M., DELLA TORRE, E.: The Wiping out Property of the Moving Model, *IEEE Trans. on Magnetics*, Vol. 27, 1991, pp. 3811-1814.

[45] BROWN, W. F. JR.: Magnetostatic Principles in Ferromagnetism, in *Series of Topics in Solid State Physics*, Vol. 1, North Holland PC., 1962, p. 202.

[46] BURIAS, N., GRELIET, G.: Numerical Modelling of Iron Losses in Ferromagnetic Steel Plate, *IEEE Trans. on Magnetics*, Vol. 18, 1982, pp. 558-562.

[47] CARPENTER, K. H.: A Differential Equation approach to Minor Loops in the Jiles-Atherton Hysteresis Model, *IEEE Trans. on Magnetics*, Vol. 27, 1991, pp. 4404-4406.

[48] CARPENTER, K. H., WARREN, S.: A Wide Bandwidth, Dynamic Hysteresis Model for Magnetization in Soft Ferrites, *IEEE Trans. on Magnetics*, Vol. 28, 1992, pp. 2037-2041.

[49] CASTRO, J., RIVAS, J.: Influence of the After-Effect (MAE) on the Frequency Dependence of the Complex Initial Susceptibility: A Tutorial Approach, *IEEE Trans.*

on Magnetics, Vol. 29, 1993, pp. 2273-2278.

[50] CHIKAZUMI, S., CHARAP, S. H.: *Physics of Magnetism*, J. Wiley, 1964, p. 554.

[51] CHUA, L. O., STROMSMOE, K. A.: Lumped-Circuit Models for Nonlinear Inductors Exhibiting Hysteresis Loops, *IEEE Trans. on Circuit Theory*, Vol. 17, 1970, pp. 564-574.

[52] CHUA, L. O., BASS, S. C.: A Generalized Hysteresis Model, *IEEE Trans. on Circuit Theory*, Vol. 19, 1972, pp. 36-48.

[53] COULSON, M. A., SLATER, R. D., SIMPSON, R. R. S.: Representation of Magnetic Characteristic, Including Hysteresis, Using Preisach's Theory, *Proc. IEE*, Vol. 124, 1977, pp. 895-898.

[54] CRAIK, D.: *Magnetism, Principles and Applications*, J. Wiley, 1995, p. 459.

[55] CULLITY, B. D.: *Introduction to Magnetic Materials*, Addison-Wesley, 1972, p. 664.

[56] DAVIS, N.: Derivation and Application of an Equation to the *B–H* Loop, *Journal of Physics D: Applied Physics*, Vol. 4, 1971, pp. 1034-1039.

[57] DELINCE, F., NICOLET, A., HENROTTE, F., GENON, A., LEGROS, W.: Influence of Hysteresis on the Behavior of Coupled Finite Element-Electric Circuit Models, *IEEE Trans. on Magnetics*, Vol. 30, 1994, pp. 3383-3386.

[58] DELLA TORRE, E.: Effect of Interaction on the Magnetization of Single-Domain Particles, *IEEE Trans. on Audio and Electroacoustics*, Vol. 14, 1966, pp. 86-93.

[59] DELLA TORRE, E.: Magnetization Calculation of Fine Particles, *IEEE Trans. on Magnetics*, Vol. 22, 1986, pp. 484-489.

[60] DELLA TORRE, E.: Hysteresis Modelling: II. Accommodation, *IEEE Trans. on Magnetics*, Vol. 23, 1987, pp. 2823-2825.

[61] DELLA TORRE, E.: A Vector Phenomenological Model for Digital Recording, *Journal of Applied Physics*, Vol. 61, 1987, pp. 4016-4018.

[62] DELLA TORRE, E., KADAR, GY.: Vector Preisach and the Moving Model, *Journal of Applied Physics*, Vol. 63, 1988, pp. 3004-3006.

[63] DELLA TORRE, E., OTI, J., KADAR, GY.: Preisach Modelling and Reversible Magnetization, *IEEE Trans. on Magnetics*, Vol. 26, 1990, pp. 3052-3058.

[64] DELLA TORRE, E.: Existence of Magnetization-Dependent Preisach Model, *IEEE Trans. on Magnetics*, Vol. 27, 1991, pp. 3697-3699.

[65] DELLA TORRE, E.: Energy Consideration in Hysteresis Models, *IEEE Trans. on Magnetics*, Vol. 28, 1992, pp. 2608-2610.

[66] DELLA TORRE, E., VAJDA, F., KAHLER, G. R.: Modelling Magnetic Materials with Complete Moving Hysteresis Model, *Journal of Magnetics and Magnetic Materials*, Vol. 133, 1994, pp. 6-10.

[67] DELLA TORRE, E.: A Preisach Model for Accommodation, *IEEE Trans. on Magnetics*, Vol. 30, 1994, pp. 2701-2707.

[68] DELLA TORRE, E. , VAJDA, F.: Parameter Identification of the Complete-Moving Hysteresis Model Using Major Loop Data, *IEEE Trans. on Magnetics*, Vol. 30, 1994, pp. 4987-5000.

[69] DELLA TORRE, E. , VAJDA, F.: Properties of Accommodation Models, *IEEE Trans. on Magnetics*, Vol. 31, 1995, pp. 1775-1780.

[70] DELLA TORRE, E. , VAJDA, F.: The Identification of the Switching Field Distribution Components, *IEEE Trans. on Magnetics*, Vol. 31, 1995, pp. 2536-2542.

[71] DEL VECCHIO, R. M.: An Efficient Procedure for Modelling Complex Hysteresis Processes in Ferromagnetic Materials, *IEEE Trans. on Magnetics*, Vol. 16, 1980, pp. 809-811.

[72] DEL VECCHIO, R. M.: The Inclusion of Hysteresis Processes in a Special Class of Electromagnetic Finite Element Calculations, *IEEE Trans. on Magnetics*, Vol. 18, 1982, pp. 275-284.

[73] DEL VECCHIO, R. M.: The Calculation of Eddy Current Losses Associated with Rotating Magnetic Fields in Thin Laminations, *IEEE Trans. on Magnetics*, Vol. 18, 1982, pp. 1707-1709.

[74] DEL VECCHIO, R. M., CHARAP, S. H.: Two Dimensional Hysteresis Model, *IEEE Trans. on Magnetics*, Vol. 20, 1984, pp. 1437-1439.

[75] DEMERDASH, N. A., NEHL, T. W.: Use of Numerical Analysis of Nonlinear Eddy Current Problems by Finite Elements in the Determination of Parameters of Electrical Machines with Solid Iron Rotors, *IEEE Trans. on Magnetics*, Vol. 15, 1979, pp. 1482-1484.

[76] DIONNE, G. F., WEISS, J. A., ALLEN, G. A.: Anisotropy and Microstructure Analysis by Magnetic Measurement, *IEEE Trans. on Magnetics*, Vol. 22, 1986, pp. 656-658.

[77] DIONNE, G. F., WEISS, J. A., ALLEN, G. A.: Hysteresis Loops Modelled from Coercivity, Anisotropy, and Microstructure, *Journal of Applied Physics*, Vol. 61, 1987, pp. 3862-3864.

[78] DUONG, T., MAYERGOYZ, I. D.: On Numerical Implementation of Hysteresis Models, *IEEE Trans. on Magnetics*, Vol. 21, 1985, pp. 1853-1855.

[79] DUHEM, P.: Die Dauernden Aenderungen und die Thermodynamik, Part I. Die Dauernden Änderungen der Systeme, Welche von einer Einzigen Normalen Veränderlichen Abhängen, *Zeitschrift für Physikalische Chemie*, Vol. 22, 1897, pp. 545-589.

[80] DUHEM, P.: Die Dauernden Aenderungen und die Thermodynamik, Part II. Die Umwandlungen des Schwefels, *Zeitschrift für Physikalische Chemie*, Vol. 23, 1897, pp. 193-266.

[81] DUHEM, P.: Die Dauernden Aenderungen und die Thermodynamik, Part III. Allgemeine Theorie der Änderungen, *Zeitschrift für Physikalische Chemie*, Vol. 23, 1897, pp. 497-541.

[82] DUHEM, P.: Die Dauernden Aenderungen und die Thermodynamik, Part IV. Über einige Eigenschaften der Systeme, Welche von einer Einzigen Normalen Variablen Abhängen, Besonders über die Zerreissung der Elastischen Körper, *Zeitschrift für Physikalische Chemie*, Vol. 28, 1899, pp. 577-618.

[83] DUHEM, P.: Die Dauernden Aenderungen und die Thermodynamik, Part V. Untersuchung der Systeme, Welche von Zwei Veränderlichen Abhängen, von denen die eine Keine Hysteresis Besitzt, *Zeitschrift für Physikalische Chemie*, Vol. 33, 1900, pp. 641-697.

[84] DUHEM, P.: Die Dauernden Aenderungen und die Thermodynamik, Part VI. Das Harten, Anlassen und Schieden der Metalle, *Zeitschrift für Physikalische Chemie*, Vol. 34, 1900, pp. 312-377.

[85] DUHEM, P.: Die Dauernden Aenderungen und die Thermodynamik, Part VII. Über einige Annäherungsmethoden, nach Welchen Man ein System Untersuchen Kann, Welches von Zwei Variablen mit Hysteresis Abhängt, *Zeitschrift für Physikalische Chemie*, Vol. 34, 1900, pp. 683-700.

[86] DUHEM, P.: Die Dauernden Aenderungen und die Thermodynamik, Part VIII. Die Ungleichung von Clausius und die Hysteresis, *Zeitschrift für Physikalische Chemie*, Vol. 37, 1901, pp. 91-99.

[87] DUHEM, P.: Die Dauernden Aenderungen und die Thermodynamik, Part IX. Die Hysteresis und die Umkehrbaren Änderungen, *Zeitschrift für Physikalische Chemie*, Vol. 43, 1903, pp. 695-700.

[88] EIICHI, G., TAKASHI, S.: Optimization of Anisotropic Magnetic Shielding, *IEEE Trans. on EMC*, Vol. 29, 1987, pp. 237-241.

[89] EL-SHERBINY, M. K.: Representation of Magnetization Characteristic by a Sum of Exponentials, *IEEE Trans. on Magnetics*, Vol. 9, 1973, pp. 60-61.

[90] ENOKIZONO, M., SUZUKI, T., SIEVERT, J. D.: Measurement of Dynamic Magnetostriction under Rotating Magnetic Field, *IEEE Trans. on Magnetics*, Vol. 26, 1990, pp. 2067-2069.

[91] ENOKIZONO, M., SUZUKI, T., SIEVERT, J., XU, J.: Rotational Power Loss of Silicon Steel Sheet, *IEEE Trans. on Magnetics*, Vol. 26, 1990, pp. 2562-2564.

[92] ENOKIZONO, M. ED., Two-Dimensional Magnetic Measurement and its Properties, *JSAEM Study in Applied Electromagnetics*, Vol. 1, 1993, p. 155.

[93] ENOKIZONO, M., YUKI, K.: Constitutive Equations of Magnetic Materials and Magnetic Field Analysis, *IEEE Trans. on Magnetics*, Vol. 29, 1993, pp. 1538-1540.

[94] ENOKIZONO, M., TODAKA, T., KANAO, S.: Two-Dimensional Magnetic Properties of Silicon Steel Sheet Subjected to a Rotating Field, *IEEE Trans. on Magnetics*, Vol. 29, 1993, pp. 3550-3552.

[95] ENOKIZONO, M., YUKI, K., KANAO, S.: Magnetic Field Analysis by Finite Element Method Taking Rotational Hysteresis into Account, *IEEE Trans. on Magnetics*, Vol. 30, 1994, pp. 3375-3378.

[96] ENOKIZONO, M., KUMOI, M., KAWANO, S.: Finite Element Analysis of Anisotropic Magnetic Materials Taking Rotational Magnetization into Account, *IEEE Trans. on Magnetics*, Vol. 30, 1994, pp. 3387-3390.

[97] ENOKIZONO, M., SODA, N.: Magnetic Field Analysis by Finite Element Method Using Effective Anisotropic Field, *IEEE Trans. on Magnetics*, Vol. 31, 1995, pp. 1793-1796.

[98] ENOKIZONO, M., YUKI, K., KAWANO, S.: An Improved Magnetic Field Analysis in Oriented Steel Sheet by Finite Element Method Considering Tensor Reluctivity, *IEEE Trans. on Magnetics*, Vol. 31, 1995, pp. 1797-1800.

[99] EVERETT, D. H., WHITTON, W. I.: A General Approach to Hysteresis, Part I, *Trans. on Faraday Society*, Vol. 48, 1952, pp. 749-757.

[100] EVERETT, D. H., SMITH, F. W.: A General Approach to Hysteresis, Part II. Development of the Domain Theory, *Trans. on Faraday Society*, Vol. 50, 1954, pp. 187-197.

[101] EVERETT, D. H.: A General Approach to Hysteresis, Part III. A Formal Treatment of the Independent Domain Model of Hysteresis, *Trans. on Faraday Society*, Vol. 50, 1954, pp. 1077-1096.

[102] EVERETT, D. H.: A General Approach to Hysteresis, Part IV. An Alternative Formulation of the Domain Model, *Trans. on Faraday Society*, Vol. 51, 1955, pp. 1551-1557.

[103] EWING, J. A.: Magnetism in Iron and Other Materials, Part I-LV, *Electrician*, Vol. 24, 1890, pp. 161-162, 211-212, 259-260, 312-313, 340-342, 390-391,415-417, 441-442, 467-468, 491-492, 518, 544-545, 567-568, 591-592, 615-616, 642-643,
Vol. 25, 1890, pp. 30-31, 57-58, 83-84, 168-169, 196-197, 222-223, 250-251, 307-309, 339-340, 372-373, 401-402, 429-430, 455-456, 482-483, 577-579, 635-636, 670-671, 732-733,
Vol. 26, 1891, pp. 6-7, 75-77, 99-100, 164-165, 228-229, 291-292,
Vol. 27, 1891, pp. 6-8, 124-125, 153-154, 181-182, 266-267, 323-325, 379-380, 407, 495-496, 517- 519, 546-547, 584-586, 601-603, 663-664, 683-685,
Vol. 28, 1892, pp. 5-7.

[104] FELIACHI, M., MEUNIER, G.: Two Dimensional Hysteresis Model Using Finite Element Method, *IEEE Trans. on Magnetics*, Vol. 21, 1985, pp. 2362-2365.

[105] FETZER, J., KURZ, S., LEHNER, G.: Application of the Finite Element Method and the Vector Preisach Model for the Calculation of Magnetostatic Fields in Media with Hysteresis, *Proceedings of the 5th International IGTE Symposium on Numerical Field Calculation in Electrical Engineering*, Graz, Austria, Sep. 28-30, 1992, pp. 173-178.

[106] FREDKIN, D. R., KOEHLER, T. R.: Numerical Micromagnetics: Prolate Spheroids, *IEEE Trans. on Magnetics*, Vol. 25, 1989, pp. 3473-3475.

[107] FRIEDMAN, G., MAYERGOYZ, I. D.: Computation of Magnetic Field in Media with Hysteresis, *IEEE Trans. on Magnetics*, Vol. 25, 1989, pp. 3934-3936.

[108] FRIEDMAN, G.: New Formulation of the Stoner-Wohlfarth Hysteresis Model and the Identification Problem, *Journal of Applied Physics*, Vol. 67, 1990, pp. 5361-5363.

[109] FRIEDMAN, G., MAYERGOYZ, I. D.: Stoner-Wohlfarth Model with Stochastic Input as a Model of Viscosity in Magnetic Materials, *IEEE Trans. on Magnetics*, Vol. 28, 1992, pp. 2262-2264.

[110] FRIEDMAN, G., AHYA, D.: Algorithm for Fast Implementation of Vector-Type Preisach Hysteresis Models, *IEEE Trans. on Magnetics*, Vol. 30, 1994, pp. 4386-4388.

[111] FRIX, W. M., KARADY, G. G., MARACAS, K. B.: Reduction of Power Frequency Magnetic Fields by the Use of Nonferrous Metal Shield, Paper NAPS 1C3, *Proceedings of the 27th Annual North American Power Symposium*, Bozeman, MT, Oct. 2-3, 1995, pp. 98-105.

[112] FÜZI, J.: Eddy Currents in a Ferromagnetic Cylinder Induced by an External Magnetic Field, *Proceedings of the 4th International Conference on Optimization of Electric and Electronic Equipment*, Transylvania University of Braşov, Faculty of

Electrical Engineering, Braşov, May 12-14, 1994, p. 61.

[113] GARIKEPATI, P., CHANG, T. T., JILES, D. C.: Theory of Ferromagnetic Hysteresis: Evaluation of Stress from Hysteresis Curves, *IEEE Trans. on Magnetics*, Vol. 24, 1988, pp. 2922-2924.

[114] GESHEV, J., MASHEVA, V., MIKHOV, M.: Interaction Effects Detected by Fourier Analysis of Hysteresis Loops and Initial Magnetization Curves, *IEEE Trans. on Magnetics*, Vol. 30, 1994, pp. 863-865.

[115] GILÁNYI, A.: Impedance of the Rail Roads Respect to the Magnetic Anisotropy, *Diploma Thesis of Electrical Engineering*, Technical University of Budapest, 1994. p. 68.

[116] GILÁNYI, A., IVÁNYI, A.: Modelling of Electromagnetic Field in Ferromagnetic Materials, *Periodica Polytechnica, Ser. Electrical Eng.*, Vol. 38, 1994. pp. 311-321.

[117] GUO, X., ATHERTON, D. L.: Magnetization Changes in 2% *Mn* Pipeline Steel Induced by Uniaxial Tensile Stress Cycles of Increasing Amplitude, *IEEE Trans. on Magnetics*, Vol. 31, 1995, pp. 2510-2521.

[118] GUPTA, R., YOSHINO, T., SAITO, Y.: Finite Element Solution of Permanent Magnetic Field, *IEEE Trans. on Magnetics*, Vol. 26, 1990, pp. 383-386.

[119] GYÍMOTHY, SZ.: Modelling Magnetic Hysteresis in Finite Element Program Codes, *Diploma Thesis of Electrical Engineering*, Technical University of Budapest, 1994. p. 48.

[120] GYÍMOTHY, SZ., IVÁNYI, A.: Implementation and Application of the 2D Vectorial Preisach Model for Field Calculation with Finite Element Method, *Proceedings of the 6th International IGTE Symposium on Numerical Field Calculation in Electrical Engineering*, Graz, Austria, Sep. 26-28, 1994, pp. 89-94.

[121] HAAS, H., SCHMOELLEBECK, F.: Approximation of Nonlinear Anisotropic Magnetization Characteristics, *IEEE Trans. on Magnetics*, Vol. 28, 1992, pp. 1255-1258.

[122] HADFIELD, D. ED., *Permanent Magnets and Magnetism*, J. Wiley, 1962, p. 556.

[123] HRADA, S., ISHIHARA, Y., TODAKA, T.: Analysis of Magnetic Field of Single Sheet Tester Taking into Account Hysteresis Characteristics, *Electrical Engineering in Japan*, Vol. 107, 1987, pp. 44-52.

[124] HAUSER, H., FULMEK, P.: The Effect of Mechanical Stress on the Magnetization Curves of *Ni*- and *FeSi*-Single Crystals at Strong Fields, *IEEE Trans. on Magnetics*, Vol. 28, 1992, pp. 1815-1825.

[125] HAYANO, S., SAOTOME, H., MIYAZAKI, A., SAITO, Y.: A Representation of Magnetization Characteristics for Computational Magnetodynamics, *International Journal of Applied Electromagnetics in Materials*, Vol. 2, 1992, pp. 353-358.

[126] HE, L., DOYLE, W. D., FUJIWARA, H.: High Speed Coherent Switching below the Stoner-Wohlfarth Limit, *IEEE Trans. on Magnetics*, Vol. 30, 1994, pp. 4086-4088.

[127] HEJDA, P., PETROVSKY, E., ZELINKA, T.: The Preisach Diagram, Wohlfarth's Remanence Formula and Magnetic Interactions, *IEEE Trans. on Magnetics*, Vol. 30, 1994, pp. 896-898.

[128] HENROTTE, F., NICOLET, A., DELINCE, F., GENON, A., LEGROS, W.: Modelling of Ferromagnetic Materials in 2D Finite Element Problems Using Preisach's Model,

IEEE Trans. on Magnetics, Vol. 28, 1992, pp. 2614-2616.

[129] HODGDON, M. L.: Applications of a Theory of Ferromagnetic Hysteresis, *IEEE Trans. on Magnetics*, Vol. 24, 1988, pp. 218-221.

[130] HODGDON, M. L.: mathematical Theory and Calculations of Magnetic Hysteresis Curves, *IEEE Trans. on Magnetics*, Vol. 24, 1988, pp. 3120-3122.

[131] HOFFENED, T. R., VOS, M. J.: A Fast, Smooth Vector Hysteresis Model with Adjustable Interactions, *IEEE Trans. on Magnetics*, Vol. 30, 1994, pp. 4365-4367.

[132] HONG, S., KIM, D., JUNG, H.: Vector Hysteresis Model for Unoriented Magnetic Materials, *IEEE Trans. on Magnetics*, Vol. 30, 1994, pp. 3371-3374.

[133] HONG, S., LEE, S., WON, J.: Properties of the Vector Hysteresis Model for Unoriented Magnetic Materials, *IEEE Trans. on Magnetics*, Vol. 31, 1995, pp. 1833-1835.

[134] HWANG, J. H., LORD, W.: Experimental Series for *B–H* Curve Modelling, *Proc. IEE*, Vol. 123, 1976, pp. 559-560.

[135] IVÁNYI, A.: Energy in Oriented Lamination, *Proceedings of the First Japanese-Czechoslovak Joint Seminar on Applied Electromagnetic in Materials*, Piestany, Czech-Slovakia, Jun. 17-19, 1992, pp. 155-158.

[136] IVÁNYI, A.: Anisotropy in Lamination, *Proceedings of the 5th International IGTE Symposium on Numerical Field Calculation in Electrical Engineering*, Graz, Austria, Sep. 28-30, 1992, pp. 161-166.

[137] IVÁNYI, A.: R-Functions in Electromagnetism, *Technical Reports, Ser. Electrical. Eng.*, Technical University of Budapest, 1993. p. 201.

[138] IVÁNYI, A.: Energy in Oriented Lamination, *International Journal of Applied Electromagnetic in Materials*, Vol. 4, Elsevier, 1993, pp. 137-143.

[139] IVÁNYI, A.: Hysteresis loss in Anisotropic Material, *Proceedings of the 7th International Symposium on Theoretical Electrical Engineering*, ISTET'93, Szczecin, Poland, Sep. 13-15, 1993, pp. 231-236.

[140] IVÁNYI, A.: Hysteresis Loss in Anisotropic Material, *International Journal of No. 5 Joint to International Symposium on Theoretical Electrotechnics*, in *Technical Reports, Ser. of Electrical. Engineering*, Technical University of Budapest, 1994. pp. 119-130.

[141] IVÁNYI, A.: Hysteresis Loss in slowly Varying Field, *Budapest*, 1994. p. 20. (not published)

[142] IVÁNYI, A.: Elliptical Polarization in Rotational Magnetic Field, *Proceedings of the 3rd Japan-Hungary Joint Seminar on Applied Electromagnetics and Computational Technology*, Budapest, Hungary, Jul. 10-13, 1994, pp. 102-107.

[143] IVÁNYI, A.: Elliptical Polarization in Rotational Magnetic Field, *Periodica Polytechnica, Ser. Electrical. Eng.*, Vol. 38, 1994. pp. 335-351.

[144] IVÁNYI, A.: Hysteresis in Rotational Field, *Proceedings of the 6th International IGTE Symposium on Numerical Field Calculation in Electrical Engineering*, Graz, Austria, Sep. 26-28, 1994, pp. 83-88.

[145] IVÁNYI, A.: Anisotropic Magnetic Material in Rotational Field, in *Series of Studies in Applied Electromagnetics and Mechanics*, Vol. 9, Advanced Computational Electromagnetics (T. Honma ed.), Elsevier, IOS Press, 1995, pp. 337-346.

[146] IVÁNYI, A.: Shielding for Phase Conductors, *Proceedings of the 10th Conference on the Computation of Electromagnetic Fields*, COMPUMAG, Berlin, Germany, Jul. 10-12, 1995, pp. 162-163.

[147] IVÁNYI, A.: Magnetic Material in Shielding, *Abstracts of the International Symposium on Nonlinear Electromagnetic Systems*, Cardiff, Wales, UK, Sep. 17-20, 1995, E-04.

[148] IVÁNYI, A.: Shielding for Phase Conductors, *IEEE Trans. on Magnetics*, Vol. 32, 1996, pp. 1481-1484.

[149] IVÁNYI, A.: Anomalies in Magnetic Hysteresis, in *Free Boundary Problems News*, The Fourth Trento–Meeting on Models of Hysteresis, Levico (Trento), Italy, Jun. 25-29, 1996, p. 20.

[150] IVÁNYI, A.: Magnetic Field in Single Sheet Tester, *Digests of the 4rd Japan–Hungary Joint Seminar on Applied Electromagnetics in Materials and Computational Technology*, Fukuyama, Japan, Jul. 1-3, 1994, pp. 31-34(996).

[151] IVÁNYI, A.: Magnetic Shielding of Three Phase Conductors, *Abstracts of the 5rd World Congress on Superconductivity*, Budapest, Hungary, Jul. 7-11, 1996, P112/389.

[152] IVÁNYI, A.: Anisotropic Field in Single Sheet Tester, *Proceedings of the 7th International IGTE Symposium on Numerical Field Calculation in Electrical Engineering*, Graz, Austria, Sep. 23-26, 1996, (in publication).

[153] JILES, D. C., ATHERTON, D. L.: Ferromagnetic Hysteresis, *IEEE Trans. on Magnetics*, Vol. 19, 1983, pp. 2183-2185.

[154] JILES, D. C., ATHERTON, D. L.: Theory of the Magnetization Process in Ferromagnets and Its Application to the Magnetomechanical Effect, *Journal of Physics D. Applied Physics*, Vol. 17, 1984, pp. 1265-1281.

[155] JILES, D. C., ATHERTON, D. L.: Theory of Ferromagnetic Hysteresis, *Journal of Applied Physics*, Vol. 55, 1984, pp. 2115-2120.

[156] JILES, D. C., THOELKE, J. B.: Theory of Ferromagnetic Hysteresis: Determination of Model Parameters from Experimental Hysteresis Loops, *IEEE Trans. on Magnetics*, Vol. 25, 1989, pp. 3928-3930.

[157] JILES, D. C., HARIHARAN, S.: Interpretation of the Magnetization Mechanism in Terfenol-D Using Barkhausen Pulse-Height Analysis and Irreversible Magnetostriction, *Journal of Applied Physics*, Vol. 67, 1990, pp. 5013-5015.

[158] JILES, D. C.: *Introduction to Magnetism and Magnetic Materials*, Chapman and Hall, London, 1992, p. 440.

[159] JILES, D. C., THOELKE, J. B.: Modelling of the Combined Effects of Stress and Anisotropy on the Magnetostriction of $Tb_{0.3}Dy_{0.7}Fe_2$, *IEEE Trans. on Magnetics*, Vol. 27, 1991, pp. 5352-5354.

[160] JILES, D. C., THOELKE, J. B., DEVINE, M. K.: Numerical Determination of Hysteresis Parameters for the Modelling of Magnetic Properties Using the Theory of Ferromagnetic Hysteresis, *IEEE Trans. on Magnetics*, Vol. 28, 1992, pp. 27-35.

[161] JILES, D. C.: A Self Consistent Generalized Model for the Calculation of Minor Loop Excursions in the Theory of Hysteresis, *IEEE Trans. on Magnetics*, Vol. 28,

1992, pp. 2602-2604.

[162] JILES, D. C.: Modelling the Effects of Eddy Currents Losses on Frequency Dependent Hysteresis in Electrically Conducting Media, *IEEE Trans. on Magnetics*, Vol. 30, 1994, pp. 4326-4328.

[163] JILES, D. C.: Frequency Dependence of Hysteresis Curves in Conducting Magnetic Materials, *Journal of Applied Physics*, Vol. 76, 1994, pp. 5849-5855.

[164] JILES, D. C.: Theory of the Magnetomechanical Effects, *Journal of Physics D. Applied Physics*, Vol. 28, 1995, pp. 1537-1546.

[165] JOSEPHS, R. M., CROMPTON, D. S., KRAFFT, C. S.: Characterization of Magnetic Oxide Recording Media Using Fourier Analysis of Static Hysteresis Loops, *IEEE Trans. on Magnetics*, Vol. 22, 1986, pp. 653-655.

[166] JUFER, M., APOSTOLIDES, A.: An Analysis of Eddy Current and Hysteresis Losses in Solid Iron Based upon Simulation of Saturation and Hysteresis Characteristics, *IEEE Trans. on Power Apparatus and Systems*, Vol. 95, 1976, pp. 1786-1794.

[167] KADAR, GY., DELLA TORRE, E.: Hysteresis Modelling: I. Noncongruency, *IEEE Trans. on Magnetics*, Vol. 23, 1987, pp. 2820-2825.

[168] KADAR, GY.: On the Preisach Function of Ferromagnetic Hysteresis, *Journal of Applied Physics*, Vol. 61, 1987, pp. 4013-4015.

[169] KADAR, GY., DELLA TORRE, E.: Determination of the Bilinear Product Preisach Function, *Journal of Applied Physics*, Vol. 63, 1988, pp. 3001-3003.

[170] KADAR, GY., KISDI-KOSZO, E., KISS, L., POTOCKY, L., ZATROCH, M., DELLA TORRE, E.: Bilinear Product Preisach Modelling of Magnetic Hysteresis Curves, *IEEE Trans. on Magnetics*, Vol. 25, 1989, pp. 3931-3933.

[171] KAHLER, G. R., DELLA TORRE, E., VAJDA, F.: Static Magnetic Field Deformation by a Ferromagnetic Body, *IEEE Trans. on Magnetics*, Vol. 28, 1992, pp. 2274-2276.

[172] KAHLER, G. R., DELLA TORRE, E., VAJDA, F.: Parametric Identification of the Complete Moving Hysteresis Model for HTS Steel, *IEEE Trans. on Magnetics*, Vol. 30, 1994, pp. 4374-4376.

[173] KANAI, Y., ABE, T., IIZUKA, M., MUKASA, K.: Fast and Stable Nonlinear Converging Method, *IEEE Trans. on Magnetics*, Vol. 23, 1987, pp. 3290-3292.

[174] KAPLAN, B., RABINOVICI, R.: DC Magnetic Field Sensor Employing Multifield Eddy-Current Effects, *IEEE Trans. on Magnetics*, Vol. 24, 1988, pp. 655-665.

[175] KARIDIS, J. P., TURNS, S. R.: A Comparison of Lumped and Distributed Solutions to Nonlinear, Transient, Magnetic Field Problems, *IEEE Trans. on Magnetics*, Vol. 19, 1983, pp. 2715-2722.

[176] KOEHLER, T. R.: A Computationally Fast, Two-Dimensional Vector Hysteresis Model, *Journal of Applied Physics*, Vol. 61, 1987, pp. 1568-1575.

[177] KORMAN, C. E., MAYERGOYZ, I. D.: The Input Dependent Preisach Model with Stochastic Input as a Model for Aftereffect, *IEEE Trans. on Magnetics*, Vol. 30, 1994, pp. 4368-4370.

[178] KRASNOSELSKII, M. A., POKROVSKII, A. V.: *Systems with Hysteresis*, (in Russian), Nauka, Moscow, 1983, p. 272.

[179] LABRIDIS, D., DOKOPOULOS, P.: Calculation of Eddy Current Losses in Nonlinear

Ferromagnetic Materials, *IEEE Trans. on Magnetics*, Vol. 25, 1989, pp. 2665-2669.

[180] LAVERS, J. D.: An Efficient Method of Calculating Parameters for Induction and Resistance Heating Installations with Magnetic Loads, *IEEE Trans. on Industrial Applications*, Vol. 14, 1978, pp. 427-432.

[181] LAVERS, J. D.: Finite Element Solution of Nonlinear Two Dimensional TE-Mode Eddy Current Problems, *IEEE Trans. on Magnetics*, Vol. 19, 1983, pp. 2201-2203.

[182] LAVERS, J. D., AHMED, M. R., CAO, M., KALAICHELVAN, S.: An Evaluation of Loss Models for Nonlinear Eddy Current Problems, *IEEE Trans. on Magnetics*, Vol. 21, 1985, pp. 1850-1852.

[183] LEONARD, P. J., RODGER, D., KARAGULAR, T., COLES, P. C.: Finite Element Modelling of Magnetic Hysteresis, *IEEE Trans. on Magnetics*, Vol. 31, 1995, pp. 1801-1804.

[184] LI, J. C., WU, Y. P.: FFT Algorithms for the Harmonic Analysis of Three Phase Transformer Banks with Magnetic Saturation, *IEEE Trans. on Power Delivery*, Vol. 6, 1991, pp. 158-165.

[185] LIN, C. E., CHENG, C. L., HUANG, C. L.: Hysteresis Characteristic Analysis of Transformer under Different Excitations Using Real Time Measurement, *IEEE Trans. on Power Delivery*, Vol. 6, 1991, pp. 873-879.

[186] LOZE, M. K.: Modelling the Asymmetry of the Recording Transition Zone in Digital Magnetic Recording, *IEEE Trans. on Magnetics*, Vol. 30, 1994, pp. 1296-1300.

[187] MACFADYEN, W. K., SIMPSON, R. R. S., SLATER, R. D., WOOD, W. S.: Representation of Magnetizatin Curve by Exponential Series, *Proc. IEE*, Vol. 120, 1973, pp. 902-904.

[188] MAGELE, C. A., PREIS, K., RENHART, W.: Some Improvements in Nonlinear 3D Magnetostatics, *IEEE Trans. on Magnetics*, Vol. 26, 1990, pp. 375-378.

[189] MAKAR, J. M., ATHERTON, D. L.: Effect of Uniaxial Stress on the Reversible and Irreversible Permeabilities of 2 % *Mn* Pipeline Steel, *IEEE Trans. on Magnetics*, Vol. 30, 1994, pp. 1380-1387.

[190] MAKAR, J. M., ATHERTON, D. L.: Effect of Stress on the Magnetostriction of 2 % *Mn* Pipeline Steel, *IEEE Trans. on Magnetics*, Vol. 30, 1994, pp. 1388-1393.

[191] MAKAR, J. M., ATHERTON, D. L.: Effects of Isofield Uniaxial Cyclic Stress on the Magnetization of 2 % *Mn* Pipeline Steel, Behavior on Near Saturation Major Hysteresis Loop, *IEEE Trans. on Magnetics*, Vol. 31, 1995, pp. 877-884.

[192] MAKAR, J. M., ATHERTON, D. L.: Effects of Isofield Uniaxial Cyclic Stress on the Magnetization of 2 % *Mn* Pipeline Steel, Behavior on Minor Hysteresis Loops and Small Major Hysteresis Loops, *IEEE Trans. on Magnetics*, Vol. 31, 1995, pp. 2220-2227.

[193] MATTIS, D. C.: *The Theory of Magnetism I. Statics and Dynamics*, Springer, 1981, p. 300.

[194] MAYERGOYZ, I. D.: Analytical Investigation of Eddy Currents in Nonlinear Ferromagnetic Media, *IEEE Trans. on Magnetics*, Vol. 18, 1982, pp. 1716-1718.

[195] MAYERGOYZ, I. D., ABDEL-KADER, F. M., EMAD, F. P.: On Penetration of Electromagnetic Fields into Nonlinear Conducting Ferromagnetic Media, *Journal of*

Applied Physics, Vol. 53, 1984, pp. 618-629.

[196] MAYERGOYZ, I. D., FRIEDMAN, G.: Analytical Investigation of Eddy Currents in Nonlinear Ferromagnetic Media for Weak Magnetic Fields, *IEEE Trans. on Magnetics*, Vol. 22, 1986, pp. 259-271.

[197] MAYERGOYZ, I. D.: Mathematical Model of Hysteresis, *IEEE Trans. on Magnetics*, Vol. 22, 1986, pp. 603-608.

[198] MAYERGOYZ, I. D., FRIEDMAN, G.: On the Integral Equation of the Vector Preisach Hysteresis Model, *IEEE Trans. on Magnetics*, Vol. 23, 1987, pp. 2638-2640.

[199] MAYERGOYZ, I. D., FRIEDMAN, G.: The Preisach Model and Hysteresis Energy Losses, *Journal of Applied Physics*, Vol. 61, 1987, pp. 3910-3912.

[200] MAYERGOYZ, I. D., FRIEDMAN, G.: Isotropic Vector Preisach Model of Hysteresis, *Journal of Applied Physics*, Vol. 61, 1987, pp. 4022-4024.

[201] MAYERGOYZ, I. D., FRIEDMAN, G.: Generalized Preisach Model of Hysteresis, *IEEE Trans. on Magnetics*, Vol. 24, 1988, pp. 212-217.

[202] MAYERGOYZ, I. D.: Vector Preisach Hysteresis Models, *Journal of Applied Physics*, Vol. 63, 1988, pp. 2995-3000.

[203] MAYERGOYZ, I. D.: Dynamic Preisach Models of Hysteresis, *IEEE Trans. on Magnetics*, Vol. 24, 1988, pp. 2925-2927.

[204] MAYERGOYZ, I. D., FRIEDMAN, G.: Identification Problem for 3-D Anisotropic Preisach Model of Vector Hysteresis, *IEEE Trans. on Magnetics*, Vol. 24, 1988, pp. 2928-2930.

[205] MAYERGOYZ, I. D., FRIEDMAN, G., SALLING, C.: Comparison of the Classical and Generalized Preisach Models with Experiments, *IEEE Trans. on Magnetics*, Vol. 25, 1989, pp. 3925-3927.

[206] MAYERGOYZ, I. D., ADLY, A. A., FRIEDMAN, G.: New Preisach-Type Models of Hysteresis and Their Experimental Testing, *Journal of Applied Physics*, Vol. 67, 1990, pp. 5373-5375.

[207] MAYERGOYZ, I. D.: *Mathematical Models of Hysteresis*, Springer, 1991, p. 207.

[208] MAYERGOYZ, I. D., KORMAN, C. E.: On a New Approach to the Modelling of Viscosity in Hysteretic Systems, *IEEE Trans. on Magnetics*, Vol. 27, 1991, pp. 4766-4768.

[209] MAYERGOYZ, I. D., ADLY, A. A.: Numerical Implementation of the Feedback Preisach Model, *IEEE Trans. on Magnetics*, Vol. 28, 1992, pp. 2605-2607.

[210] MAYERGOYZ, I. D., ADLY, A. A.: A New Isotropic Vector Preisach-Type Model of Hysteresis and Its Identification, *IEEE Trans. on Magnetics*, Vol. 29, 1993, pp. 2377-2379.

[211] MIDDLETON, B. K., DINNIS, A. K., MILES, J. J.: Digital Recording Theory for Thick Media, *IEEE Trans. on Magnetics*, Vol. 29, 1993, pp. 2286-2288.

[212] MOHRI, F.: A New Method of Magnetic Field Computation on Anisotropic Permanent Magnets, *International Journal of Applied Electromagnetics in Materials*, Vol. 4, 1993, pp. 241-248.

[213] MOSER, J. R.: Low-Frequency Low Impedance Magnetic Shielding, *IEEE Trans. on EMC*, Vol. 30, 1988, pp. 202-210.

[214] MOSES, A. J.: Problems in Modelling Anisotropy of Electrical Steel, *International Journal of Applied Electromagnetics in Materials*, Vol. 3, 1992, pp. 193-197.

[215] MOSES, A. J., MEYDAN, T.: Results of Thermal and H-Coil Sensor Measurement of Rotational Loss in Soft Magnetic Materials, *Proceedings of the 2nd International Workshop on Two-Dimensional Magnetic Measurement and Its Properties*, Oita, Japan, Jan. 31-Feb. 1, 1992, pp. 60-76.

[216] MOSES, A. J.: Rotational Magnetization, Problems in Experimental and Theoretical Studies of Electrical Steels and Amorphous Magnetic Materials, *IEEE Trans. on Magnetics*, Vol. 30, 1994, pp. 902-906.

[217] NAKATA, T., FUJIWARA, K., TAKAHASHI, N., OKAMOTO, N.: An Improved Numerical Analysis of Flux Distributions in Anisotropic Materials, *Proceedings of the 9th Conference on the Computation of Electromagnetic Fields*, COMPUMAG'93, Miami, 1993.

[218] NAMJOSHI, K. V., BIRINGER, P.P.: Power Efficiency of Eddy Current Shielding of Structural Steel Transverse Magnetic Field, *IEEE Trans. on Magnetics*, Vol. 28, 1992, pp. 2829-2831.

[219] NAPIERALSKA, E., GRZYBOWSKI, J. R.: Modelling of Losses Due to Eddy Currents and Hysteresis in Converter Transformer Cores during Failure, *IEEE Trans. on Magnetics*, Vol. 31, 1995, pp. 1718-1721.

[220] NASAR, S. A., XIONG, G. Y., FU, Z. X.: Eddy-Current Losses in a Tubular Linear Induction Motor, *IEEE Trans. on Magnetics*, Vol. 30, 1994, pp. 1437-1445.

[221] NEUMANN, L. R.: *The Skin Effect in Ferromagnetic Bodies*, (in Russian), Publisher 'Gosenergoisdat', Leningrad, 1949, p. 190.

[222] NOYAU, R. H., MIDDLETON, B. K., MILES, J. J., MACKINTOSH, N. D.: Modelling Digital Recording in Thin Film Media, *IEEE Trans. on Magnetics*, Vol. 24, 1988, pp. 2494-2496.

[223] OKADA, T., TAKAHARA, K., NISHIJIMA, S., YOSHIDA, S., HANASAKA, T.: Applicability of Oxide Superconductor to Magnetic Shielding, *IEEE Trans. on Magnetics*, Vol. 25, 1989, pp. 2270-2272.

[224] OKADA, T., INOUE, H.: Three Dimensional Magnetic Recording Analysis Taking Account of Hysteresis, *IEEE Trans. on Magnetics*, Vol. 27, 1991, pp. 4781-4783.

[225] ORTENBURGER, I. B., COLE, R. W., POTTER, R. I.: Improvements to a Self-Consistent Model for the Magnetic Recording Properties of Non-Particulate Media, *IEEE Trans. on Magnetics*, Vol. 13, 1977, pp. 1278-1283.

[226] OSSART, F., PHUNG, T. A., MEUNIER, G.: Comparison between Various Hysteresis Models and Experimental Data, *Journal of Applied Physics*, Vol. 67, 1990, pp. 5379-5381.

[227] OSSART, F., DAVIDSON, R., CHARAP, S. H.: Moving Vector Preisach Model and δM Curves, *IEEE Trans. on Magnetics*, Vol. 30, 1994, pp. 4260-4262.

[228] OSSART, F., DAVIDSON, R., CHARAP, S. H.: A 3D Moving Vector Preisach Model, *IEEE Trans. on Magnetics*, Vol. 31, 1995, pp. 1785-1788.

[229] OTI, J., DELLA TORRE, E.: A Vector Moving Model of Non-Aligned Particulate Media, *IEEE Trans. on Magnetics*, Vol. 26, 1990, pp. 2116-2118.

[230] OTI, J., DELLA TORRE, E.: A Vector Moving Model of Both Reversible and Irreversible Magnetizing Processes, *Journal of Applied Physics*, Vol. 67, 1990, pp. 5364-5366.

[231] OTI, J., DELLA TORRE, E.: Efficient Numerical Model of Magnetic Switching of Fine Particles with Uniaxial Anisotropy, *IEEE Trans. on Magnetics*, Vol. 27, 1991, pp. 3908-3911.

[232] PAPUSOI, C., STANCU, A.: Anhysteretic Remanent Susceptibility and the Moving Preisach Model, *IEEE Trans. on Magnetics*, Vol. 29, 1993, pp. 77-81.

[233] PARDAVI-HORVATH, M., DELLA TORRE, E., VAJDA, F., VERTESY, G.: A Variable Variance Preisach Model, *IEEE Trans. on Magnetics*, Vol. 29, 1993, pp. 3793-3795.

[234] PARDAVI-HORVATH, M., VERTESY, G.: Measurement of the Switching Properties of a Regular 2-D Array of Preisach-Type Particles, *IEEE Trans. on Magnetics*, Vol. 30, 1994, pp. 124-127.

[235] PARK. G. S., HAHN, S. Y., LEE, K. S., JUNG, H. K.: Implementation of Hysteresis Characteristics Using the Preisach Model with *M–B* Variables, *IEEE Trans. on Magnetics*, Vol. 29, 1993, pp. 1542-1545.

[236] PFÜTZNER, H.: Rotational Magnetization and Rotational Losses of Grain Oriented Silicon Steel Sheets, Fundamental Aspects and Theory, *IEEE Trans. on Magnetics*, Vol. 30, 1994, pp. 2802-2807.

[237] PFÜTZNER, H., HASENZAGL, A.: Fundamental Aspect of Rotational Magnetostriction, *The International Symposium on Non-Linear Electromagnetic Systems*, ISEM, Cardiff, Wales, UK, Sep. 17-20, 1995.

[238] PHILIPS, D. A., DELINCE, F.: Practical Use of the Preisach Model from Measurements to Finite Elements, *IEEE Trans. on Magnetics*, Vol. 29, 1993, pp. 2383-2385.

[239] PHILIPS, D. A., DUPRE, L. R., HELKEBEEK, J. A. A.: Magneto-Dynamic Field Computation Using a Rate-Dependent Preisach Model, *IEEE Trans. on Magnetics*, Vol. 30, 1994, pp. 4377-4379.

[240] PILLAI, K. P. P.: Fundamental-Frequency Eddy-Current Loss Due to Rotating Magnetic Field, *Proceedings of IEE*, Vol. 116, 1969, pp. 407-410.

[241] POLIVANOV, K. M.: *Ferromagnetic Materials, Theory and Applications*, (in Hungarian translation from Russian), Műszaki Könyvkiadó, Budapest, 1960, p. 368.

[242] POTTER, R. L., SCHMULIAN, R. J.: Self-Consistently Computed Magnetization Patterns in Thin Magnetic Recording Media, *IEEE Trans. on Magnetics*, Vol. 7, 1971, pp. 873-880.

[243] POTTER, R. L., BEARDSLEY, I. A.: Self-Consistent Computer Calculations for Perpendicular Magnetic Recording, *IEEE Trans. on Magnetics*, Vol. 16, 1980, pp. 967-972.

[244] RABINOVICI, R.: Nonlinear Eddy Current Effects in Ferromagnetic Materials in the Presence of DC Magnetic Fields, *IEEE Trans. on Magnetics*, Vol. 27, 1991, pp. 3704-3709.

[245] RADO, G. T., FOLEN, V. J.: Determination of Molecular Field Coefficients in Ferromagnets, *Journal of Applied Physics*, Vol. 31, 1960, pp. 62-68.

[246] RADO, G. T., SUHL, H. ED.: *Magnetism*, Vol. I, Academic Press, New York, 1963, p.

688.

[247] RANJAN, R., JILES, D. C., RASTOGI, P. K.: Magnetic Properties of Decarburized Steels: An Investigation of the Effects of Grain Size and Carbon Content, *IEEE Trans. on Magnetics*, Vol. 23, 1987, pp. 1869-1876.

[248] RAO, V. S.: Losses in Ferromagnetic Laminations Due to Saturation, *Proceedings of IEE*, Vol. 111, 1964, pp. 2111-2117.

[249] RASHID, A.: Introduction to Shielding, Boundary Conditions and Anomalies, *Proceedings of the International Symposium on EMC*, Anaheim, California, Aug. 17-21, 1992, pp. 1-5.

[250] RICHTER, H. J.: An Approach to Recording on Tilted Media, *IEEE Trans. on Magnetics*, Vol. 29, 1993, pp. 2258-2265.

[251] RIVAS, J., ZAMARRO, J. M., MARTIN, E., PEREIRA, C.: Simple Approximation for Magnetization Curve and Hysteresis Loops, *IEEE Trans. on Magnetics*, Vol. 17, 1981, pp. 1498-1502.

[252] ROBERTSON, I. M.: Direction of Change of Magnetization of a Ferromagnet Subject to Stress, *IEEE Trans. on Magnetics*, Vol. 29, 1993, pp. 2077-2080.

[253] RUPANAGUNTA, P., HSU, S. J., WELDON, W. F.: Determination of Iron Core Losses under Influence of Third-Harmonic Flux Component, *IEEE Trans. on Magnetics*, Vol. 27, 1991, pp. 768-777.

[254] SAITO, Y.: Three-Dimensional Analysis of Magnetodynamic Fields in Electromagnetic Devices Taken into Account the Dynamic Hysteresis Loops, *IEEE Trans. on Magnetics*, Vol. 18, 1982, pp. 546-551.

[255] SAITO, Y., SAOTOME, H., HAYANO, S., YAMAMURA, T.: Modelling of Nonlinear Inductor Exhibiting Hysteresis Loops and Its Application to the Single Phase Parallel Inverters, *IEEE Trans. on Magnetics*, Vol. 19, 1983, pp. 2189-2191.

[256] SAITO, Y., SAOTOME, H., HAYANO, S., YAMAMURA, T.: Modelling of Hysteretic and Anisotropic Magnetic Field Problems, *IEEE Trans. on Magnetics*, Vol. 19, 1983, pp. 2510-2513.

[257] SAITO, Y., HAYANO, S., YAMAMURA, T., TSUYA, N.: A Representation of Magnetic Hysteresis, *IEEE Trans. on Magnetics*, Vol. 20, 1984, pp. 1434-1436.

[258] SAITO, Y., HAYANO, S., YAMAMURA, T., SAOTOME, H.: Hysteretic Fields in a Toroidal Reactor, *IEEE Trans. on Magnetics*, Vol. 20, 1984, pp. 1965-1967.

[259] SAITO, Y., HAYANO, S., TSUYA, N.: Field Computation by the Complementary Networks, *IEEE Trans. on Magnetics*, Vol. 21, 1985, pp. 2280-2283.

[260] SAITO, Y., HAYANO, S., KISHINO, Y., FUKUSHIMA, F., NAKAMURA, H.: A Representation of Magnetic Aftereffect, *IEEE Trans. on Magnetics*, Vol. 22, 1986, pp. 647-649.

[261] SAITO, Y., HAYANO, S., NAKAMURA, H., KISHINO, Y., TSUYA, N.: A Representation of Magnetic Hysteresis by Fourier Series, *Journal of Magnetism and Magnetic Materials*, Vol. 54-57, 1986, pp. 1613-1614.

[262] SAITO, Y., FUKUSHIMA, F., HAYANO, S., TSUYA, N.: Application of a Chua-Type Model to the Loss and Skin Effect Calculations, *IEEE Trans. on Magnetics*, Vol. 23, 1987, pp. 2227-2229.

[263] SAITO, Y., KISHINO, Y., FUKUSHIMA, F., HAYANO, S., TSUYA, N.: Modelling of Mag-

netization Characteristics and Faster Magnetodynamic Field Computation, *Journal of Applied Physics*, Vol. 63, 1988, pp. 3174-3178.

[264] SAITO, Y., HAYANO, S., SAKAKI, Y.: A Parameter Representing Eddy Current Loss of Soft Magnetic Materials and Its Constitutive Equations, *Journal of Applied Physics*, Vol. 64, 1988, pp. 5684-5686.

[265] SAITO, Y., NAMIKI, M., HAYANO, S., TSUYA, N.: Experimental Verification of a Chua-Type Magnetization Model, *IEEE Trans. on Magnetics*, Vol. 25, 1989, pp. 2968-2970.

[266] SAITO, Y., NAMIKI, M., HAYANO, S.: A Representation of Magnetization Characteristics and Its Application to the Ferroresonance Circuits, *Journal of Applied Physics*, Vol. 67, 1990, pp. 4738-4740.

[267] SAKAKI, Y.: An Approach Estimating the Number of Domain Walls and Eddy Current Losses in Grain-Oriented 3 % *Si-Fe* Tape Wound Cores, *IEEE Trans. on Magnetics*, Vol. 16, 1980, pp. 569-572.

[268] SAKAKI, Y., IMAGI, S. I.: Relationship among Eddy Current Loss, Frequency, Maximum Flux Density and a New Parameter Concerning the Number of Domain Walls in Polycrystalline and Amorphous Soft Magnetic Materials, *IEEE Trans. on Magnetics*, Vol. 17, 1981, pp. 1478-1480.

[269] SALBIK, M. J., KWUN, H., BURKHARDT, G. L., JILES, D. C.: Model for the Effect of Tensile and Compressive Stress on Ferromagnetic Hysteresis, *Journal of Applied Physics*, Vol. 61, 1987, pp. 3799-3801.

[270] SALBIK, M. J., JILES, D. C.: Coupled Magnetoelastic Theory of Magnetic and Magnetostrictive Hysteresis, *IEEE Trans. on Magnetics*, Vol. 29, 1993, pp. 2113-2123.

[271] SALLING, C., SCHULTZ, S.: Experimental Determination of the Shift of the Preisach Distribution with Magnetization, *Journal of Applied Physics*, Vol. 61, 1987, pp. 4010-4012.

[272] SALLING, C., SCHULTZ, S.: Using Minor Loop Behavior to Investigate the Preisach Model Distribution for Particular Media, *IEEE Trans. on Magnetics*, Vol. 24, 1988, pp. 2877-2879.

[273] SASAKI, T., IMAMURA, M., TAKADA, S., SUZUKI, Y.: Measurement of Rotational Power Losses in Silicon-Iron Sheets Using Wattmeter Method, *IEEE Trans. on Magnetics*, Vol. 21, 1985, pp. 1918-1920.

[274] SATOH, A., KAMITANI, A., OHSHIMA, S., KATAGIRI, M.: Numerical Analysis on Magnetic Shielding of Axially Symmetric Superconducting Plate, *Applied Electromagnetics in Materials and Computational Technology*, T. Honma, I. Sebestyen and T. Shibata eds., Hokkaido University, 1992, pp. 175-180.

[275] SAVINI, A.: Modelling Hysteresis Loops for Finite Element Magnetic Field Calculations, *IEEE Trans. on Magnetics*, Vol. 18, 1982, pp. 552-557.

[276] SCHULTZ, P. B., PLANTZ, D. R.: Shielding Theory and Practice, *IEEE Trans. on EMC*, Vol. 30, 1988, pp. 187-201.

[277] SHIMATANI, N., FUJITA, H.: Approximation of Magnetization Curves by Exponential Functions, *Electrical Engineering in Japan*, Vol. 101, 1981, pp. 1-10.

[278] SHYAMKUMAR, B. B., CSENDES, Z. J.: Convergence of Iterative Methods for Non-

linear Magnetic Field Problems, *IEEE Trans. on Magnetics*, Vol. 24, 1988, pp. 2585-2587.

[279] SILVESTER, P. P., FERRARI, R. L.: *Finite Elements for Electrical Engineering*, University Press, Cambridge, 1983, p. 209.

[280] SIMONYI, K.: *Basis of Electrical Engineering*, (in Hungarian), Akadémiai Kiadó, Budapest, 1973, p. 715.

[281] SLAMA, J.: Coercivity Effect in Oriented Laminations, *Journal of Magnetics and Magnetic Materials*, Vol. 26, 1982, pp. 40-42.

[282] SMIT, J. ED.: *Magnetic Properties of Materials*, McGraw-Hill, 1971, p. 344.

[283] STANCU, A., PAPUSOI, C.: Particle Orientation Distribution and the Isothermal Remanent Magnetization of a Finite Particle System, *IEEE Trans. on Magnetics*, Vol. 30, 1994, pp. 2750-2754.

[284] STANCU, A., PAPUSOI, C.: Hysteresis Modelling of Recording Media with an Interacting Stoner-Wohlfarth Particles System, *IEEE Trans. on Magnetics*, Vol. 30, 1994, pp. 4308-4310.

[285] STENZEL, J., WEBER, TH.: Model Representing the Nonlinear Behaviour of Three Phase Transformers, *Archive für Electrotechnik*, Vol. 77, 1994, pp. 143-150.

[286] STONER, E. C., WOHLFARTH, E. P.: A Mechanism of Magnetic Hysteresis in Heterogeneous Alloys, Reprinted in *IEEE Trans. on Magnetics*, Vol. 27, 1991, pp. 3475-3518.

[287] SZPUNAR, B., SZPUNAR, J. A.: Influence of Stress on the Hysteresis Curve in Constructional Steel, *IEEE Trans. on Magnetics*, Vol. 20, 1984, pp. 1882-1884.

[288] SZPUNAR, J. A., SZPUNAR, B.: Modelling of the Ferromagnetic Hysteresis in Textured and Strained Steel, *Journal of Applied Physics*, Vol. 57, 1985, pp. 4232-4234.

[289] SZPUNAR, J. A., ATHERTON, D. L., SZPUNAR, B.: Analysis of the Irreversible Process of Magnetization in Steel, *IEEE Trans. on Magnetics*, Vol. 23, 1987, pp. 300-304.

[290] SZPUNAR, B., ATHERTON, D. L., SCHÖNBACHLER, M.: An Extended Preisach Model for Hysteresis Processes, *IEEE Trans. on Magnetics*, Vol. 23, 1987, pp. 3199-3201.

[291] TANAKA, T., TAKADA, S., SASAKI, T.: Measurement of AC Magnetic Properties in a Single Strip Sample, in *JSAEM Studies in Applied Electromagnetics*, Enokizono, M. ed., Japan, Vol. 1, 1992, pp. 43-55.

[292] TEAPE, J. W., SIMPSON, R. R. S., SLATER, R. D., WOOD, W. S.: Representation of Magnetic Characteristic, Including Hysteresis, by Experimental Series, *Proceedings of IEE*, Vol. 121, 1974, pp. 1019-1020.

[293] TRUTT, F. C., ERDÉLYI, E. A., HOPKINS, R. E.: Representation of the Magnetization Characteristic of DC Machines for Computer Use, *IEEE Trans. on Power Apparatus and Systems*, Vol. 87, 1968, pp. 665-669.

[294] TSUTSUMI, M., KUGIYA, F., AKAGI, F., MATSUYAMA, I.: Magnetization Model for *R/W* Simulation of Acicular Particular Media, *IEEE Trans. on Magnetics*, Vol. 26, 1990, pp. 2113-2115.

[295] UPDA, S. S., LORD, W.,: A Fourier Description of Hysteresis Loop Phenomena, *IEEE Trans. on Magnetics*, Vol. 21, 1985, pp. 2370-2373.

[296] VAGO, I.: *Basis of Electrical Engineering II. Electromagnetic Fields*, (in Hungarian),

Tankönykiadó, Budapest, 1988, p. 719.

[297] VAJDA, F., OTI, J., DELLA TORRE, E.: Rotational Properties of Vector Phenomenological Models of Magnetic Media, *Journal of Applied Physics,* Vol. 67, 1990, pp. 5376-5378.

[298] VAJDA, F., DELLA TORRE, E.: Relationship between the Moving and the Product Preisach Models, *IEEE Trans. on Magnetics,* Vol. 27, 1991, pp. 3823-3826.

[299] VAJDA, F., DELLA TORRE, E.: Measurement of Output Dependent Preisach Functions, *IEEE Trans. on Magnetics,* Vol. 27, 1991, pp. 4757-4762.

[300] VAJDA, F., DELLA TORRE, E.: Characteristics of Magnetic Media Models, *IEEE Trans. on Magnetics,* Vol. 28, 1992, pp. 2611-2613.

[301] VAJDA, F., DELLA TORRE, E.: Minor Loops in Magnetization-Dependent Preisach Model, *IEEE Trans. on Magnetics,* Vol. 28, 1992, pp. 1245-1248.

[302] VAJDA, F., DELLA TORRE, E.: Efficient Numerical Implementation of Complete Moving Hysteresis Models, *IEEE Trans. on Magnetics,* Vol. 29, 1993, pp. 1532-1537.

[303] VAJDA, F., DELLA TORRE, E.: Remanence Loop Asymmetry and Moving-Type Preisach Models, *IEEE Trans. on Magnetics,* Vol. 29, 1993, pp. 3658-3660.

[304] VAJDA, F., DELLA TORRE, E.: Identification of Parameters in an Accommodation Model, *IEEE Trans. on Magnetics,* Vol. 30, 1994, pp. 4371-4373.

[305] VAJDA, F., DELLA TORRE, E.: Ferenc Preisach, In Memoriam, *IEEE Trans. on Magnetics,* Vol. 31, 1995, pp. i-ii.

[306] VAJDA, F., DELLA TORRE, E.: Modelling Δm Curves Using Complete-Moving-Hysteresis Model, *IEEE Trans. on Magnetics,* Vol. 31, 1995, pp. 1809-1812.

[307] VISINTIN, A.: Differential Models of Hysteresis, in *Ser. Applied Mathematical Sciences,* Springer, 1994, p. 407.

[308] VONSOVSKII, S. V.: *Modern Theory of Magnetism,* (in Hungarian translation from Russian), Akadémiai Kiadó, Budapest, 1956, p. 330.

[309] WHITE, R. M.: *Quantum Theory of Magnetism,* McGraw-Hill, 1970, p. 232.

[310] WIDGER, G. F. T.: Representation of Magnetization Curves over Extensive Range by Rational-Fraction Approximations, *Proceedings of IEE,* Vol. 116, 1969, pp. 156-160.

[311] WIESEN, K. C., CHARAP, S. H.: Vector Preisach Modelling, *Journal of Applied Physics,* Vol. 61, 1987, pp. 4019-4021.

[312] WIESEN, K. C., CHARAP, S. H.: A Better Scalar Preisach Algorithm, *IEEE Trans. on Magnetics,* Vol. 24, 1988, pp. 2491-2493.

[313] WIESEN, K. C., CHARAP, S. H.: Rotational Vector Preisach Model for Unoriented Media, *Journal of Applied Physics,* Vol. 67, 1990, pp. 5367-5369.

[314] WILLCOCK, S. N. M., TANNER, B. K.: Harmonic Analysis of *B–H* Loops, *IEEE Trans. on Magnetics,* Vol. 19, 1983, pp. 2265-2270.

[315] WONG, C. C.: A Dynamic Hysteresis Model, *IEEE Trans. on Magnetics,* Vol. 24, 1988, pp. 1966-1968.

[316] WOODWARD, J. G., DELLA TORRE, E.: Particle Interaction in Magnetic Recording Tapes, *Journal of Applied Physics,* Vol. 31, 1960, pp. 56-62.

[317] WUORI, E. R., JUDY, J. H.: Demagnetizing Influencr on a Stoner-Wohlfarth Particle Array, *IEEE Trans. on Magnetics,* Vol. 20, 1984, pp. 1867-1869.

[318] YAMADA, S., BESSHO, K., LU, J.: Harmonic Balance Finite Element Method Applied to Nonlinear AC Magnetic Analysis, *IEEE Trans. on Magnetics,* Vol. 25, 1989, pp. 2971-2973.

[319] YAMADA, S., BIRINGER, P. P., BESSHO, K.: Calculation of Nonlinear Eddy Current Problems by the Harmonic Balance Finite Element Method, *IEEE Trans. on Magnetics,* Vol. 27, 1991, pp. 4122-4125.

[320] YIN DONG YAN, DELLA TORRE, E.: Particle Interaction in Numerical Micromagnetic Modelling, *Journal of Applied Physics,* Vol. 67, 1990, pp. 5370-5372.

Author Index

SUBJECT INDEX